Mein Grundwissen

5./6. Klasse

Deutsch

Mathe

Englisch

Realschule

Cornelsen
Power Learning

Die Autoren:
Deutsch: Thomas Brand
Mathe: Hans Karl Abele, Fritz Kammermeyer, Benno Mohry, Roland Zerpies
Englisch: David Clarke

Cornelsen online http://www.cornelsen.de

Bibliografische Information: Die Deutsche Bibliothek verzeichnet diese Publikation in der Deutschen Nationalbibliografie; detaillierte bibliografische Daten sind im Internet über http://dnb.ddb.de abrufbar.

Dieses Werk berücksichtigt die Regeln der reformierten Rechtschreibung und Zeichensetzung.

5.	4.	3.	2.	1.	Die letzten Ziffern bezeichnen
09	08	07	06	05	Zahl und Jahr der Auflage.

Projektleitung: Stefan Giertzsch, Berlin
Redaktion: Heike Friauf, Markus Holm, Christiane Grosskopf, alle Berlin
Herstellung: Uwe Pahnke, Berlin
Umschlaggestaltung und typografische Konzeption des Inhalts:
Magdalene Krumbeck, Wuppertal
Layout: Carola Fuchs, Dagmar & Torsten Lemme, alle Berlin
Illustrationen: Jeong-sook Lee, Berlin
Sachzeichnungen: Stefan Giertzsch, Berlin
Druck und Bindung: Westermann Druck Zwickau GmbH
Printed in Germany
ISBN 3-589-22063-5
Bestellnummer 220635

Gedruckt auf säurefreiem Papier,
umweltschonend hergestellt aus chlorfrei gebleichten Faserstoffen.

Vorwort

Liebe Schülerin, lieber Schüler!

Dieser Band bietet dir, worauf es heute immer stärker ankommt: das Grundwissen der drei Hauptfächer Deutsch, Mathe, Englisch – und zwar für zwei Schuljahre. Er hilft dir für Vergleichsarbeiten und Tests ebenso wie bei Hausaufgaben, Referaten und der Vorbereitung auf Klassenarbeiten.

Das Buch eignet sich zum Lernen, Nachschlagen und Wiederholen. Du findest viele Merksätze, Regeln und Beispiele, die dich beim Lernen unterstützen.

Wie kannst du mit diesem Buch arbeiten?

1. Zu Beginn jedes Faches gibt es ein ausführliches Inhaltsverzeichnis. Dort kannst du dir das Thema aussuchen, das du gerade brauchst. Arbeite dann das Kapitel durch.
2. Die eingestreuten Übungen helfen dir, den Stoff zu wiederholen und zu festigen.
3. Der Test am Ende des Kapitels bietet dir die Gelegenheit zur Selbstkontrolle: Was habe ich verstanden? Was muss ich wiederholen?
4. Das Stichwortverzeichnis am Ende des Buches dient dir als Wegweiser zu den Themen aller drei Fächer.

Und noch ein paar praktische Tipps zum Lernen mit diesem Buch:

- Nimm dir nicht zu viel auf einmal vor. Bearbeite lieber kleinere Abschnitte, aber dafür regelmäßig.
- Bist du beim Lösen der Übungsaufgaben nicht ganz sicher, sieh dir die Beispiele noch einmal genau an.
- Vergleiche deine Ergebnisse mit dem Lösungsteil am Ende jedes Faches. Überprüfe bei Fehlern genau, was du falsch gemacht hast.

Viel Erfolg!
Die Grundwissen-Redaktion
von Cornelsen Scriptor

Deutsch

5./6. Klasse

Inhaltsverzeichnis

Aufsatz

Grammatik

Rechtschreibung und Zeichensetzung

Aufsatz

Ein Schwerpunkt der Klassenarbeiten oder Schulaufgaben sind neben Diktaten verschiedene Formen des Aufsatzes. Hier kommt es nicht nur darauf an, orthografisch korrekt zu schreiben, sondern auch den **Ausdruck** zu trainieren und auch eine **inhaltlich schlüssige** Darstellung zu geben.

In den Klassenstufen 5 und 6 stehen vier Bereiche auf dem Programm.

1 Zunächst geht es um die Darstellung von Erlebtem oder Ausgedachtem; auch das Nacherzählen gehört zu diesen Formen **erzählenden Schreibens** (→ S. 10).

2 Eine weitere Form, die **Beschreibung** (→ S. 26), befasst sich mit der Darstellung von Gegenständen, Tieren, Menschen und Vorgängen.

3 **Berichte** (→ S. 33) enthalten die Wiedergabe von bestimmten, einmaligen Ereignissen.

4 Darüber hinaus gehört auch der **Brief** (→ S. 35) zu den behandelten Formen des schriftlichen Sprachgebrauchs.

■ Für den Aufsatz ist es auch wichtig, dass man **Texte überarbeiten** kann. Dazu gibt es verschiedene Tipps und Methoden (→ S. 36).

■ Zu verschiedenen Zwecken, z. B. für ein Referat, werden auch **Sachtexte** gelesen und untersucht (→ S. 38).

1 Erzählen

■ Das Erzählen verfolgt das Ziel, Handlungen oder Vorgänge wiederzugeben. Hörer und Leser sollen das erzählte Geschehen nachempfinden oder nachvollziehen können. Man versucht zu unterhalten, Erwartungen zu wecken und Spannung zu erzeugen.

■ Um einer Geschichte einen klaren Aufbau zu geben, legt man sich zunächst einen Erzählplan zurecht.

1 Man überlegt, worauf man mit seiner Geschichte hinauswill. Was ist das **Erzählziel?**

▸ Will man z. B. eine **lustige,** eine **traurige** oder eine **spannende** Geschichte erzählen?

▸ Soll die Geschichte eine **„Lehre“** enthalten oder steht das **Abenteuer** im Mittelpunkt?

2 Als Nächstes notiert man sich stichwortartig die **Reihenfolge des Geschehnisablaufs.** Zuhörer bzw. Leser sollen sich in die Figuren hineinversetzen können und dazu angeregt werden, sich selbst zu überlegen, wie die Geschichte wohl enden wird. Die Neugier soll durch einen anschaulich gestalteten **Höhepunkt** befriedigt werden.
Dabei ist schon auf einzelne, abgestufte **Erzählschritte** zu achten.

Beispiel:

1 Ferien, Eltern, Bruder Tim, Hund Charly, ich, Freunde Sandra und Jörg, Spielen am Strand
2 Jörg, Tim und Charly mit dem Schlauchboot, Warnung umsonst
3 nach einer Stunde noch nicht zurück, zurückgehendes Wasser, Gefahr bei Ebbe
4 Sandra: sofort die Wasserrettungsstelle verständigen, keiner da!, andere Erwachsene können auch nicht helfen
5 endlich Wasserwacht gefunden, spannende Beobachtung mit dem Fernrohr, Schlauchboot wird fertig gemacht
6 wir dürfen nicht mit, beobachten aber weiter mit Ferngläsern, können aber kaum was erkennen
7 nach einer halben Stunde zurück, Tim und Jörg kaputt, aber froh, erzählen, wie sie abgetrieben sind und die Orientierung verloren haben, schließlich nicht mehr gegen das abströmende Wasser ankamen
8 Bellen von Charly aus dem Rettungsboot als Zeichen der Erleichterung
9 in diesem Sommerurlaub und vielleicht auch im nächsten keine Schlauchboottour mehr

■ Zum richtigen Erzählen gehören außerdem die folgenden Erzählmittel:
▸ Die richtige **Tempusform** (Zeitform, → S. 55): **Präteritum** (→ S. 57). Als „Vorvergangenheit“ gehört das **Plusquamperfekt** (→ S. 58) dazu.

An einzelnen spannenden Stellen, wie zum Beispiel dem Höhepunkt, kann im **Präsens** erzählt werden.

▸ Eine **Erzählperspektive** wählen: zum Beispiel aus der Sicht einer der beteiligten Personen (in der Ich-Form, „Ich-Erzähler") oder als Außenstehender (dritte Person, „Er-Erzähler") erzählen.

■ Der **Ich-Erzähler** erzählt das Geschehen so, wie er es erlebt hat. Dabei werden bestimmte Ereignisse hervorgehoben, die diese Person besonders interessieren; Ereignisse, die diese Person nicht kennen kann, werden weggelassen.

Übung

■ **Dies sind die Ausgangsfakten:**

▸ Tatort: Haustenbecker Weg 137

▸ Der Hausbesitzer Johannes Dierksmeier ist abends allein zu Haus. Er hat die Haustür einen Spalt offen gelassen, damit seine Frau, die beim Fortgehen den Haustürschlüssel vergessen hat, ohne Schwierigkeiten ins Haus gelangen kann.
Als um ca. 23 Uhr wegen Kurzschluss der gesamte Strom ausfällt, geht Herr Dierksmeier mit einer Taschenlampe in den Keller, um die Sicherungen zu kontrollieren.

▸ Zufällig geht Kommissar Waldemar Stemberger an diesem Abend über den Haustenbecker Weg von seiner Dienststelle nach Hause. Da bemerkt er im Haus Nr. 137 im sonst dunklen Treppenhaus den Schein einer Taschenlampe. Er entdeckt auch die offene Haustür. Er läuft in das Haus und kann schließlich im Keller mit vorgehaltener Waffe den vermeintlichen Dieb stellen. Dieser kann sich allerdings nach einigen Schrecksekunden als Hausbesitzer ausweisen. So nimmt die Sache ein witziges Ende.

Aus diesen Fakten lassen sich zwei Erzählungen mit zwei verschiedenen Ich-Erzählern verfassen, aus der Sicht des Hausbesitzers Dierksmeier und des Kriminalkommissars Stemberger. Schreibe die beiden Erzählungen auf.

■ Und nicht vergessen: Die passende Überschrift darf nicht fehlen. Sie soll das Interesse der Leser wecken.

Beispiel: „Ein unheimlicher Spaziergang", „Im Schlaf überrascht"
Nicht aber: *Wie wir einmal eine spannende Rettungsaktion erlebten*

■ Damit sich die Leser in das Geschehen hineinversetzen und an der Handlung teilnehmen können, sollte in einer **anschaulichen** und **lebendigen** Sprache geschrieben werden.
Dazu kann man verwenden:

- **Wörtliche Rede** → Das wirkt, als sei man direkt beim Geschehen dabei.
- **Fragen und Ausrufe** → Sie bringen Aufregung und Gefühle der beteiligten Personen zum Ausdruck.
- **Darstellung von Gefühlen** (Angst, Erleichterung, Aufregung usw.) → Das hilft, sich in die Personen der Geschichte hineinzuversetzen.
- **Einbeziehen von Sinneseindrücken** (Temperatur, Gerüche, Geräusche usw.) → Es macht eine Geschichte interessanter, wenn sie nicht allein auf die Handlung beschränkt wird.

Beispiel: „Es war totenstill, als sie durchs Haus schlich. Wirklich still? Das Ticken der Wanduhr im Wohnzimmer war deutlich zu hören, auf der Straße wurde eine Autotür zugeworfen, und fast schien es ihr, als würde in der Küche jemand arbeiten. Dazu kam, dass ein schwerer, unangenehmer Geruch des Haus erfüllte …"

- **Andeutungen** → Sie machen gespannt auf den weiteren Verlauf, sollten aber auch aufgelöst werden.

Beispiel: „… Sie dachten, sie wären nun am Ziel. Aber es schien nur so. Das schwierigste Abenteuer sollte noch auf sie zukommen. …"

- **Abwechslung bei der Wortwahl,** besonders bei den **Verben** → Das gilt besonders für die Verben in den Redebegleitsätzen; man sollte möglichst selten „sagen" verwenden.

■ Der Aufbau (die Gliederung) muss drei Teile aufweisen: **Einleitung, Hauptteil und Schluss.**

1. Einleitung

Wie ist die Ausgangssituation zu gestalten? Die Beantwortung dieser Frage ergibt die Einleitung. Hier soll das Interesse der Leser geweckt werden, damit sie den Fortgang der Handlung gespannt erwarten.

Die Einleitung gibt Antwort auf folgende **W-Fragen**:

Wann spielt die Geschichte? — **Beispiel:** in den Sommerferien

Wer kommt in der Geschichte vor? — **Beispiel:** zwei Jungen, ein Mädchen

Wo spielt die Geschichte? — **Beispiel:** am Meer

Was passiert in der Geschichte? — **Beispiel:** Geplant war ein entspannender Urlaub mit der Familie, doch dann kommt es zu einer dramatischen Rettungsaktion …

Um die Spannung zu erhalten, sollte man **nicht zu lange am Anfang verweilen.** Man darf nicht zu viel verraten, nur andeuten, was noch passieren wird.

Beispiel: **Eine gelungene Einleitung**

Eigentlich wollten wir mit unserer Familie, das sind mein Bruder Tim, meine Eltern und unser Hund Charly und ich, wie jedes Jahr einen entspannenden Sommerurlaub an der Nordsee verbringen. Doch dann kam alles ganz anders. Mit Sandra und Jörg, zwei Geschwistern, die eine Ferienwohnung in unserer Straße bewohnten, spielte ich wie schon in den vorangegangenen Tagen am Strand, als es geschah.

Die handelnden Personen, der Ort, die Zeit (Jahreszeit) werden knapp benannt, das Geschehen (Unglück, dramatische Rettungsaktion) wird noch nicht genannt, aber effektvoll („es“) angekündigt.

Beispiel: **Eine nicht gelungene Einleitung**

Wie jedes Jahr waren wir mit unserer Familie an die Nordsee gefahren. Meine Eltern, mein Bruder Tim und unser Hund Charly fuhren mit. Wie immer bewohnten wir eine Ferienwohnung in der Nähe vom Strand. In derselben Straße wohnten auch Sandra und Jörg. Die beiden waren Geschwister. Wir spielten oft zusammen. Dann passierte das Unglück, das mit einer dramatischen Rettungsaktion endete.

Zwar werden auch hier die W-Fragen beantwortet, aber die Darstellung ist zu lang und umständlich; der Satzbau ist wenig abwechslungsreich. Es wird schon in der Einleitung genannt, was geschieht; damit wird Spannung weggenommen.

Übung

Folgende Elemente sind für eine Einleitung vorgegeben:
Wette – zwei Freunde – mit Moped durch Fußgängerzone – Freitag mittags – kein Führerschein – empörte Bürger – Polizei – zur Hauptgeschäftszeit

- Ordne die einzelnen Elemente den W-Fragen zu.
- Verfasse eine kurze, Spannung weckende Einleitung.

2. Hauptteil

Der Hauptteil enthält in der Regel mehrere (mindestens drei, jedoch nicht unübersehbar viele) **Erzählschritte,** die auf den **Höhepunkt** hin angeordnet und gestaltet werden. Von Beginn an sollte der Höhepunkt der Erzählung ins Auge gefasst werden.
Spannung erreicht man durch **Verzögerung** der Handlung. Man informiert nicht gleich darüber, was geschehen ist; der Fortgang des Geschehens wird unterbrochen durch das Darstellen von Nebensachen oder Einzelheiten. Das folgende Beispiel zeigt, wie schrittweise auf den Höhepunkt der Geschichte hin erzählt wird:

Beispiel:

Schritt 1: Aufbruch mit Schlauchboot trotz Warnung
Schritt 2: keine Rückkehr, Angst, Hilflosigkeit
Schritt 3: Wasserwacht
Schritt 4: Beginn der Rettungsaktion; Nebenhandlung: Charly an Bord des Rettungsbootes
Schritt 5: Höhepunkt (Präsens!), Rettung, Beobachtung durch Fernglas
Schritt 6: Auflösung; Rückkehr, Bellen von Charly, Erleichterung, Erzählung der Jungen
Schritt 7: Schluss: vorerst keine Schlauchboottour mehr

Beispiel für einen Höhepunkt:

Anschaulich gestalteter Höhepunkt

Ein furchtbarer Donnerschlag ließ den Boden unter uns erzittern. Mehr vor Schreck als aus Überlegung ließen wir uns auf die Erde fallen und kauerten uns hinter einen Felsen. „Mein Gott", dachte ich, „ist das mein letztes Stündlein?" In diesem Augenblick erhellte ein greller Blitz den Berghang und nicht lange danach erdröhnte der gewaltige Donner. Mir lief es eiskalt den Rücken hinunter. Mein Vater rief mir zu: „Nur keine Angst, das Gewitter zieht dort drüben an uns vorbei." „Wenn es nur so wäre", flüsterte ich ängstlich vor mich hin. Da prasselten auch schon die ersten dicken Tropfen auf uns nieder. „Jetzt hilft auch die gebückte Haltung nichts mehr", murrte meine Mutter, stand auf und rannte davon. Was sollten wir anderes machen? Wir mussten ihr hinterherlaufen, wir wollten sie doch nicht allein lassen. Das war unser Glück; denn schon nach der nächsten Wegbiegung sahen wir eine Schutzhütte. Mir fiel ein Stein vom Herzen; wir waren gerettet.

Nicht gelungene Formulierung

Schon beim ersten näheren Donnerschlag legten wir uns sofort auf den Boden. Mein Vater beruhigte mich, indem er immer wieder betonte, dass das Gewitter schnell an uns vorbeiziehen würde. Ich hatte trotzdem Angst. Und schon blitzte und donnerte es von neuem. Schon fielen auch die ersten Regentropfen. Mit dem letzten Mut der Verzweiflung machten wir uns auf und erreichten glücklich die Schutzhütte.

Übung

- **Formuliere einen anschaulich und spannend gestalteten Höhepunkt aus den im Beispiel auf S. 15 genannten Bausteinen.**

3. Schluss
Der Schlussteil kann aus dem Ende der Handlung bestehen, aber auch mit einer Schlussbemerkung abgerundet werden. Gelegentlich bietet es sich an, einen Ausblick auf das weitere Geschehen zu geben, eine Schlussfolgerung zu ziehen oder die Handlung mit einem offenen Schluss enden zu lassen.

▶ **BEACHTE** Im Folgenden werden verschiedene Formen des Erzählens, wie sie in der 5. und 6. Klasse vorkommen, aufgeführt. Die bisher genannten Anforderungen und Hinweise gelten für alle diese Formen.

1.1 Erzählen von persönlichen Erlebnissen

■ Das Erzählen von Erlebnissen beruht auf der Darstellung eines einmaligen, glaubwürdigen, persönlichen Erlebnisses. In der Aufgabenstellung wird entweder das Thema oder der Inhalt einer Geschichte vorgegeben, die zu einer Erzählung ausgebaut werden muss.

Beispiele: „Erzähle, wie du einmal Glück/Pech gehabt hast."
„Erzähle, wie du einmal einem anderen (Menschen/Tier) geholfen hast."
„Eine wunderbare Rettung"
„Eine unheimliche Wanderung"

■ Wesentliche Merkmale:

▶ Beschränkung auf **eine einzige Begebenheit,** die aber **in allen Einzelheiten** veranschaulicht wird.

▶ Genaues Festhalten von **Ort** und **Zeit** des Geschehens und der **handelnden Personen.**

▶ Auseinanderhalten der **Haupt- und Nebenrollen.**

▶ Lebensnahes, spannendes Erzählen. Ausdruck der **Gefühle:** Freude, Angst, Mut usw. Dazu Befragen der fünf Sinne (Sehen, Hören, Fühlen, Riechen, Schmecken). Vorsicht: Nicht übertreiben, indem man z. B. alle Sinne aufführt.

▶ Das Erzählen wird außerdem anschaulich und lebendig durch **direkte Rede,** abwechslungsreiche Wortwahl, v. a. bei den Verben (nicht *tun* und *machen* verwenden!), und ausdrucksstarke **Adjektive.**

▶ Wenn man die **Personen** in einer Erzählung **sprechen** lässt, wirkt das besonders lebendig und anschaulich. Man kann sich dann die Personen besser vorstellen.

Übung

■ **Schreibe die folgende Erzählung neu auf. Versuche die unterstrichenen Passagen durch wörtliche Rede mit etwa gleichem Inhalt zu ersetzen. Überlege dabei jeweils, ob du den Redebegleitsatz (→ S. 13) nach vorn, nach hinten oder in die Mitte setzt. Sinnvoll ist es sicher auch, dabei zu wechseln.**

Da habe ich nicht aufgepasst!

Es war ungefähr vor einem Jahr. Am Nachmittag bekam meine Mutter ganz plötzlich Besuch von zwei alten Freundinnen. Meine Mutter bat mich, ich solle mal eben in den Ort fahren und ein paar Stücke Kuchen holen. Ich nahm mir etwas Geld aus Mamas Portmonee und fuhr sofort mit dem Fahrrad los. Meine Freundin Lilo, die direkt in der Nachbarschaft wohnt, stand vor der Garage und rief mir noch zu, dass morgen Mathe ausfallen würde. Im Vorbeifahren drehte ich mich um und rief zurück, das sei ja super. Und dann hörte ich Lilo auch schon schreien, ich solle aufpassen, da komme einer … Ich blickte nach vorn und fuhr fast auf der linken Straßenseite. Was war los? In Sekundenschnelle sah und hörte ich auch den Grund für Lilos Warnschreie. Ein Mopedfahrer kam mit einem Affenzahn auf mich zugerast. Ich versuchte, den Lenker umzuwerfen, sah auch noch, wie der Mopedfahrer sein Moped zur Seite riss. Er rief dann noch, ich solle doch aufpassen. Und da war es schon passiert. Ein Krachen und ein stechender Schmerz im Arm, ein dumpfer Schlag am Kopf. Ich greife ins Leere, höre noch meinen eigenen Aufschrei. Dann wusste ich von nichts mehr. Als ich wieder zu mir kam, beugte sich meine Mutter über mich, streichelte mir das Gesicht und flüsterte immer wieder, was ich denn gemacht hätte und ob ich Schmerzen hätte. Ich stotterte, dass mein Arm so weh tue und auch mein Kopf … Jetzt sah ich auch die anderen Menschen: Lilo und die Freundinnen von Mama.

Ein Krankenwagen brachte mich ins Krankenhaus. Ich hatte den Arm gebrochen und ein paar Prellungen am Kopf abbekommen. Nach zwei Tagen war ich zu Hause. Ich nahm mir vor, demnächst beim Fahrradfahren besser aufzupassen.

■ Eine Geschichte gelingt dann, wenn sie schrittweise, aber mit kleinen Verzögerungen auf den Höhepunkt hin erzählt wird und die Leser immer mehr auf den Ausgang der Handlung gespannt sind.

Beispiel: Bauplan einer Erlebniserzählung am Beispiel „Als ich einmal allein zu Hause war“

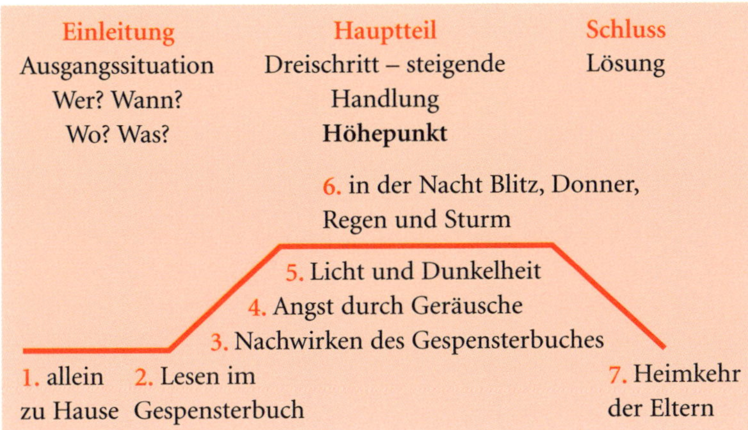

Übung

■ **Bringe die folgenden Elemente in die richtige Reihenfolge und entwirf eine Spannungskurve.**
Freundschaft – Vorschlag der Mutter: Marie einladen – Besuch – Erzählerin: schließt sich dem Trend an – Freude – macht sich lustig, verspottet – allmählich auch Situation in Klasse besser – erzählt aber zu Hause davon – Marie: Außenseiterin in der Klasse – Geschenk – Spiel

1.2 Erzählen zu vorgegebenem Anfang

■ Die Einleitung ist bei dieser Aufgabenstellung vorgegeben. Die Aufgabe besteht darin, den Hauptteil und einen Schlussteil zu gestalten und der Geschichte eine Überschrift zu geben.

- Die Fortsetzung muss genau zum Anfang passen.
- Die Geschichte soll so weiterentwickelt werden, als habe sie sich wirklich zugetragen.
- Wie bei jeder Erzählung wird mit Hilfe der Erzählschritte auf den Höhepunkt hin erzählt.

▶ **BEACHTE** Die Geschichte soll so weitererzählt werden, dass der Hauptteil mit der vorgegebenen Einleitung eine Einheit bildet.

Beispiele:

▶ Als Marc eines Morgens sein Fahrrad bestieg, um wie gewohnt zur Schule zu fahren, wunderte er sich zunächst, dass der Vorderreifen einen Platten hatte, aber was er danach noch erleben sollte, überstieg alles, was er bis jetzt erlebt hatte. *(Sehr knapper, allgemein gehaltener Anfang)*

▶ Wie üblich konnte sich unsere Familie, als es darum ging, wohin die Reise in den Sommerferien gehen sollte, nicht einigen. Papa wollte in die Berge, Mama hätte sich gern die Schlösser an der Loire angeschaut, Bernd würde am liebsten zu Hause bleiben und den ganzen Tag mit dem Computer spielen. Und Melinda hatte von ihrer Freundin Clara von einem Feriencamp in Italien gehört, das ganz toll sein sollte. Aber sie war ja schließlich die Jüngste und in „wichtigen Angelegenheiten" konnte sie nicht mitreden, wie Bernd immer etwas herablassend meinte. Da hatte sie eine Idee. *(Anfang mit genaueren Vorgaben: Personen, Thema, Orte)*

▶ **BEACHTE** Auch wenn die Vorgaben präziser sind, sollten Personen, Handlungen, Orte hinzuerfunden werden, damit es eine originelle Erzählung wird.

1.3 Erzählen zu vorgegebenem Anfang und Schluss

■ Hier gilt dasselbe wie für das Erzählen zum vorgegebenen Anfang; nur sind Anfang und Schluss bekannt. Gesucht ist der fehlende Zwischenteil, also der Hauptteil.

Dabei ist vorher zu bedenken:

1 was die Leser schon wissen (Personen, Ort, Zeit, Thema),
2 wie sich die Geschichte weiterentwickeln kann,
3 wie die Geschichte dem vorgegebenen Schluss entgegengeführt wird,
4 welcher Höhepunkt für eine spannende Erzählung geeignet ist.

Beispiel: Strahlender Sonnenschein begrüßte uns nach dem Aufwachen an unserem Urlaubsort. Die Berge lockten und bei diesem Anblick schlug Vater vor: „Heute machen wir eine schöne Wanderung, das Wetter ist bestens dafür geeignet." Also marschierten wir gleich nach dem Frühstück los. Wir konnten ja nicht ahnen, dass … Als wir endlich wieder ins Hotel zurückgekehrt waren, freuten wir uns sehr, dass alle diesen Tag heil überstanden hatten.

1.4 Erzählen zu Reizwörtern

■ Beim Erzählen zu Reizwörtern geht es darum, die **vorgegebenen Wörter** in den Mittelpunkt der Geschichte zu stellen und in einen **sinnvollen Zusammenhang** zu bringen.

▶ **BEACHTE**

- Jedes Reizwort darf nur mit einer Bedeutung verwendet werden.
- Die Erzählung soll so aufgebaut sein, dass eine spannende Geschichte entsteht.
- Einleitung und Schluss sollen mit dem Hauptteil eine Einheit bilden.

Beispiele: Als Vorlage für eine spannende Geschichte könnten folgende Reizwörter dienen:

Ball – Fluss – Erkältung
Schreck – Schaffner – Fahrkarte
Internet – E-Mail – Überraschung

1.5 Erzählen zu Bildern

■ Bilderfolgen erzählen Geschichten, deren Handlung man mit Worten wiedergeben kann. Die Einzelbilder sagen dabei nur etwas über die wichtigsten Stationen der Handlung aus. Was dazwischen liegt, muss sich der Erzähler/die Erzählerin ausdenken.

■ Wichtig ist auch: Das Erzählen nach Bildern muss so anschaulich sein, dass man sich die Geschichte auch ohne Bilder gut vorstellen kann.

■ Damit genau nach der Bilderfolge erzählt wird, ist folgende Vorarbeit wichtig: Genau festhalten (in Stichwörtern oder kurzen Sätzen aufschreiben), was auf jedem einzelnen Bild zu sehen ist. Dies liefert wichtige Anhaltspunkte dafür, was vor dem in den Bildern dargestellten Ereignis geschehen ist und was sich zwischen den in den Bildern dargestellten Handlungen vermutlich ereignet hat.

Hier helfen die W-Fragen: **Wer** ist zu sehen? **Was** geschieht? **Wo** geschieht es? **Wie** geschieht es? **Wozu** geschieht es?

■ Vor Beginn des Erzählens sollte festgelegt werden, aus welcher Sicht (Erzählperspektive) man erzählen möchte.

Beispiele: Aus der Sicht eines Beteiligten (Ich- bzw. Wir-Form): „Als ich gerade auf einen Felsvorsprung geklettert war, fiel mir sofort in der Ferne ein Boot auf, das manövrierunfähig von den hohen Wellen hin und her geworfen wurde."
Aus der Sicht eines nicht am Geschehen Beteiligten, z. B. eines Beobachters (3. Person, Er-Form): „Von einem Felsvorsprung konnte er sofort erkennen, wie ein manövrierunfähiges Boot von den hohen Wellen hin und her geworfen wurde."

■ Beim Aufbau/bei der Gliederung einer Geschichte nach Bildern könnte man so vorgehen:

Einleitung: Die Fragen „wer?", „was?", „wann?" und „wo?" beantworten.
Hauptteil: Das auf den Bildern dargestellte Ereignis in der genauen Reihenfolge wiedergeben, die einzelnen Bilder in den entsprechenden Zusammenhang bringen und den Höhepunkt besonders lebendig und spannend darstellen.
Schluss: Verschiedene Möglichkeiten bieten sich an, zum Beispiel ein Ausblick auf den möglichen Fortgang der Geschichte oder ein abschließender Kommentar.

TIPP für das Schreiben einer Bildergeschichte:

- die richtige Reihenfolge ermitteln, falls die Bilder vertauscht wurden; dabei auf den **Zusammenhang der einzelnen Bilder** untereinander achten
- den **Erzählkern** und den Höhepunkt aus den Bildern ermitteln und in den Mittelpunkt der Bildergeschichte stellen
- das **„Drumherum"** überlegen: **Charaktereigenschaften** der Personen, **Motive** für ihr Handeln, **Gedanken, Folgen** usw.
- den Personen **Namen** geben, um die Geschichte konkreter und anschaulicher zu machen
- **Überleitungen** von einem Bild zum nächsten nicht vergessen

1.6 Fantasieerzählung

■ In der Fantasieerzählung sind die Erlebnisse und Begebenheiten frei erfunden. Dabei sollte man sich besonders ungewöhnliche Dinge einfallen lassen und Unmögliches so darstellen, als wäre es möglich. Was in der Fantasiewelt angesiedelt ist, sollte so dargestellt werden, als ob es Wirklichkeit wäre. Übertreibungen dürfen verwendet werden, unwahrscheinliche Dinge dürfen geschehen.

▶ **BEACHTE** Die Geschichte, auch wenn sie sich in der Fantasie abspielt, muss **schlüssig** und **in sich stimmig** sowie im Handlungszusammenhang **nachvollziehbar** sein. Man sollte also auf keinen Fall etwas vollkommen Unsinniges oder Unzusammenhängendes erzählen. Das Schwierige ist, das Fantastische mit diesen Anforderungen zu vereinbaren.

■ Eine beliebte Spielart der Fantasiegeschichte ist die **Lügengeschichte** mit ihrem charakteristischen Aufbau, der sogenannten Münchhausen-Treppe:

- Die Geschichte beginnt ganz realistisch, setzt in einer zwar spannenden, aber **wirklichkeitsnahen Situation** ein. Im Mittelpunkt steht der Erzähler, der sich durch einfallsreiches (und dabei die Wirklichkeit übersteigendes) Verhalten auszeichnet; daher wird zumeist die **Ich-Perspektive** gewählt.
- Mit den einzelnen Erzählschritten wird die Müchhausengeschichte **immer fantastischer,** bleibt aber auf die wirklichkeitsnahe Ausgangssituation bezogen.
- Die Lösung, vom Helden meist **eigenständig** entwickelt, entstammt ganz und gar dem Reich der Fantasie. Der Höhepunkt stellt somit den **Gipfel des Fantastischen** dar. In der Erzählung dient er dazu, den Ruhm des Erzählers zu steigern.
- Am Ende der Geschichte kehrt der Erzähler wieder in die Wirklichkeit zurück.
- Dadurch wird das **Fantastische abgemildert** und das Unmögliche erscheint noch wahrscheinlicher.

■ Neben Lügengeschichten können Fantasiegeschichten zum Beispiel als **Schauer-, Gespenster-, Tier-, Roboter-** oder **Weltraumgeschichte** geschrieben werden.

■ Als eine weitere Form der Fantasiegeschichte lassen sich noch **Geschichten von Gegenständen** (oder auch von **Tieren**) nennen. Diese Gegenstände bzw. Tiere treten auf wie Menschen, können sprechen und verhalten sich menschlich.

■ Auch hier gilt: Bei allem Recht zur Fantasie muss insgesamt eine **schlüssige Geschichte** entstehen. Um sie besonders interessant und lesenswert zu machen, darf man nicht einfach Menschen durch Gegenstände oder Tiere ersetzen, sondern man muss auf die Besonderheiten der Gegenstände oder Tiere achten: ihr Material, bestimmte „Charaktereigenschaften", ihren Verwendungszweck.

Beispiel für eine unsinnige Erzählung:
Plötzlich war ich ein Riese geworden. Ich nahm das Haus meiner Eltern auf den Rücken und dazu noch unser ganzes Dorf mitsamt Dorfweiher, Flüsschen, Marktplatz und Zufahrtsstraßen. Ich trug alles über einen hohen Berg in das nächste Tal. Als ich über den hohen Berg zurückschaute, konnte ich erkennen …

Beispiel für eine sinnvolle Fantasieerzählung:
Als ich erwachte, bemerkte ich, dass meine Beine weit über die Bettkante hingen und das Bett viel zu klein geworden war. Ich versuchte mich aufzurichten und schon hatte ich meinen Kopf an der Decke angeschlagen. Jetzt erst merkte ich, wie groß ich geworden war. Ganz erschrocken schaute ich in gebückter Haltung an mir hinunter …

1.7 Nacherzählen von Geschichten

■ Beim Nacherzählen gibt man einen Erzähltext mit eigenen Worten wieder.

■ Eine gute Nacherzählung erkennt man an folgenden Merkmalen:
▸ Nicht eigene Erlebnisse und Vorstellungen, sondern Inhalt und Aufbau der **Textvorlage** werden dargestellt.
▸ Die Handlung darf **nicht verändert** werden.
▸ Der **Schreibstil** kann sich je nach Adressat wandeln. Die Nacherzählung kann sich richten an Freunde, an die Eltern oder andere Verwandte, an fremde Personen.

▶ Wichtig ist, dass man sich von der Sprache der Verfasser löst und **mit eigenen Worten** erzählt.
▶ Man darf nichts erfinden, aber auch **nichts Wesentliches** weglassen.
▶ Die **Tempusform** des Nacherzählens ist in der Regel das Präteritum, kann aber auch Präsens sein. Wichtig dabei ist, dass man die gewählte Tempusform durchgängig einhält.

▶ **BEACHTE** Auf zwei Punkte muss unbedingt geachtet werden:
▶ auf die richtige **Reihenfolge** der Handlungsschritte,
▶ auf alle **wichtigen Personen.**

1.8 Erzählungen verändern

■ Es gibt verschiedene **Möglichkeiten,** Erzählungen zu verändern:

a Man gibt dem Geschehen einen **anderen Verlauf.**

b Man erfindet einen **anderen Schluss.**

c Man ändert den **Schreibstil.**

Beispiel: blumenreiche Sprache (Adjektive, Bilder, Vergleiche, Nebensätze) – wie bei der Fantasiegeschichte → nüchterne, sachliche Sprache (Substantive, Verben, Hauptsätze) – wie im Zeitungsbericht
Der Dachstuhl brannte lichterloh, so dass die Flammen in der ganzen Stadt zu sehen waren. Das Feuer fraß sich dann scheinbar unaufhaltsam vor bis in die zweite Etage, wo alle Möbel ein Raub der Flammen wurden.
→ *Das Feuer war im Dachstuhl des Hauses ausgebrochen und breitete sich bis in die zweite Etage aus.*

d Man erzählt aus einer **anderen Perspektive.** Wer aus der Perspektive eines anderen erzählt, muss sich in dessen Rolle versetzen und das Geschehen aus dessen Sicht darstellen.

Beispiel: Eine Ich-Erzählung wird zur Erzählung aus der Sicht eines unbeteiligten Beobachters.

2 Beschreiben

■ Das Beschreiben hat zum Ziel, Gegenstände, Räume, Wege, Versuche, Vorgänge, Personen, Pflanzen und Tiere, aber auch Fotos, Bilder, Grafiken und Zeichnungen sprachlich einem anderen so zu verdeutlichen, dass dieser in der Lage ist, sich eine klare Vorstellung vom Beschriebenen zu machen bzw. sich das Beschriebene bildhaft vorzustellen.

■ Beschreibungen dienen auch dazu, bestimmte Abläufe (Versuche, Vorgänge) nachvollziehen zu können.

■ Wesentliche Merkmale:
- **sachlich zutreffend, genau und in einer passenden Reihenfolge** schreiben
- die **richtigen Begriffe** verwenden
- genau **gliedern**
- möglichst **abwechslungsreiche Sprache** verwenden
- das **Vorwissen** der Leser berücksichtigen

FEHLERQUELLEN

1 Falsche Zeitform: Nur das **Präsens** verwenden.
2 Mangelnde Übersicht: Auf eine **innere Ordnung,** etwa vom Allgemeinen zum Besonderen oder vom Großen zum Kleinen, achten.
3 Unklare Trennung zwischen Bericht und Erzählung: Stets auf **Sachlichkeit** achten.
4 Unzutreffende Ausdrücke: Sorgfalt auf die **Begriffswahl** verwenden.
5 Falsche Reihenfolge: Genau auf den **inneren Aufbau** achten.
6 Inhaltliche Probleme: Nie das Ziel der Beschreibung, nämlich eine **sachgerechte Information,** aus dem Auge verlieren.
7 Fehlende Gliederung und Übersicht: Wo inhaltlich Neues beginnt, muss ein **Absatz** gesetzt werden.

2.1 Gegenstände beschreiben

■ Ein Gegenstand soll so genau beschrieben werden, dass man sich ein Bild von ihm machen kann. Die einfachste Form einer solchen Beschreibung im Alltag ist eine Diebstahls- oder Verlustanzeige. Erforderlich ist eine möglichst detailgetreue Betrachtung des Gegenstands.

■ Wichtig sind genaue Angaben über:
- **Form** (rund, eckig, quadratisch, länglich usw.)
- **Größe** (in Zentimetern oder Metern, auch in genauen Vergleichen)
- **Farbe**
- **Material** und evtl. Materialbeschaffenheit (rau, glatt, poliert, glänzend usw.)
- **Zweck** des Gegenstandes (jedenfalls wenn der Zweck nicht unmittelbar klar ist, wie etwa beim Fahrrad)
- **Funktion seiner Teile**

■ Die Sprache muss **anschaulich, einfach** und **genau** sein.

■ Bei der Beschreibung sind **bildhafte Vergleiche** hilfreich.

Beispiele: „erinnert an …", „lässt sich vergleichen mit …", „Die Lampe ähnelt einem großen, runden Damenhut. Sie besteht aus Korbgeflecht, das …"

Ein weiteres sprachliches Mittel sind genaue, beschreibende **Adjektive** und **Adverbiale.**

■ Beim Aufbau/bei der Gliederung der Beschreibung geht man
- vom Ganzen zu den Teilen,
- vom Auffallenden zum Unauffälligen.

■ Im Rahmen der Gegenstandsbeschreibung ist die Verwendung von Ausdrücken einer Fachsprache möglich oder erforderlich. Fachausdrücke ermöglichen Genauigkeit und meistens auch Kürze. Allerdings muss man darauf achten, dass

1. man selbst die Bedeutung der fachsprachlichen Ausdrücke sicher kennt und
2. die Leser, falls sie die Bedeutung nicht kennen, diese aus dem Zusammenhang des Textes erschließen können.

   Man sollte also auf keinen Fall unverständliches „Fachchinesisch" verwenden.

Übung

Frieda hat in der Bahn ihr Portmonee verloren. Für die Verlustanzeige schreibt sie auf, was ihr an Einzelheiten einfällt:

- Material: Kunststoffgewebe, rot-blau gemustert
- Querformat, aufklappbar
- links Fächer für Ausweise, Inhalt: Schülerausweis, Fahrkarte, Telefonkarte
- rechts Münzfach mit Reißverschluss, Inhalt: ein 10-Euro-Schein, etwas Kleingeld
- Reißverschluss an Münztasche defekt

■ **Genügen diese Angaben? Welche könnten noch ergänzt werden?**

■ **Sind die Angaben genau genug?**

■ **Schreibe einen Brief an die Fundstelle der Bahn, in dem Frieda den Hergang schildert und das Portmonee beschreibt.**

2.2 Personen beschreiben

■ Es gibt unterschiedliche Anlässe, eine Person zu beschreiben, z. B. eine Fahndung oder wenn man jemand Unbekannten am Bahnhof abholen soll.

■ Dabei soll das Äußere einer Person so genau wie möglich beschrieben werden. Dazu gehören:

- Größe
- Statur (z. B. athletisch, untersetzt)
- Haarfarbe
- Augenfarbe
- unveränderliche Kennzeichen (Muttermale, Narben usw.)

■ Der Schreibstil bei einer Personenbeschreibung ist **sachlich** und **nüchtern. Tempus** ist das **Präsens.**

■ Allgemein geht man bei der Personenbeschreibung vom Gesamteindruck aus und beschreibt dann Einzelheiten. Einzelne Bereiche sollten zusammenhängend beschrieben werden.

■ Wesentliches Mittel der Beschreibung sind **Adjektive.** Zu einzelnen Bereichen der Beschreibung passen z. B. folgende Adjektive:

- **Gesichtsform:** länglich, rundlich, oval, kantig
- **Stirn:** flach, gewölbt, hoch, niedrig
- **Augenbrauen:** buschig, dicht, geschwungen, gezupft, zusammengezogen
- **Augen** und **Augenausdruck:** eng beieinander, blinzelnd, vorstehend, streng, traurig, freundlich
- **Nase:** schmal, breit, kurz, lang, gerade, krumm, Stupsnase
- **Wangen:** eingefallen, pausbäckig, blass, gerötet
- **Mund** und **Lippen:** breit, schmal, voll, wulstig, blass, zusammengepresst, aufgeworfen
- **Mundwinkel** und Ausdruck: herabgezogen, verschmitzt, lächelnd, verkniffen
- **Kinn:** spitz, markant, rund, vorgeschoben, fliehend
- **Haare:** schulterlang, kurz, stoppelig, drahtig, seidig, fein, gelockt, rötlich, gescheitelt
- **Figur** und **Körperhaltung:** groß, klein, schlank, dünn, sportlich, untersetzt, korpulent, aufrecht, gekrümmt
- **Kleidung:** lässig, elegant, ordentlich, heruntergekommen, modern, altmodisch

Übertreibungen sind zu vermeiden, und ausschmückende Wörter sollten nur verwendet werden, wenn man dadurch die Person besser erkennen kann.

FEHLERQUELLE

Verwechslung der Personenbeschreibung mit der Charakterisierung bzw. unzureichende Trennung beider Formen, wenn z. B. Charaktereigenschaften, persönliche Marotten und besondere Verhaltensweisen des Porträtierten aufgegriffen und bewertet werden.

2.3 Wege beschreiben

■ Zweck der Wegbeschreibung im Alltag ist es, einem Ortsunkundigen den Weg zu einem bestimmten Ziel zu erklären. Aufgrund dieses Zwecks hat die Wegbeschreibung einen sehr **sachlichen, genauen** Charakter.

Also nicht: Dort steht das gotische Rathaus. Mit seiner unversehrt erhaltenen Fassade und seinem hohen, kirchenähnlichen Turm ist es nicht nur das besterhaltene Gebäude der Stadt, sondern geradezu ihr Wahrzeichen. Bemerkenswert ist der Brunnen am davor gelegenen Marktplatz. Dort biegt man rechts ab …

Sondern: Wenn Sie das alte Rathaus, das sich auf der rechten Seite befindet, erreicht haben, biegen Sie nach rechts in die Bürgergasse ein …

■ Wesentliche **Merkmale**:

- die **Richtungen,** ggf. auch die Himmelsrichtung nennen
- die geschätzte **Entfernung** von einem Punkt zum anderen (nicht zwingend in Kilometern und Metern, sondern möglicherweise auch in Zeitangaben) angeben, z. B. „Nach fünf Minuten erreicht man den Hauptbahnhof."
- die **Straßen** und **Plätze** und die **baulichen Besonderheiten** (besondere Gebäude, Kreuzungen, Denkmale o. Ä.) genau bezeichnen

■ **Sprachliche Mittel**:

- treffende **adverbiale Bestimmungen** und **Attribute**

Beispiele: an der **hell angestrahlten** Backsteinkirche, eine **schmale,** aber **sehr belebte** Gasse

- **Präpositionen** wie *neben, über, um, entlang, bis zu, in, hinter, zwischen* usw.

Beispiele: Neben dem Kaufhaus führt ein kleiner Weg rechts zur Hauptstraße.
Über die große Kreuzung gelangt man zum Hauptstädter Tor.
Man geht den Kanalweg entlang bis zur kleinen Brücke.

- **Verben** wie *überqueren, einbiegen, entlanggehen*
- **Numeralien (Zahlwörter)** wie *nächste, dritte, einhundert*

Beispiel: An der zweiten Ampel müssen Sie links einbiegen.

▶ **BEACHTE** **Vermeiden** sollte man **identische Satzanfänge** (z. B. „Dann geht man …"), die den Text monoton gestalten.

Beispiel: Wenn du aus dem Bahnhof kommst, stehst du direkt an der großen Kreuzung zwischen der Alten Bahnhofstraße und der Tiergartenstraße. Du schlägst den Weg nach links ein und gehst bis zur nächsten Ecke. Von dort führt die Lotzbeckstraße rechts bis zum Rathausplatz. Ihn lässt du rechts liegen und nimmst den Weg durch die Marktstraße bis zu dem Punkt, wo die Kirchstraße kreuzt.

2.4 Versuche beschreiben

■ Ziel ist es, einen Versuch von den Bedingungen bis zum Ergebnis nachvollziehen zu können. Es müsste möglich sein, anhand der Beschreibung den Versuch selbst durchzuführen.

■ Für die Versuchsbeschreibung sollen **die Abfolge der einzelnen Arbeitsschritte** und die **Beziehung zwischen den einzelnen Teilvorgängen** des Versuchs beschrieben werden.

Zu achten ist insbesondere auf
- die **Versuchsanordnung,**
- die **Versuchsbedingungen,**
- die notwendigen **Gerätschaften** (Werkzeuge, Instrumente usw.) und
- die benötigten **Materialien** (Flüssigkeiten o. Ä.).

■ Während man am **Anfang** den Zweck des Versuchs bzw. das erwartete Ergebnis darstellt, sollen am **Schluss** die Auswertung mit dem Versuchsergebnis und eine Schlussfolgerung stehen.

■ Die Sprache ist, wie bei anderen Beschreibungstypen auch, **genau, knapp** und **sachlich.** Der Einsatz von **Fachwörtern** liegt bei der Beschreibung naturwissenschaftlicher Versuche nahe. Die Fachwörter, wenn sie nicht als allgemein bekannt vorausgesetzt werden können, müssen in ihrer Bedeutung zu erschließen sein.

■ Wenn die **Teilvorgänge** beschrieben werden, geht es nicht nur um eine Wiedergabe dessen, was geschieht, sondern die Vorgänge sollten in ihrer **Funktion** und **Abfolge** auch **begründet** werden. Gleiches gilt für die verwendeten Materialien und Gerätschaften, sofern ihre Funktion nicht klar auf der Hand liegt. (Wenn man im Rahmen eines Experiments etwas wiegen muss, dann sind Zweck und Funktion einer Waage nicht eigens zu erklären.)

■ Möglich ist auch der ergänzende Einsatz von **Skizzen.**

■ Am Ende muss das **tatsächliche Ergebnis** des Versuchs benannt und in eine **Beziehung zum erwarteten Ergebnis** gesetzt werden.

Beispiel: Häufig brennt heute die Sicherung infolge der Überlastung des Stromkreises durch. Wir können uns dies an einem Versuch klarmachen *(Ziel des Versuchs):*

Strommesser, Stanniolsicherung und eine Glühlampe mit 100 Watt *(Gerätschaften)* werden in einem Stromkreis zusammengeschaltet. Dann schließen wir parallel zur ersten Lampe eine zweite und schließlich eine dritte Lampe an. Dabei beobachten wir die Anzeige des Strommessers. Anschließend schalten wir noch eine Kochplatte dazu. Dabei steigt die Stromstärke noch weiter an. Schließlich wird der Stanniolstreifen so stark erwärmt, dass er durchschmilzt und den Stromkreis unterbricht.

Obgleich kein Kurzschluss vorlag *(Auswertung),* schmolz die Sicherung wegen der Überlastung des Stromkreises durch.

2.5 Vorgänge beschreiben

■ Ein Vorgang – zum Beispiel eine Arbeit, der Einsatz eines Geräts, ein Spiel – soll so beschrieben werden, dass er von den Lesern ohne Probleme wiederholt werden kann.

■ Voraussetzungen für eine Vorgangsbeschreibung sind

- eine gründliche **Kenntnis** des Vorgangs und der notwendigen **Fachausdrücke,**
- die **lückenlose** Darstellung der einzelnen Abläufe und
- die übersichtliche **Gliederung** des gesamten Textes.

■ Es ist beim Inhalt darauf zu achten,

- dass man auf die einzelnen **Materialien, Werkzeuge, Zubehörteile** usw. und alle notwendigen **Handgriffe** eingeht und
- dass die **Reihenfolge** der einzelnen Teilvorgänge berücksichtigt wird.

■ Bei **Spielanleitungen** beschreibt man nacheinander den Grundgedanken des Spiels, die Spielvoraussetzungen (Teilnehmerzahl, Alter, Platz- und Raumbedarf, Zubehör wie Spielfiguren) und den Spielverlauf.

■ Der sprachliche Ausdruck muss sachlich, also ohne persönliche Anteilnahme, ohne Wertung oder Ausdruck einer Stimmung, sein. Möglichkeiten der **grammatischen Form:**

- **Anredeform**

Beispiel: Du stellst die Spielfiguren, dabei ziehst du den Läufer.

- **unpersönliches *man***

Beispiel: Man legt den Kreuzbuben an die Kreuzdame an.

- Gebrauch des **Passivs**

Beispiel: Die Karten werden nacheinander von oben nach unten auf den Tisch gelegt.

- **Wiederholungen** sind zu **vermeiden** (z. B. nicht „dann nimmt man", „dann macht man", „dann hält man").
- Wenn es **Beziehungen zwischen den einzelnen Teilhandlungen** gibt, sind diese deutlich zu machen. Am deutlichsten geschieht das durch **Adverbialsätze.**

Beispiel: **Wenn man eine 7 ausspielt,** muss der folgende Spieler zwei Karten vom Stapel ziehen.

■ Fachausdrücke gehören oft dazu, aber auch hier gilt die „Erschließbarkeitsregel": Fachausdrücke, die nicht aus dem Zusammenhang erschlossen werden können, sind zu vermeiden.

3 Berichten

■ Im Bericht wird über **einmalige oder besondere Tagesereignisse, Veranstaltungen, Handlungen** sowohl mündlich wie schriftlich informiert. Das eigene Erleben tritt hinter die rein sachliche Darstellung zurück; die Hörer bzw. Leser sollen einen **Sachverhalt genau erfahren,** sich etwas erklären lassen oder auch belehrt werden.

■ Eine typische Form des Berichts ist der Zeitungsbericht. Er informiert zum Beispiel über einen Unfall, eine Naturkatastrophe oder ein Sportereignis.

■ Allen Formen des Berichts liegen die W-Fragen zu Grunde:

- **Was** geschah?
- **Wann** geschah es?
- **Wo** passierte es?
- **Wer** war beteiligt, wer war davon betroffen?
- **Wie** hat es sich ereignet?
- **Warum** ist es dazu gekommen?
- **Welche** Folgen hatte es?

■ Eigene Meinungen dürfen die Verfasser eines Berichts nicht formulieren, doch es können die **Meinungen anderer** wiedergegeben werden. Dazu verwendet man die direkte oder die indirekte Rede (vgl. die Hinweise zur indirekten Rede im anschließenden Band *Mein Grundwissen 7./8. Klasse*).

FEHLERQUELLE

Falsche Zeitform: Immer im **Präteritum** (→ S. 57) berichten!

- Unklarer Stil: Auf eine **sachliche,** nicht gefühlsbetonte Ausdrucksweise achten!
- Fehlende Genauigkeit: An die **W-Fragen** denken!
- Falsche Reihenfolge: Sich an den zeitlichen **Ablauf** halten!

Beispiel: für einen Unfallbericht: In der Nacht zum Sonntag *(Wann?)* kam es auf der Kreuzung Fichte- und Kantstraße *(Wo?)* zu einem Verkehrsunfall *(Was?),* bei dem drei Menschen *(Wer?)* zum Teil schwer verletzt wurden. Der Fahrer eines der beteiligten Kraftfahrzeuge beachtete die Vorfahrtsregelung nicht und fuhr mit überhöhter Geschwindigkeit in den Kreuzungsbereich *(Warum?).* Der Fahrer des anderen Fahrzeuges konnte nicht mehr rechtzeitig bremsen, sodass beide Fahrzeuge zusammenstießen. *(Wie?)* Die beiden Fahrer erlitten Rippenbrüche und Verletzungen am Knie; der Beifahrer in dem Fahrzeug des Unfallverursachers musste mit einer Brustbeinfraktur ins Krankenhaus gebracht werden *(Welche Folgen?).*

4 Briefe verfassen

■ Briefe sind schriftliche Mitteilungen an einen bestimmten Empfänger, die mit dem Ziel einer persönlichen Mitteilung verfasst werden. Es gibt sowohl Briefe privater als auch solche offizieller Art. Von der Art des Briefes hängen die Anforderungen ab, die an ihn zu stellen sind. Die privaten Briefe sind zumeist erzählend, berichtend, beschreibend, erörternd oder appellierend, die offiziellen Briefe sind informierend, argumentierend, dokumentierend oder werbender Art.

■ In Zeiten von SMS, E-Mails und preiswerten telefonischen Kontakten werden weniger Briefe geschrieben als früher. Doch ist zu bestimmten Anlässen, etwa zum Geburtstag, ein privater Brief noch üblich; auch Brieffreundschaften werden nach wie vor gepflegt. Der Brief bietet den Vorteil, dass man länger nachdenken und sich präziser ausdrücken kann, wenn man will.

■ **Persönliche Briefe** brauchen **keine besondere äußere Form.** Dennoch gibt es einige Aspekte, die man beachten sollte.

▸ **Ort** und **Datum** sollten genannt sein; gewöhnlich steht die Angabe oben rechts auf der Seite.

Beispiele:	Berlin, den 16.1.2004	Berlin, den 16. Januar 2004
	Berlin, 16.1.04	Berlin, 16. Januar 2004

▸ Hinter der **Anrede** steht normalerweise ein **Komma;** danach wird klein weitergeschrieben.

Liebe Nadja, heute denke ich an dich …	Hallo Ulrich, hoffentlich hast du …

▸ Um einen **Kontakt** herzustellen, ist es höflich, sich danach zu erkundigen, wie es dem Empfänger des Briefes geht.

▶ BEACHTE Man sollte die Standardformel „Mir geht es gut. Wie geht es dir?“ vermeiden.
Andere Möglichkeiten: „Ich nehme an/hoffe, dir geht es gut.“, „Ich habe oft an dich gedacht und frage mich, wie es dir wohl geht.“

▸ Bei einem Antwortbrief sollte man **auf jeden Fall kurz auf den vorangegangenen Brief eingehen** und sich dafür bedanken.

▸ Die **Personalpronomina** für die Anrede (du, ihr) und die **Possessivpronomina** (mein, dein usw.) werden **in der vertraulichen Form kleingeschrieben.**

In der Höflichkeitsform (Sie, Ihnen) werden sie großgeschrieben.
- Zwischen einzelnen inhaltlichen Abschnitten ist ein **Absatz** zu machen.
- Am Ende stehen eine **Schlussformel** und die **Unterschrift.**

5 Texte überarbeiten

■ Wenn man einen Text zu Ende geschrieben hat, heißt das noch nicht automatisch, dass er fertig ist. Es sollte noch genug Zeit sein zur **Kontrolle auf Rechtschreibfehler,** aber auch zur **Überarbeitung** des Ausdrucks.

■ Kontrolliert man einen Text auf Rechtschreibung und Zeichensetzung, nimmt man am besten ein **Wörterbuch** oder ein **Lexikon** zur Hand.

■ Für Korrekturen im Ausdruck sind **Wortfelder** sehr hilfreich. Einer der häufigsten Fehler besteht in zu vielen Wiederholungen. Ein Wortfeld ist eine Gruppe von Wörtern mit verwandten Bedeutungen. Ein Wortfeld kann man sowohl zu Verben als auch zu Substantiven und zu Adjektiven bilden.

Beispiele: **gehen:** laufen, rennen, flitzen, schleichen, sich vorwärts tasten, marschieren, spazieren (gehen), wandern …
Schiff: Boot, Yacht, Ruderboot, Kahn, Segelschiff, Dampfer, Paddelboot, Kreuzer, Fähre …
lustig: heiter, witzig, spaßig, ulkig, zum Schieflachen …

■ In erzählenden Texten ist besonders bei **Verben der Redeeinleitung** („sagen") auf Abwechslung zu achten.

■ Auch mit Hilfe der **Umstellprobe** und der **Ersatzprobe** kann man Texte überarbeiten.
Mit der **Umstellprobe** kann man **Satzglieder** ermitteln. Was beim Umstellen zusammenbleibt, ist ein Satzglied (→ S. 65). Ein Satzglied kann aus einem Wort oder aus mehreren Wörtern bestehen.

Beispiel: Peter leiht seinem Freund Joachim sein Mountainbike.
- *Seinem Freund Joachim leiht Peter sein Mountainbike.*
- *Sein Mountainbike leiht Peter seinem Freund Joachim.*

Einen Text überarbeitet man mit Hilfe der Umstellprobe, indem man einzelne Satzglieder umstellt. Dann steht nicht immer das gleiche Satzglied, in der Regel das Subjekt, am Satzanfang. So kann man **im Satzbau variieren.**

■ **Ersatzprobe:** Satzglieder kann man nicht nur umstellen, sondern auch durch andere Ausdrücke ersetzen.

Beispiel: *Peter leiht seinem Freund Joachim sein Mountainbike.*
Peter leiht ihm das Mountainbike.
Peter leiht seinem besten Freund sein Mountainbike.
Peter verleiht sein Mountainbike an seinen besten Freund.
Usw.

Ersetzt man einzelne, wiederholt auftretende Satzglieder durch andere Ausdrücke, wird die Geschichte abwechslungsreicher.

Übung

■ **Überarbeite folgenden Text.**

Wenn Andy Freitag- oder Samstagabend nach der Disco oder seinem Ausflug ins „Flash“ heimkam, schlief seine Schwester Simone meist schon.
Einmal wurde Simone wach, weil Andy mit großem Getöse über den Schuhschrank im Flur stolperte. Simone hörte die Stimme der Mutter aus dem Wohnzimmer, wo sie vor der Flimmerkiste saß. „Was ist passiert, Andreas?“, sagte die Mutter.
Andy sagte: „Nichts Besonderes. Bin nur im Dunkeln gestolpert.“
Die Mutter sagte: „Dann geh jetzt zu Bett!“
Andy sagte: „Ja, Mama.“
Die Mutter sagte: „Aber vergiß das Zähneputzen nicht!“, sagte die Mutter.
Die Mutter tat immer so, als sei das Zähneputzen eins der wichtigsten Dinge im Leben.
Simone wartete, bis die Tür zu Andys Zimmer ins Schloß gezogen und alles im Haus wieder ruhig war.
Dann schlich Simone auf Zehenspitzen zu Andy hinüber.
Andy hatte das Licht schon ausgemacht und lag auf dem Bett.

Übung

- In Geschichten wirkt es langweilig, wenn man die wörtliche Rede immer nur mit dem Wort *sagen* einleitet. Ergänze die folgende Liste mit anderen Ausdrücken zum Wortfeld *sagen: meinen, antworten, sprechen, stottern, anflehen, brüllen ...*
- Ersetze in dem Text das Wort sagen durch andere Ausdrücke. (Du kannst das Wort *sagen* natürlich auch mal stehen lassen.)
- Ersetze *Simone, Andy* und *die Mutter* durch andere Ausdrücke, indem du mit der Ersatzprobe arbeitest.
- Sorge für Abwechslung im Satzbau, indem du die Umstellprobe anwendest.
- Schreibe zum Schluss den ganzen verbesserten Text auf.

6 Sachtexte erschließen

■ Wenn man sich selbst oder andere über einen Sachverhalt informieren möchte, ist man oft auf einen **Sachtext** angewiesen. Sachtexte informieren über Einzelheiten zu einem Thema in **sachlicher Sprache,** die auf Spannung verzichtet. Sie enthalten oft **Fachbegriffe** und **Fremdwörter**, die den Text verkürzen und genauer machen, ihn aber auch schwieriger erscheinen lassen.

■ Ein **Sachbuch** ist eine umfangreiche Darstellung zu einem Thema oder eine Sammlung verschiedener Sachtexte.

■ Sachtexte können verschiedene Informationen enthalten:
- wichtige **Tatsachen** und Feststellungen
- einen **Überblick** über einen Sachverhalt
- den **Standpunkt** der Verfasser

■ Für das Verständnis von Sachtexten sind folgende Arbeitsschritte wichtig:

1 **aufmerksam lesen**

2 **gliedern/in sinnvolle Abschnitte unterteilen**
3 **unbekannte Begriffe klären**
4 **Notizen in Stichwortform machen**

1 Man sollte einen Sachtext **lesen,** am besten zwei Mal, und sich dabei die Informationen, die man für wichtig hält, **unterstreichen.** Geht das nicht, weil es sich um ein Buch aus der Schule oder der Bibliothek handelt, sollte man die wichtigsten Informationen **herausschreiben.**

2 Man kann einen Sachtext wie eine Geschichte **nach Sinnabschnitten gliedern.** Ein Sinnabschnitt beginnt, wo ein neuer Aspekt des Themas angeschnitten wird. Hilfreich für die Gliederung nach Sinnabschnitten ist es, **Überschriften** zu jedem Abschnitt des Textes zu notieren.

3 **Fachwörter** sind Begriffe, mit denen Fachleute sich verständigen. Sie dienen dazu, einen Text genauer und oft auch kürzer zu machen. Oft sind es **Fremdwörter**. Unbekannte Fachbegriffe müssen **im Lexikon nachgeschlagen** werden, dort schaut man unter der entsprechenden Stelle im Alphabet nach (→ S. 88). Für Fremdwörter gibt es ein spezielles **Fremdwörterbuch.**

4 Mit **Notizen in Stichwortform** hält man in wenigen Wörtern und kurzen Erläuterungen die wichtigsten Informationen fest. Stichwörter sind also Notizen, die auf das Wesentliche verkürzt sind. Oft sind es die Begriffe, die man beim Durchlesen des Textes unterstrichen hat. Stichwörter dienen dazu, wichtige Informationen, die man sich merken will, für sich zu notieren und sie sich so besser einzuprägen. Man kann Informationen, die man weiterverwenden will, z. B. für ein Referat, aufschreiben. Mit Stichwörtern lassen sich aber auch Gedanken für eine mündliche oder schriftliche Äußerung ordnen.
Stichwörter umfassen den **Kern einer Aussage,** der für das Verständnis unerlässlich ist. Grammatikalisch besteht er oft aus **Nomen** (Substantiven).

Beispiel: Das <u>Fußballspiel</u> wurde <u>im 19. Jahrhundert</u> in England <u>entwickelt</u>.
→ Fußballspiel, Entwicklung in England, 19. Jh.

Dabei muss man die Stichwörter **so übersichtlich anordnen,** dass die gedankliche Ordnung des Sachtextes nachvollzogen werden kann.

5 In einem letzten Schritt kann man den Sachtext **zusammenfassen,** um sicherzugehen, dass man ihn verstanden hat.

Übung

■ **Führe die fünf Arbeitsschritte anhand des Sachtextes „Die Entwicklung und das Erlernen der Schrift in Ägypten" durch.**

Die Entwicklung und das Erlernen der Schrift in Ägypten
Im Alten Ägypten war es nicht selbstverständlich, dass alle Menschen lesen und schreiben lernten. Die Wissenschaftler haben herausgefunden, dass vor über 2 000 Jahren wahrscheinlich nur ein kleiner Teil der ägyptischen Bevölkerung diese Fähigkeiten beherrschte.
Dennoch waren Schreibenkönnen und die Entwicklung der Schrift insgesamt sehr wichtig. Die ersten Schriftzeichen in Ägypten, die man Hieroglyphen nennt, wurden vor etwa 2 000 Jahren entwickelt. Um das große ägyptische Reich verwalten zu können, um Gesetze erlassen zu können, brauchte man eine Schrift.
Die Hieroglyphen waren sehr schön anzusehen, aber sie hatten auch einen Nachteil. Um einen Text in Hieroglyphenschrift abzuschreiben, brauchte selbst ein geübter Schreiber sehr viel Zeit. Also entwickelte sich mit der Zeit eine einfachere Schrift, die so genannte hieratische Schrift. An den Schreibschulen, den Orten, wo die Ägypter das Schreiben erlernen konnten, wurden beide Schriftarten gleichermaßen unterrichtet, da die Hieroglyphen auch weiterhin benutzt wurden für Grabinschriften, Gesetze und um Götter zu preisen. Alltägliches jedoch, wie z. B. Briefe, schrieb man nun in der hieratischen Schrift.
Schreiben lernten die Schüler damals vor allem durch das regelmäßige Abschreiben von alten Texten. Dabei war es fast egal, ob man von links nach rechts, von rechts nach links oder von oben nach unten schrieb – Hauptsache, es sah schön aus. In welche Richtung nun gelesen werden sollte, erkannten die Ägypter am besten an den menschen- und tiergestaltigen Hieroglyphen. Schauten diese z. B. nach rechts, musste man von der rechten Seite anfangen zu lesen.
Die Schreibwerkzeuge waren Schilfrohrfedern und Binsenpinsel, mit denen man auf Holztafeln oder kleine Tonplatten schrieb. Geübte Schüler durften auch auf Papyrus schreiben, eine Art Papier, das aus einer Sumpfpflanze gewonnen wurde. Allerdings war Papyrus sehr teuer.

Test

1 **Die Einleitung einer Erzählung soll die Leser über das Wichtigste ins Bild setzen.**
Nenne die vier „W-Fragen“, die dazu beantwortet sein sollten.

2 **Wie kann man eine Einleitung so spannend gestalten, dass die Leser neugierig werden und gern weiterlesen möchten?**

3 **Wie erreicht man die für eine gute Erzählung wichtige lebendige Sprache? Nenne sechs Gestaltungsmittel.**

4 **Was versteht man unter einem „(ab)geschlossenen“ Ende, was unter einem „offenen Ende“ einer Erzählung?**

5 **Was versteht man unter einer Erzählperspektive? Welche verschiedenen Erzählperspektiven gibt es?**

6 **Worauf kommt es beim Erzählen von Fantasie- und Lügengeschichten an?**

7 **Wozu braucht man Beschreibungen?**

8 **Verfasse einen Merkkasten „Beschreibung“, indem du die folgenden Aspekte abschreibst und ergänzt.**

Beschreibung
- Absicht, Ziel:
- Tempus:
- Gliederung/Reihenfolge:
- Stil:
- mögliche sprachliche Mittel:

9 **Wie geht man bei der Personenbeschreibung vor, womit beginnt man, womit endet man?**

Test

10 Welche der aufgeführten sprachlichen Mittel sind bei der Wegbeschreibung von besonderer Bedeutung?

- Interjektionen, Ausrufe
- Numeralien
- Präpositionen
- Substantive
- Verben

11 Wann kann man in einer Beschreibung Fachausdrücke verwenden, und worauf kommt es dabei an?

12 Was ist Gegenstand des Berichts?

13 Erkläre für den Bericht:

a In welcher Zeitform wird geschrieben?
b Was ist beim Schreibstil zu beachten?
c Wie ist Genauigkeit zu erreichen?
d Warum ist es notwendig, sich an den zeitlichen Ablauf des Berichteten zu halten?

14 Auch ein Bericht gliedert sich in Einleitung, Hauptteil und Schluss. Was gehört in die einzelnen Teile?

Grammatik

1 Wortarten

■ Im Satz und im Text übernehmen die Wörter unserer Sprache unterschiedliche Aufgaben. Je nach ihrer Aufgabe gehören sie zu bestimmten **Wortarten.** Einige Wortarten können dabei ihre Form verändern, sie können gebeugt (flektiert) werden. Andere Wortarten können ihre Form nicht verändern; man bezeichnet sie als nicht flektierbar.

■ Die **flektierbaren Wortarten** sind

lateinische Bezeichnung	deutsche Bezeichnung
Nomen/Substantiv	Namenwort/Hauptwort
Artikel	Begleiter/Geschlechtswort
Pronomen	Fürwort/Stellvertreter
Adjektiv	Eigenschaftswort
Verb	Tätigkeitswort/Zeitwort

■ Zu den **nicht flektierbaren Wortarten** gehören das Adverb (Umstandswort, ➜ S. 61), die Konjunktion (Bindewort) und die Präposition (Verhältniswort, ➜ S. 59).

1.1 Das Nomen (Substantiv/Namenwort/Hauptwort)

■ Die beiden unterschiedlichen Bezeichnungen **Nomen** und Substantiv kennzeichnen unterschiedliche Sichtweisen und Leistungen. Die Bezeichnung Nomen (Namenwort) verdeutlicht, dass man mit Wörtern dieser Wortart Lebewesen, Dingen, abstrakten Begriffen dieser Welt einen Namen geben kann. Mit dem Begriff **Substantiv** wird dagegen hervorgehoben, dass es sich um ein selbstständiges Wort handelt, das im Satz besonders wichtig ist (Substanz). Dies drückt auch die deutsche Bezeichnung **Hauptwort** aus.

■ Wenn man sich auf eine bestimmte Person, auf ein bestimmtes Tier oder auf einen bestimmten Gegenstand bezieht, dann ist das Nomen ein **Konkretum** (Plural: Konkreta).

Beispiele: Lars hat einen **Hund.** Das **Auto** bleibt stehen.

Wenn man sich auf etwas bezieht, das nicht gegenständlich ist oder das ausdrückt, was man denkt oder fühlt, spricht man von **Abstraktum** (Plural: Abstrakta).

Beispiele: Freundschaft, Glück, Angst, Liebe, Schicksal

Genus (grammatisches Geschlecht)
(lat.: Geschlecht)

■ Jedes Nomen hat ein **grammatisches Geschlecht: Femininum** (weiblich), **Maskulinum** (männlich) oder **Neutrum** (sächlich). Das Genus erkennt man an dem bestimmten **Artikel** (Geschlechtswort oder Begleiter, → S. 51), der vor jedem Nomen stehen kann (**der** Computer, **das** Fahrrad, **die** Aufgabe).

Bei manchen Nomen kann man das Geschlecht auch an der **Endung** erkennen.

Beispiele: **der** Lehr*ling*, der Lehr*er*
die Bäcker*ei*, die Hoffn*ung*, die Freund*schaft*, die Freundlich*keit*
das Pferd*chen*, das Zeug*nis*

■ Grammatisches und natürliches Geschlecht stimmen in der Regel nicht überein.

Beispiele: für Übereinstimmung: der Mann, die Frau, der Stier, die Kuh
Beispiele: für Nichtübereinstimmung: das Mädchen, das Männlein

■ Bestimmte Nomen haben je nach Geschlecht unterschiedliche Bedeutungen.

Beispiele: **der** Tau (Niederschlag) – **das** Tau (dickes Seil)
die Steuer (Abgabe) – **das** Steuer (Lenkrad)
der Band (Buch) – **das** Band (zum Binden)
der Bauer (Landwirt) – **der/das** Bauer (Vogelkäfig)

Numerus (Anzahl)
(Plural: Numeri, lat.: Zahl)

■ Nomen können in der **Einzahl** (**Singular**) oder in der **Mehrzahl** (**Plural**) verwendet werden.
Beispiele: das Mädchen – die Mädchen, ein Junge – viele Jungen

■ Einige Nomen können nur im Singular stehen.
Beispiele: der Schnee, das Vieh, der Regen

■ Andere Nomen gibt es nur im Plural.
Beispiele: die Geschwister, die Gebrüder, die Kosten, die Ferien, die Eltern, die Leute

Kasus (Fall)
(Plural: Kasus, lat.: Fall)

■ Es gibt in der deutschen Sprache vier Fälle (Kasus). Mit Hilfe der Kasus kann das Nomen im Satz unterschiedliche Aufgaben übernehmen.
Beispiel: Die Schülerin der Klasse 6 a schenkt dem Freund das Buch.

die Schülerin	– **Nominativ** (**1. Fall**)	Wer oder was?
der Klasse	– **Genitiv** (**2. Fall**)	Wessen?
dem Freund	– **Dativ** (**3. Fall**)	Wem?
das Buch	– **Akkusativ** (**4. Fall**)	Wen oder was?

Deklination (Beugung)

■ Nomen können je nach Kasus oder Numerus ihre Form verändern. Man sagt dann, dass sie dekliniert (gebeugt) werden. Gehört zum Nomen ein Artikel (→ S. 51), werden beide zusammen dekliniert.

Numerus	Kasus *(Fall)*	Genus *(grammatisches Geschlecht)* *Maskulinum*	*Femininum*	*Neutrum*
Singular (Einzahl)	1. Fall: Nominativ (Wer? Was?)	der Mann	die Frau	das Kind
	2. Fall: Genitiv (Wessen?)	des Mannes	der Frau	des Kindes
	3. Fall: Dativ (Wem?)	dem Mann	der Frau	dem Kind
	4. Fall: Akkusativ (Wen? Was?)	den Mann	die Frau	das Kind
Plural (Mehrzahl)	1. Fall: Nominativ (Wer? Was?)	die Männer	die Frauen	die Kinder
	2. Fall: Genitiv (Wessen?)	der Männer	der Frauen	der Kinder
	3. Fall: Dativ (Wem?)	den Männern	den Frauen	den Kindern
	4. Fall: Akkusativ (Wen? Was?)	die Männer	die Frauen	die Kinder

▶ **BEACHTE** Auch Wörter anderer Wortarten können im Satz zu Nomen werden und sind dann großzuschreiben (Nominalisierungen).

Beispiel: Er kann gut **laufen** *(Infinitiv)*. → Das **Laufen** macht ihm Spaß. *(Nomen)*

Der **kleine** Baum wächst schön. *(Adjektiv)* → Der **Kleine** hat viel Kraft. *(Nomen)*

■ Ob eine Wortart als Nomen (Substantiv) gebraucht wird, kann man oft am Begleiter erkennen.

Dieser Begleiter kann sein:

- ein **Artikel** (→ S. 51). Oft ist der Artikel angegeben, wenn nicht, könnte man ihn vor das zum Nomen gewordene Wort setzen: **Das** Auto springt nicht an. Hier ist **(das)** Laufen nicht erlaubt (substantiviertes Verb).
- ein **Pronomen** (→ S. 47): **Sein** Klagen war unbegründet.
- ein **Adjektiv** (→ S. 52): Manchmal ist (ein) **schnelles** Schreiben notwendig.

▸ eine **Präposition** (➔ S. 59), die den Artikel enthält (z. B. zu + dem → zum): Sie ging **zum** Spielen. Sie war **am** Arbeiten.
▸ verschiedene Wörter wie *wenig, alles, viel, etwas, nichts, allerlei …*: Er erfuhr **viel** Neues.

■ In manchen Texten treten gehäuft Nomen und **Nominalisierungen** auf. Man spricht dann vom Nominalstil; dieser begegnet einem vor allem in Texten von Verwaltung und Justiz. Im normalen Sprachgebrauch sollte man Nominalisierungen eher sparsam einsetzen. Der jeweilige bessere Ausdruck wird an den folgenden Gegenüberstellungen deutlich:

Zu Beginn erfolgte seitens des Dirigenten die Vorstellung der Pianistin zwecks Bekanntmachung gegenüber den Konzertbesuchern.	Zu Beginn stellte der Dirigent den Konzertbesuchern die Pianistin vor.
Die Notwendigkeit der Errichtung einer neuen Schule ergab sich aus dem Zuzug vieler junger Familien.	Es musste eine neue Schule errichtet werden, weil in letzter Zeit viele junge Familien neu zugezogen sind.
„Die Sauberhaltung eures Klassenraums fällt in euren eigenen Aufgabenbereich.“	„Eure Klasse müsst ihr selbst sauber halten!“

1.2 Das Pronomen (Fürwort) *(Plural: Pronomina, lat.: für das Nomen)*

■ Ein Pronomen kann im Satz **für** ein Nomen stehen.

Beispiel:	Karin	füttert	den Hund.
	Sie	füttert	**ihn.**

■ Viele Pronomen können auch, wie der Artikel, das Nomen **begleiten.**

Beispiel: Dieser Hund gehört Carina. Es ist **ihr Hund.**

■ Es gibt mehrere Arten von Pronomen, die jeweils unterschiedliche Funktionen haben.

Personalpronomen *(persönliches Fürwort)*

■ Steht für Sprecher (1. Person), Angesprochene (2. Person und Sie als Höflichkeitsanrede) und dafür, worüber gesprochen wird (3. Person).

Deklination des Personalpronomens

	1. Fall Nominativ	2. Fall Genitiv	3. Fall Dativ	4. Fall Akkusativ
Singular (Einzahl)				
1. Person	ich	meiner	mir	mich
2. Pers.	du	deiner	dir	dich
3. Pers. Mask. (männlich)	er	seiner	ihm	sich
3. Pers. Fem. (weiblich)	sie	ihrer	ihr	sie
3. Pers. Neutrum (sächlich)	es	seiner	ihm	es
Plural (Mehrzahl)				
1. Pers.	wir	unser	uns	uns
2. Pers.	ihr	euer	euch	euch
3. Pers.	sie	ihrer	ihnen	sie
Höflichkeitsformen	Sie	Ihrer	Ihnen	Sie

▶ **BEACHTE** Die Höflichkeitsformen wie *Sie, Ihnen, Ihre* werden immer großgeschrieben.

Beispiele: Ich wünsche Ihnen für Ihren Urlaub noch gute Erholung. Grüßen Sie auch Ihren Mann und Ihren Sohn von mir. Tschüss! Ihre Tina Carsten

Demonstrativpronomen (hinweisendes Fürwort)

■ Das Demonstrativpronomen weist auf etwas hin bzw. hebt etwas ganz besonders heraus.

Beispiel: „Ich hätte gerne **diese** Teekanne, bitte."

■ Ein Demonstrativpronomen bezieht sich immer auf eine bestimmte Gesprächssituation. Man kann es eigentlich nur verstehen, wenn man dabei ist bzw. wenn man als Leser oder Zuhörer über den Zusammenhang informiert ist.

■ Es gibt die folgenden Demonstrativpronomen:
der, die, das; die (Mehrzahl), wenn sie – im Gegensatz zum bestimmten Artikel – **betont gesprochen** werden.

Beispiel: **Der (da)** gefällt mir.

Außerdem: dieser, diese, dieses; diese
jener, jene, jenes; jene
derjenige, diejenige, dasjenige; diejenigen
derselbe, dieselbe, dasselbe; dieselben
selbst, selber
solcher, solche, solches; solche

■ Die Demonstrativpronomen deklinieren alle nach dem Muster des bestimmten Artikels (→ S. 51).

Possessivpronomen (besitzanzeigendes Fürwort)

■ Das Possessivpronomen zeigt den Besitzer oder die Zugehörigkeit einer Sache an.

Beispiele: **mein** Fahrrad, **deine** Uhr, **unsere** Großmutter

■ Die Possessivpronomen unterscheiden in der 3. Person nach dem grammatischen Geschlecht (Genus). Die Tabelle zeigt die Formen.

	1. Fall Nominativ	2. Fall Genitiv	3. Fall Dativ	4. Fall Akkusativ
Singular (Einzahl)				
1. Person	mein	meines	meinem	meinen
2. Pers.	dein	deines	deinem	deinen
3. Pers. Mask. (männlich)	sein	seines	seinem	seinen
3. Pers. Fem. (weiblich)	ihr	ihres	ihrem	ihren
3. Pers. Neutrum (sächlich)	sein	seines	seinem	sein
Plural (Mehrzahl)				
1. Pers.	unser	unseres	unserem	unseren
2. Pers.	euer	eures	eurem	euren
3. Pers.	ihr	ihres	ihrem	ihre
Höflichkeitsformen	Ihr	Ihres	Ihrem	Ihre

■ Die Possessivpronomen werden wie Adjektive (→ S. 52) zur näheren Kennzeichnung von Nomen (Substantiven) gebraucht. Sie werden wie die Adjektive jeweils nach Singular und Plural dekliniert.

Reflexivpronomen (rückbezügliches Fürwort)

■ **Reflexive (rückbezügliche) Verben** treten in Verbindung mit einem **Reflexivpronomen** auf.

Beispiel für ein reflexives Verb:

Singular	1. Person	ich bedanke **mich**
	2. Person	du bedankst **dich**
	3. Person	er/sie/es bedankt **sich**
Plural	1. Person	wir bedanken **uns**
	2. Person	ihr bedankt **euch**
	3. Person	sie bedanken **sich**

Relativpronomen (Beziehungsfürwort)

■ Das Relativpronomen dient dazu, Gliedsätze (Nebensätze) an ein Nomen (Substantiv) oder an ein Pronomen anzuschließen. Diese Gliedsätze heißen **Relativsätze** (Bezugssätze).

■ Es gibt die Relativpronomen *der, die, das* (Singular); *die* (Plural).

■ Auch *welcher, welche, welches* können als Relativpronomen gebraucht werden. Sie stehen insbesondere nach den Demonstrativpronomen (hinweisenden Fürwörtern) *derjenige (welcher), diejenige (welche), dasjenige (welches).* Außerdem werden sie oft verwendet, wenn ein gleicher Artikel folgt.

Beispiel: Die Blumen, **die** die Freundin bekam, waren wunderschön.
welche

▶ **BEACHTE** Das Relativpronomen bezieht sich auf das nächstmögliche vorhergehende Nomen. Hier werden häufig Fehler gemacht, die es einem Leser schwer machen, den Sinn zu verstehen.

Beispiel: Sie stellte die frischen Blumen in die Vase, die er ihr mitgebracht hatte.

Was hat er mitgebracht, die Blumen oder die Vase oder beides? Im Satz steht, genau genommen, dass er die Vase mitgebracht hatte. Richtig müsste es heißen:
Sie stellte die frischen Blumen, die er mitgebracht hatte, in die Vase.

FEHLERQUELLE
Gelegentlich lässt sich das **Relativpronomen** schlecht von einer **Konjunktion** unterscheiden.
Beispiel: Es war ein Geheimnis, das er verraten hatte. (Relativpronomen)
Er gestand ihr, dass er sie liebte. (Konjunktion)

1.3 Der Artikel (Geschlechtswort/Begleiter) *(Plural: die Artikel, lat.: Gelenk)*

■ Der Artikel begleitet das Nomen, zeigt dessen grammatisches Geschlecht an (daher die Bezeichnung Geschlechtswort) und wird mit dem Nomen zusammen dekliniert (gebeugt).

■ Man unterscheidet
- den **bestimmten Artikel: der** Hund, **die** Katze, **das** Pferd, **die** Pferde
- den **unbestimmten Artikel: ein** Hund, **eine** Katze, **ein** Pferd

■ Im Plural gibt es keinen unbestimmten Artikel. Das Nomen wird entweder ohne Artikel verwendet oder man behilft sich mit Pronomen (Fürwörtern) wie: *viele, manche, einige.*

■ Benutzt man den bestimmten Artikel, ist das Nomen dadurch als bekannt gekennzeichnet.
Wenn man den unbestimmten Artikel verwendet, kennzeichnet man das Nomen als noch nicht bekannt oder als im Text noch nicht genannt.
Beispiel: **Ein** Löwe lag schlafend in einer Höhle und eine Maus lief munter auf seinem Kopf herum. *(→ Es handelt sich um einen beliebigen, noch nicht näher bestimmten Löwen.)* Da wachte ***der*** Löwe plötzlich auf. *(→ Im zweiten Satz ist klar, um welchen Löwen es sich handelt, nämlich um den, der von einer Maus gestört wurde.)*

■ Der Artikel kann in eine Präposition (→ S. 59) eingeschlossen sein.

Beispiel: Er setzte sich ans Fenster. (ans = an + **das**)

Weitere Beispiel: **aufs, beim, im, ins, fürs, vorm, zum, zur**

▶ BEACHTE Zusammenziehungen aus Präposition und dem Artikel *das* – **ans, aufs, ins, fürs** – werden **ohne Apostroph** geschrieben.

■ Der Artikel wird gemeinsam mit dem Nomen dekliniert (→ S. 46).

1.4 Das Adjektiv (Eigenschaftswort) *(Plural: Adjektive, lat.: das Beigefügte)*

■ Das Adjektiv gibt Eigenschaften und Merkmale von Lebewesen, Dingen, Tätigkeiten, Vorgängen und Zuständen an. Die Eigenschaften lassen sich mit der Frage „Wie ist es?“ ermitteln.

■ Das Adjektiv tritt im Satz vor allem in zwei Funktionen auf, attributiv oder prädikativ.

▸ **attributiv**

Es kennzeichnet im Satz (als Attribut/Beifügung, → S. 70) ein Nomen genauer und wird mit diesem zusammen dekliniert.

Beispiele: Ein **fremd**er Junge steht vor der Tür.
Peter ist begeistert von der Optik des **neu**en Fahrrades.
Peggy sitzt unter dem **groß**en Baum.
Hans holt das **neu**e Heft heraus.

▸ **prädikativ**

Es kennzeichnet im Satz das Verb (als Satzglied Prädikat, → S. 66). Dabei wird es nicht dekliniert.

Beispiele: Der Junge, der vor der Tür steht, ist **fremd.**
(Im Gegensatz zu attributiv: Ein **fremder** Junge steht vor der Tür.

Vergleichsformen und Steigerung (Komparation)

■ Da es viele Eigenschaften in unterschiedlichen Graden gibt, können die meisten Adjektive **Vergleichsformen** bilden und **gesteigert** werden. Auch hier wird zwischen prädikativem und attributivem Gebrauch unterschieden.

Positiv (Grundstufe): Sven ist ziemlich **groß.** – Da steht der **große** Sven.
Komparativ (Vergleichsstufe): Pia ist **größer** als Sven. – Pia ist eine **größere** Schülerin als Anna.
Superlativ (Höchststufe): Lara ist am **größten.** – Lara ist die **größte** Schülerin der Klasse.

FEHLERQUELLE
Beim Vergleichen von Eigenschaften steht bei der Grundstufe „wie" und bei der Vergleichsstufe „als".
Beispiel: Sven ist **genauso groß** **wie** Anna.
Anna ist **größer** **als** Pauline.

■ Eine Reihe von Adjektiven wird **unregelmäßig** gesteigert.
Beispiele: gut, besser, am besten — viel, mehr, am meisten
hoch, höher, am höchsten — nah, näher, am nächsten

■ Einige Adjektive lassen sich **nicht** steigern, weil sie bereits ein absolutes Urteil oder eine Höchststufe ausdrücken.
Beispiele: rund, tot, weiß, schwarz, absolut, ausgezeichnet, einzig

FEHLERQUELLE
Es gibt also keine „einzigste", sondern nur die **einzige** Ausnahme.

1.5 Das Verb (Tätigkeitswort/Zeitwort) *(Plural: Verben)*

■ Verb kommt vom lateinischen Wort verbum (Wort). Für die Römer war das Verb das wichtigste Wort im Satz. Auch in deutschen Sätzen dreht sich alles ums Verb. Es gibt kaum einen Satz ohne Verb, denn es gibt an, was jemand **tut,** was **geschieht** oder was **ist.** Fehlt es, so wird es zumindest mitgedacht.
Beispiele: **Kommst** du heute? – Nein, heute (komme ich) nicht!

Infinitiv

■ Der Infinitiv ist die Grundform oder die Nennform des Verbs, die im Wörterbuch steht.

Beispiele: leben, singen, schlafen

■ Vom Infinitiv wird die **Personalform** des Verbs (→ S. 55) abgeleitet.

Vollverb und Hilfsverb

■ Nach ihrer Leistung im Satz unterscheidet man

▸ **Vollverben** (z. B. *kommen, laufen, gehen*)

Diese können in einem Satz allein das Satzglied Prädikat bilden. (→ Prädikat S. 66)

Beispiel: Sie kommen heute.

▸ **Hilfsverben** (*sein, haben, werden*)

Diese benötigen im Satz noch ein Vollverb oder andere Wörter zur Ergänzung.

Beispiele: Sie **wird** nicht mitkommen. Sie **ist** sehr freundlich. Er **hat** bei ihr angerufen.

Konjugation

■ Wenn Verben im Satz stehen, wird aus dem Infinitiv die **Personalform** gebildet. Steht ein Verb in der Personalform (du kommst, wir sehen), spricht man auch von der **finiten Form** (*lat. finit* = bestimmt) oder der **konjugierten** Form des Verbs.

■ Man unterscheidet zwischen **starken** und **schwachen Verben. Starke Verben** sind Tätigkeitswörter, die ihren Stammvokal verändern und das Partizip Perfekt auf *-en* bilden.

Beispiel: binden – band – gebunden

Als **schwache Verben** bezeichnet man Tätigkeitswörter, die ihre Vergangenheitsform aus dem **Stamm mit** *-t(e)* bilden.

Beispiele: hören – hörte – gehört, suchen – suchte – gesucht

■ Die Konjugation von Verben ist durch unterschiedliche Merkmale bestimmt:

- **Person und Numerus** (**Anzahl,** → S. 55)
- **Tempus** (**Zeit,** → S. 55)
- **Genus** (vergleiche den Band „Mein Grundwissen“ für die 7./8. Klasse)
- **Modus** (vergleiche den Band „Mein Grundwissen“ für die 7./8. Klasse)

Person und Numerus (Anzahl)

■ Im Gegensatz zum Infinitiv wird in der konjugierten (gebeugten) Form des Verbs die Person ausgedrückt. Bei der Person unterscheidet man neben der **1., 2.** und **3. Person** auch die Anzahl **Singular (Einzahl)** und **Plural (Mehrzahl).** Zu erkennen ist sie am Personalpronomen und an der Endung.

Singular	1. Person	**ich** gehe
	2. Person	**du** gehst
	3. Person	**er/sie/es** geht
Plural	1. Person	**wir** gehen
	2. Person	**ihr** geht
	3. Person	**sie** gehen

Tempus (Zeit)

■ Das Verb heißt auf Deutsch auch Zeitwort, weil man mit Verbformen Angaben zur Zeit machen kann. Mit den verschiedenen Tempusformen kann man sich auf ein gegenwärtiges, auf ein vergangenes oder auf ein zukünftiges Geschehen beziehen. Bezugspunkt ist der Zeitpunkt, zu dem eine Äußerung gemacht wird.

■ Man unterscheidet sechs Tempusformen.

Tempusform	Beispiel	zeitliche Einordnung
Präsens	*ich gehe, du machst*	gegenwärtig oder zukünftig (➜ S. 57)
Präteritum (Vergangenheit)	*ich ging, du machtest*	vergangen (➜ S. 57)
Perfekt	*ich bin gegangen, du hast gemacht*	(gerade) vergangen (➜ S. 57)
Plusquamperfekt (vollendete Vergangenheit)	*ich war gegangen, du hattest gemacht*	etwas, was noch vor dem Vergangenen passierte (➜ S. 58)
Futur I (Zukunft)	*ich werde gehen, du wirst machen*	zukünftig (➜ S. 58)
Futur II (vollendete Zukunft)	*ich werde gegangen sein, du wirst gemacht haben*	bereits vergangen, wenn zukünftig etwas passiert (➜ S. 58)

■ **Präsens**

Mit dem **Präsens** kann man auf unterschiedliche Zeiten verweisen:

1 Tatsächliche Gegenwart: Ich **schreibe.**

2 Ein Geschehen wiederholt sich regelmäßig oder ist allgemein gültig:
Ich **gehe** morgens zur Schule.
Köln **liegt** am Rhein.

3 Ein Geschehen wird in der Zukunft eintreten: Morgen **gehe** ich ins Kino.

4 In einer Erzählung wird das Tempus gewechselt, weil der Erzähler das Geschehen vergegenwärtigen und die Spannung steigern will: Sie sah plötzlich Licht und stürzte darauf zu. Die Tür **steht** weit offen.

■ **Perfekt** (vollendete Gegenwart)
Das Perfekt wird als Zeitform der Vergangenheit besonders häufig in Gesprächen verwendet. Während beim schriftlichen Erzählen das Präteritum die angemessene Zeitform ist, findet mündliches Erzählen über Vergangenes meist im Perfekt statt.

Beispiel: Ich bin vielleicht erleichtert! Gestern **habe** ich in Mathe eine Zwei **geschrieben.**

So wird es gebildet:

Personalform von ***haben*** oder ***sein*** im Präsens	+	Partizip Perfekt des Verbs
sie **hat**		**geschrieben**
er **ist**		**gekommen**
wir **haben**		**empfohlen**

■ **Präteritum** (Imperfekt/Vergangenheit, lat.: das Vorübergegangene)
Das Präteritum wird als Zeitform der Vergangenheit besonders beim schriftlichen Erzählen verwendet. Als „Erzähltempus" ist es die typische Zeitform in Märchen, Sagen und anderen Erzählungen.

Beispiel: Im Lande Nirgendwo **lebte** einst eine schöne Prinzessin.

In der Umgangssprache werden Perfekt und Präteritum oft ohne Bedeutungsunterschied gebraucht. Das Perfekt wird dabei dem Präteritum vorgezogen.

■ **Plusquamperfekt** (Vorvergangenheit; lat.: mehr als vollendet)
Diese Tempusform wird meist im Zusammenhang mit dem Präteritum gebraucht. Sie zeigt an, was bereits vor dem vergangenen Ereignis passiert ist.

Beispiel: Es ist jetzt 11 Uhr und ich bin wieder zu Hause. Meine Schwester fragt: „Bist du schon wieder da?" Sie wundert sich, denn vor etwa einer Stunde hatte ich das Haus verlassen, um ins Schwimmbad zu gehen. Ich antworte ihr: „Als ich das Schwimmbad sah, fiel mir ein, dass ich die Badehose **vergessen hatte.**"

So wird es gebildet:

Personalform von ***haben* oder *sein* im Präteritum**	+	**Partizip Perfekt des Verbs**
er **hatte** sie **war**		**geschrieben** **gekommen**

■ Futur I

Mit dieser Form kann man anzeigen, was in Zukunft sein wird.

So wird das Futur I gebildet:

Personalform von *werden* im Präsens	+	**Infinitiv des Verbs**
ich **werde** du **wirst**		**kommen** **bleiben**

■ Futur II

Bei dieser selten vorkommenden Form stellen sich die Sprecher vor, dass sie aus der Zukunft heraus etwas Vergangenes betrachten.

Beispiel: Morgen um diese Zeit **werde** ich den Eignungstest bereits **überstanden haben.**

Oft wird das Futur II benutzt, um eine Vermutung auszudrücken.

Beispiel: Die Uhr **wird wohl stehen geblieben sein.**

So wird es gebildet:

Personalform von *werden* im Präsens	+	**Partizip Perfekt des Verbs**	+	**Infinitiv von *haben* oder *sein***
ich **werde**		**überstanden**		**haben**
er **wird**		**geprüft**		**haben**
wir **werden**		**angekommen**		**sein**
ihr **werdet**		**weggefahren**		**sein**

■ Nach den genannten Merkmalen lässt sich eine **finite Verbform bestimmen.**

Beispiele: *wir werden verreisen: 1. Person Plural Futur I (Indikativ Aktiv) sie hat gegessen: 3. Ps. Sg. Perf. (Ind. Akt.)*

1.6 Die Präposition (Verhältniswort/Fügewort) *(Plural: die Präpositionen, von lat.: präponere = voranstellen)*

■ Präpositionen fügen Satzglieder in den Satz ein. Dies drückt auch die deutsche Bezeichnung Fügewort aus. Sie können vor einem Nomen (Substantiv), einem Pronomen oder auch vor einem Adverb oder Adjektiv stehen.

■ Im Satz geben die Präpositionen **Beziehungsverhältnisse** an.

Beispiele: Sie steht **mit** ihrer Freundin auf dem Schulhof. → *Umstand, Art und Weise*

Sie läuft jeden Tag **zwischen** fünf und sechs eine kleine Runde. → *Zeit*

Das Bild hält sie **für** gut. → *Umstand, Art und Weise*

Präposition und Kasus

■ Die meisten Präpositionen fordern im Satz einen bestimmten Kasus (Fall) (→ Kasus beim Nomen S. 45).

- **Genitiv:** infolge, jenseits, während
- **Dativ:** außer, bei, mit, nach, seit, zu
- **Genitiv oder Dativ:** trotz, wegen
- **Akkusativ:** durch, für, gegen, ohne, um, wider
- **Dativ oder Akkusativ:** an, auf, hinter, in, neben, über, unter, vor, zwischen

TIPP Mit Hilfe von Fragen kann man herausfinden, welche der möglichen Präpositionen den Dativ und welche den Akkusativ fordert.

Auf die Frage **Wo?** folgt der Dativ.

Beispiel: Sie sitzt an dem braunen Pult.

Frage: **Wo** sitzt sie?

Antwort: An **dem** braunen Pult.

Auf die Frage **Wohin?** folgt der Akkusativ.

Beispiel: Sie geht an das braune Pult.

Frage: **Wohin** geht sie?

Antwort: An **das** braune Pult.

Präposition und Verb

■ Manche Präpositionen gehören fest zu bestimmten Verben.

Beispiel: Wir **hoffen** auf besseres Wetter.

Diese Präpositionen zeigen jedoch **keine** besonderen Bedeutungsverhältnisse wie Zeit, Raum oder Ort auf.

Beispiele: *achten* ***auf****, sich erinnern* ***an****, bangen* ***um****, sich kümmern* ***um****, warten* ***auf****, beglückwünschen* ***zu****, bitten* ***um****, danken* ***für****, hindern* ***an****, sich brüsten* ***mit****, sich eignen* ***zu***

■ Die Präpositionen fügen hier ein Satzglied als notwendiges, vom Verb gefordertes (**präpositionales**) **Satzglied** in den Satz ein (präpositionales Objekt → S. 68).

Präposition und Artikel

■ Im Satz verschmelzen manchmal Präposition und Artikel zu einem Wort.

Beispiele: **bei** dem Spiel – **beim** Spiel
an das Arbeiten – **ans** Arbeiten

▶ BEACHTE Die Verschmelzungen zwischen Präposition und dem Artikel *das* werden ohne Apostroph geschrieben.

1.7 Das Adverb (Umstandswort) *(Plural: Adverbien, lat.: zum Verb gehörig)*

■ Das Adverb gehört zu den nicht flektierbaren Wortarten (➔ S. 43) und bestimmt die **näheren Umstände** eines Geschehens. Dies drückt die deutsche Bezeichnung Umstandswort aus.

Beispiele: *heute, gestern, kaum, sehr*
Frageadverbien: *wann? wie? wo?*

■ Vier verschiedene Bedeutungen kann man mit dem Adverb zum Ausdruck bringen:

Ort und Richtung (Lokaladverb) (Wo? Wohin? Woher? ...) *hier, dort, dorthin, draußen, hierher*	**Zeit (Temporaladverb)** (Wann? Wie lange? ...) *heute, jetzt, bald, neulich, zunächst, dann ...*
Grund (Kausaladverb) (Warum?) *darum, daher, deshalb*	**Art und Weise (Modaladverb)** (Wie? Auf welche Weise? ...) *sehr, gern, ziemlich, so, möglicherweise*

1.8 Adverb oder Adjektiv?

FEHLERQUELLE
Adverb und Adjektiv können leicht verwechselt werden.
- Adverb: Er verabredet sich **heute** mit Anna.
- Adjektiv: Er verabredet sich am **heutigen** Tag mit Anna.

■ Im Gegensatz zum Adjektiv kann das Adverb nicht flektiert und in der Regel nicht gesteigert werden.

▶ **BEACHTE** Das Adverb ist eine Bezeichnung für eine **Wortart;** es ist nicht zu verwechseln mit dem Begriff Adverbiale (adverbiale Bestimmung/ Umstandsbestimmung). Dieser Begriff bezeichnet ein **Satzglied** und seine Aufgabe im Satz (➔ S. 66).

1.9 Wortbildung

- Viele Wörter haben einen gemeinsamen Bestandteil.

Beispiele: **spielen:** Spiel, spielend, spielerisch, gespielt, Endspiel, verspielen, abspielen, zuspielen, mitspielen, Mitspieler, Feldspieler, Ersatzspieler, Abspiel, Kartenspiel, Spielkarten, Spielfeld, Spielzeit
Haus: hausieren, behausen, Herrenhaus, Baumhaus, Behausung, Neuhausen (Ortsname), Hausmeister, Hausherr, häuslich

- Solche Wörter, die einen **gemeinsamen Stamm** haben, sind miteinander verwandt, daher nennt man sie eine Wortfamilie.

Übung

- **Bilde möglichst große Wortfamilien zu *ziehen* und *Buch*.**

- Wörter in einer Wortfamilie haben zwar einen gemeinsamen Stamm, können aber unterschiedlich gebildet werden:

1 durch **Ableitung:** Spiel → spiel-erisch
2 durch **Zusammensetzung:** Spiel → End-spiel

- **Zusammengesetzt** werden sowohl Nomen (Substantive) als auch Verben und Adjektive.

Beispiele:

Nomen (Substantive)	Verben	Adjektive
Fahr-schule	weg-gehen	blitz-schnell
Straßen-bau	wieder-kommen	wunder-schön
Baum-Krone	ab-fahren	kerzen-gerade

- **Zusammengesetzte Nomen** (Substantive) und **Adjektive** haben gegenüber dem Grundwort meist eine neue Bedeutung.

Beispiele: Spiel → Endspiel, sehen → hinsehen

TIPP **Zusammengesetzte Adjektive** sind oft **ausdrucksstärker** als einfache Adjektive. Daher eignet sich die Wortfamilie auch für das **Überarbeiten von Texten.**

■ **Abgeleitete** Substantive, Verben und Adjektive werden oft mit **Vorsilben (Präfixen)** oder **Nachsilben (Suffixen)** gebildet.

- Nachsilben von Substantiven: *-nis, -heit, -(ig)keit, -schaft, -ung, -in, -er*
- Vorsilben von Verben und Adjektiven: *be-, ver-, zer-, er-, ent-*
- Nachsilben von Adjektiven: *-ig, -isch, -haft, -bar, -sam*

2 Satz und Satzglieder

2.1 Satzarten

■ Mit Sätzen kann man unterschiedliche **Absichten** verfolgen. Man kann etwas aussagen, jemanden nach etwas fragen, jemanden zu etwas auffordern. Dementsprechend gibt es die **drei Satzarten** Aussagesatz (mit Schlusspunkt), Fragesatz (mit Fragezeichen) und Ausrufesatz (mit Ausrufezeichen).

Aussagesatz

■ Mit einem Aussagesatz kann man etwas aussagen, mitteilen, feststellen.

Beispiel: Kati kommt heute zur Fete.

■ Der Aussagesatz schließt mit einem **Punkt** ab. Das konjugierte (gebeugte) Verb steht immer an zweiter Stelle der Satzglieder (→ S. 66).

Beispiele: Ich glaube, dass Kati heute kommt.
Kati wird heute kommen.

Fragesatz

■ Mit einem Fragesatz kann man eine Frage formulieren. Er schließt mit einem **Fragezeichen** ab.

■ Man unterscheidet:

▸ **Entscheidungsfrage**

Beispiel: Kommst du mit?

Am Anfang steht meist das **konjugierte** Verb. Es ist aber auch eine Umstellung der Satzglieder möglich: Du kommst heute nicht mit?
Antwort auf die Entscheidungsfrage: Ja/Nein/Vielleicht.

▸ **Ergänzungsfrage oder W-Frage**

Beispiel: **Wann** kommst du heute Abend?

Am Anfang des Satzes steht ein **Fragewort.**
Die Antwort richtet sich nach dem Inhalt der Frage.

Ausrufesatz

▸ **Aufforderungssatz**

Das konjugierte Verb steht mit der Imperativform (Befehlsform) **am Anfang.** Der Satz schließt mit einem **Ausrufezeichen.**

Beispiele: Komm doch bitte mal her! Gebt mir mal die Hefte rüber!

Neben dem Aufforderungssatz gibt es noch andere Möglichkeiten, Aufforderungen zu formulieren, z. B. als Frage („Möchtest du jetzt nicht mal kommen?") oder als indirekte Aufforderungen („Es wäre schön, wenn du jetzt kämst").

▸ **Ausrufesatz und Wunschsatz**

Auch diese Satzarten schließen mit einem **Ausrufezeichen.**

Beispiele: Wenn ich doch Skat spielen könnte!
Das ist ein tolles Buch!
Ist das nicht ein tolles Spiel!
Was für ein spannender Film das war!

Im Ausrufesatz kann das Prädikat je nach Betonung an verschiedenen Stellen des Satzes stehen. Er kann daher nur vom **Inhalt** her als eigene Satzart erkannt werden.

2.2 Satzglieder ermitteln

■ Ein grammatisch korrekter Satz ist in bestimmter Weise aufgebaut. So sind die Satzglieder **Subjekt** und **Prädikat** die Grundbestandteile aller Sätze. In einem grammatisch vollständigen Satz müssen mindestens Subjekt und Prädikat vorkommen.

■ Nicht die Wörter sind also die **Bausteine eines Satzes,** sondern die Satzglieder.

■ Welche Wörter zu einem Satzglied gehören, lässt sich durch die **Umstellprobe** oder **Verschiebeprobe** feststellen. Die Wörter, die bei der Umstellprobe zusammenbleiben, gehören zu einem Satzglied.

Beispiel: Die beiden Mädchen | backen | leckere Waffeln .

Leckere Waffeln | backen | die beiden Mädchen .

Backen | die beiden Mädchen | leckere Waffeln ?

■ Im Aussagesatz steht das **konjugierte Verb** (finite Verbform) immer an zweiter Stelle. Die anderen Satzglieder „drehen sich“ um das Verb. Es bestimmt daher den Aufbau des Satzes.

TIPP Mit Hilfe der Umstellprobe können **Texte gut überarbeitet** werden, da man ausprobiert, wie der Satzbau variiert werden kann.

■ Mit der **Abstreichprobe** kann ein Satz bis auf die notwendigen Satzglieder und Satzgliedteile gekürzt werden.

Beispiel: Der weltbekannte Lügenbaron Münchhausen erzählt den in seinem Salon versammelten Gästen an einem langen Winterabend unglaubliche Lügengeschichten aus aller Welt. → Münchhausen erzählt Lügengeschichten.

■ Mit der **Erweiterungsprobe** kann man kurze Sätze um weitere Satzglieder und Satzgliedteile erweitern.

Beispiel: Münchhausen berichtet von dem Ritt auf einer Kanonenkugel. Der Baron von Münchhausen berichtet seinen staunenden Zuhörern von dem unglaublichen Ritt auf einer Kanonenkugel, der ihn in aller Welt bekannt gemacht hat.

TIPP Auch mit Hilfe der Abstreichprobe und der Erweiterungsprobe kann man seine eigenen **Texte überarbeiten:** Entweder kann, wenn notwendig, gerafft und Überflüssiges gestrichen werden oder man kann den Text durch zusätzliche Informationen anschaulicher und genauer machen.

2.3 Satzglieder

Subjekt (Satzgegenstand)

■ Das Satzglied Subjekt spielt im Satz eine wichtige Rolle. Es drückt aus, wer oder was im Satz etwas ist, etwas tut, etwas veranlasst.

■ Es steht immer im **Nominativ (1. Fall).** Man erfragt es mit „Wer oder was?“.

Beispiele: **Das Mädchen** besucht ein Konzert.
Frage: **Wer** besucht ein Konzert?
Antwort: Das Mädchen (besucht ein Konzert).
Das Buch liegt auf dem Tisch.
Frage: **Was** liegt auf dem Tisch?
Antwort: Das Buch (liegt auf dem Tisch).

Prädikat (Satzaussage)
(lat.: das Ausgerufene, die Aussage)

■ Das Satzglied Prädikat besteht aus der Personalform (konjugierten Form, → S. 55) des Verbs. Es ist das wichtigste Satzglied im Satz. Im Aussagesatz steht es an zweiter Stelle des Satzes.

■ Das Prädikat ist der Teil des Satzes, der über das Subjekt etwas aussagt: was es ist, was es tut, was mit ihm geschieht.

Beispiel: Pauline liest heute ein schönes Buch.
Frage: **Was tut** Pauline heute?
Antwort: (Sie) liest (ein schönes Buch).

■ Das Prädikat muss in **Person** und **Numerus** mit dem Subjekt übereinstimmen.

Beispiel: **Die Schülerin** bereitet den Wandertag vor. **Viele Schüler** bereiten den Wandertag vor.

■ Man unterscheidet das einfache (einteilige) Prädikat und das zusammengesetzte (mehrteilige) Prädikat (**Verbklammer**).

Beispiele: Sven **erwartet** seine Freundin Franzi (einteilig).
Die Klasse 6a **hat** gestern eine Party **gefeiert** (Verbklammer).

Objekt (Ergänzung)

■ Objekte sind notwendige, vom Prädikat geforderte Satzglieder. Die meisten Sätze sind erst vollständig, wenn sie außer dem Subjekt und dem Prädikat zusätzlich ein Objekt haben.

Beispiele:

Wenzel hilft ?

Tanja übergibt ? ?

So sind diese Sätze sinnvoll:
Wenzel hilft *seiner Freundin.*
Tanja übergibt *ihrer Nachfolgerin das Klassenbuch.*

Fallbestimmte Objekte

■ Während Subjekte immer im Nominativ stehen, stehen Objekte in einem der anderen drei Fälle (Kasus, → S. 45). Der Fall hängt jeweils vom Verb ab. Die folgende Gliederung orientiert sich an der Häufigkeit des Vorkommens.

Akkusativobjekt (Hilfsfragen: Wen oder was?)

Beispiel: Lars besucht seine Freundin.
Frage: Wen besucht Lars?
Antwort: (Lars besucht) seine Freundin.

Dativobjekt (Hilfsfrage: Wem?)

Beispiel: Sie hilft ihrem kleinen Bruder.
Frage: Wem hilft sie?
Antwort: (Sie hilft) ihrem kleinen Bruder

Genitivobjekt (Hilfsfrage: Wessen?)

Beispiel: Er bedarf seiner Hilfe.
Frage: Wessen bedarf er?
Antwort: (Er bedarf) seiner Hilfe.

Objekt mit Präposition/präpositionales Objekt

■ Verben wie suchen (nach), sprechen (mit), warten (auf) stehen jeweils in enger Verbindung mit einer Präposition (➔ S. 59 und 60). Diese Verben erfordern Objekte, deren Kasus (Fall) von den Präpositionen bestimmt wird. Hilfsfragen sind zum **Beispiel:** *Wonach? Nach wem? Nach was? Worauf? Auf wen? Auf was?*

Beispiel: Ich suche nach meinem Bruder.
Frage: Nach **wem** suche ich?
Antwort: (Ich suche) nach meinem Bruder.
(= präpositionales **Dativ**objekt)

Übung

■ **Schreibe aus den folgenden Beispielen alle Objekte heraus und bestimme, um welche Art von Objekt es sich jeweils handelt.**

a Der Dompteur hilft dem Clown.
b Pia bewundert den Zauberkünstler.
c Der Zauberer zeigt den Kindern einen Zaubertrick.
d Der Zirkusdirektor nimmt sich des kleinen Tigers an.
e Der Artist achtet auf den Absprung.
f Der Clown denkt immer nur an seinen Schabernack.

Angaben: Adverbiale und Attribut

■ Angaben sind Satzglieder oder Satzgliedteile, die im Satz grammatisch nicht notwendig sind. Sie können allerdings den Satz genauer machen. Mit der Abstreichprobe (➔ S. 65) kann man herausbekommen, welche Angaben im Satz nicht unbedingt erforderlich sind.

Beispiel: Susanna, <u>die Schülerin aus der Klasse 9b</u>, ähnelt <u>außerordentlich</u> ihrer <u>jüngeren</u> Schwester <u>aus der Klasse 6a</u>. → Susanna ähnelt ihrer Schwester.

Die unterstrichenen Satzglieder und Satzgliedteile sind Angaben.

Adverbiale Bestimmung/Adverbiale
(Umstandsbestimmung, lat.: zum Verb hinzutretend)

■ Das Adverbiale ist ein Satzglied, das die Umstände eines Geschehens näher bestimmt.

Beispiel: Miriam besucht **in den Ferien häufig** die Jugendbibliothek.

■ Folgendes kann man mit Adverbialen im Satz zum Ausdruck bringen.

▸ **Zeit** und **Zeitdauer** (Temporaladverbiale, adverbiale Bestimmung der Zeit)

Hilfsfragen: Wann? Wie lange? Wie oft?

Beispiele: Sie kommt **heute.**
Sie bleibt **bis Anfang Januar.**
In dieser Zeit werden wir sie selten sehen.

▸ **Ort** und **Richtung** (Ortsadverbiale, adverbiale Bestimmung des Ortes)

Hilfsfragen: Wo? Woher? Wohin?

Beispiele: Ich wohne **ganz oben.**
Pia kommt **aus der Schule.**
Am Nachmittag gehen wir **ins Eisstadion.**

▸ **Art und Weise** (Modaladverbiale, adverbiale Bestimmung der Art und Weise)

Hilfsfrage: Wie?

Beispiel: Sie singt **schön.**

▸ **Grund** (Kausaladverbiale, adverbiale Bestimmung des Grundes)

Hilfsfragen: Warum? Weshalb? Aus welchem Grund?

Beispiel: Toni kann **wegen einer Verletzung** nicht mitturnen.

▸ **Mittel** (Womit?)

Beispiel: Sie haben den Kasten **mit einem Schraubenzieher** aufgebrochen.

▸ **Zweck** (Wozu? Zu welchem Zweck?)

Beispiel: **Zur Verbesserung der Atemluft** hatte die Geschäftsführung des Unternehmens verschiedene Maßnahmen vorgesehen.

▸ **Folge** (Mit welcher Folge? Mit welcher Wirkung?)

Beispiel: Wir erledigten alle notwendigen Arbeiten **zu ihrer vollsten Zufriedenheit.**

Adverbiale als Wortgruppe oder als Gliedsatz

■ Ein Adverbial kann, wie die nominalen Satzglieder Subjekt und Objekt, unterschiedlich gebaut sein; es kann ein Wort sein, eine Wortgruppe oder auch ein ganzer Satz (Gliedsatz). Einen solchen Gliedsatz, der in aller Regel durch eine Konjunktion eingeleitet wird, nennt man daher auch **Adverbialsatz.**

> **TIPP** Bei der Abfassung von Texten muss man sich manchmal überlegen, was besser passt: das Adverbiale als Wortgruppe oder als Gliedsatz.

Beispiele:

Nach der Reparatur des Autos fuhren sie in Urlaub.	Nachdem das Auto repariert worden war, fuhren sie in Urlaub.
Bei Inanspruchnahme der Vergünstigungen wird die Reise billiger.	Wenn man die Vergünstigungen in Anspruch nimmt, wird die Reise billiger.

Attribut

(Beifügung, Plural: die Attribute, lat.: das Beigefügte)

■ Attribute sind nähere Angaben und Erweiterungen im Satz. Sie haben meistens die Aufgabe, ein Nomen (Substantiv) näher zu bestimmen. Das Attribut ist kein eigenständiges Satzglied wie Subjekt, Prädikat, Objekt und Adverbiale, sondern es ist **Teil eines Satzgliedes.**
Bei der Umstellprobe wird das Attribut zusammen mit seinem Bezugsnomen umgestellt.

Beispiel: Das **neue Auto** steht in der Garage. → In der Garage steht das **neue Auto.**

■ Das Attribut kann im Satz in unterschiedlicher Form auftreten. Die wichtigsten Möglichkeiten sind:

- **Adjektiv** oder **Partizip** als Attribut: *fröhliche* Kinder, *spielende* Kinder
- **Nomen im Genitiv** als Attribut: der Ball *des Jungen*
- **Apposition:** Vanessa, *meine Freundin, …*
- **Präposition und Nomen:** der Junge *mit den blonden Haaren*
- **Adverb:** das Haus *dort*

▸ **Relativsatz:** Frau Borgmeier, *die seit zwei Jahren unsere Deutschlehrerin ist.* Der Relativsatz als Attribut heißt entsprechend auch Attributsatz, er wird in aller Regel durch ein Relativpronomen eingeleitet (Relativsatz → S. 50).

Beispiele: In den folgenden Beispielen, die unterschiedliche Attribute enthalten, sind die Bezugsnomen jeweils unterstrichen und die zugehörigen Attribute sind fett gedruckt.

Obelix ist der **bärenstarke** Freund **von Asterix;** seine **geballte** Kraft fürchtet jedermann.

Oft erleben die beiden **gefährliche** Abenteuer.

Die Vertreter **des Dorfes** schiffen sich auf einer Galeere ein. Muskulus, **ein Athlet,** trainiert für die Olympischen Spiele. Tullus, **der zum Centurio aufgestiegen ist**, möchte den Römern zum Sieg verhelfen.

Mit Hilfe von Attributen kann man Sätze und Texte inhaltsreicher und anschaulicher machen.

Beispiel: **für Text ohne Attribute:**

Asterix und Obelix sind Freunde. Sie leben in einem Dorf. Asterix ist ein Krieger. Obelix isst am liebsten Wildschweinbraten.

Beispiel: **für Text mit Attributen:**

Asterix und Obelix sind gute Freunde. Sie leben in einem kleinen Dorf Galliens. Asterix ist ein lustiger kleiner Krieger. Obelix, ein Liebhaber von Hinkelsteinen, isst am liebsten schmackhaften Wildschweinbraten.

TIPP Mit Hilfe der Erweiterungsprobe (→ S. 65) kannst du deine Texte bei der Überarbeitung genauer gestalten und unterschiedliche Attribute einbauen.

Beispiel: In dem folgenden Text sind die zusätzlich eingebrachten Attribute fett gedruckt.

Das Leben in dem **kleinen gallischen** Dorf geht seinen **gewohnten** Gang. Obelix und sein Lehrling Idefix, **der umweltfreundliche Hund,** tragen Hinkelsteine aus. Asterix nimmt vor seiner Hütte ein **erquickendes** Sonnenbad. Im **befestigten** Römerlager, **das ganz in der Nähe liegt,** ist eine **aufregende** Nachricht aus Rom eingetroffen. Claudius Muskulus, ein **bekannter** Athlet, soll Rom bei den Wettkämpfen vertreten. Muskulus hält sich für einen **großen** Athleten, **der nicht besiegt werden kann.** Diese Kunde versetzt die Gallier in **helle** Aufregung.

Test

1 **Was versteht man unter einem Vollverb, was unter einem Hilfsverb?**

2 **Was bedeuten folgende Fachbegriffe beim Verb?**

- Numerus
- Tempus

3 **Bestimme die folgenden Verbformen, indem du Person, Numerus (1., 2., 3. Sg. oder Pl.) und Tempus angibst.**

a du gehst
c wir fuhren
e ich habe gegessen
b ihr hattet geschrieben
d sie werden teilnehmen
f er arbeitete

4 **Was kann man mit dem Präsens zum Ausdruck bringen? Wozu wird das Plusquamperfekt verwendet? Gib zu jeder Verwendungsweise ein Beispiel.**

5 **Dekliniere:**

der Bau (Plural: die Bauten) – die Höhle – das Haus

6 **Ein Substantiv (Nomen) erkennt man normalerweise am bestimmten oder unbestimmten Artikel. Welche weiteren Begleiter gibt es? Erkläre anhand der folgenden Beispiele:**

a Durch hartes Arbeiten kam er zum Erfolg.
b Mein Auto gefällt mir gut.
c Solange wir am Arbeiten sind, haben wir keine Zeit.
d In meinem Zimmer steht viel Unbrauchbares.

7 **Was versteht man unter einem Demonstrativpronomen, was unter einem Possessivpronomen?**

Test

8 Erkläre den attributiven und den prädikativen Gebrauch beim Adjektiv anhand der Beispiele:

Die neue Straße begeisterte die Autofahrer. Die Straße zur Siedlung ist neu.

9 Suche aus den folgenden Wortgruppen die Präpositionen heraus:

das Tief über dem Atlantik – der Regen am gestrigen Tag – das Wetter in einigen Stunden – die Sturmflut bei Hamburg – das Gewitter vor einer Woche – das Schönwettergebiet hinter Berlin – die Vorhersage für morgen

10 Hier passen die Adverbien nicht in den Textzusammenhang. Ersetze sie durch passende Adverbien von den unten stehenden.

Nachdem Martina und Corinna ziemlich die Schlange an der Kasse überstanden haben, folgen sie morgen dem vorgeschlagenen Rundgang im Zoo. Unterdessen bleiben sie vor dem Riesenkäfig für die Raubvögel stehen. Oft setzen sie sich auf eine Bank am Flamingo-Teich. Corinna möchte darum die Vorstellung mit den Delfinen sehen. Sie fängt um 11.30 Uhr an. Erfreulicherweise müssen sie sich beeilen. Danach haben sie das Delfinarium im Zentrum des Zoo-Geländes erreicht. Corinna ist es eilends warm geworden. Draußen kauft sie sich nebenan schnell ein Eis. Heute besorgt Martina schon die Karten. Oben ist es auch schon kurz von 11.30 Uhr. Die beiden Mädchen sind zunächst gespannt auf die Vorführung. Sie gehen ins Delfinarium und finden morgen einen Platz.

Ort: oben
Zeit: schließlich – dann – inzwischen – zunächst – endlich – jetzt
Art und Weise: gern – ziemlich – außerordentlich
Grund: deshalb – darum

11 Ermittle das Subjekt.

Mit stürmischem Beifall begrüßen die Kinder den Clown. Das Podest ist für die Elefantennummer bestimmt. In der kurzen Pause wird eine riesige Reckstange aufgebaut. Die Trapezkünstler konzentrieren sich auf den Höhepunkt ihrer Darbietung. Das begeisterte Klatschen der Zuschauer belohnt die Darbietung eines jungen Artisten.

Test

12 In den Sätzen fehlt jeweils das Satzglied Prädikat. Setze ein passendes Prädikat ein und bestimme die gebeugte (= finite) Form des Verbs.

beginnen – begrüßen – eilen – jonglieren – spielen – vorführen

Die Zirkusvorstellung ____________ gerade. Der Zirkusdirektor ______________ die Zuschauer. Die Kapelle _________________ einen lauten Tusch. Eine Gruppe von Jongleuren _____________ mit rasanter Schnelligkeit in die Manege. Sie ____________ mit Ringen und Tellern schwierige Kunststücke ___________. Fünf kleine Mädchen aus China _____________________ im gleichen Rhythmus mit Tellern und Ringen.

13 Hier sind die adverbialen Bestimmungen unterstrichen. Schreibe sie heraus und kläre, um welche es sich jeweils handelt.

Der Baron von Münchhausen hat heute mehrere Gäste eingeladen. Alle sind gern in sein Schloss gekommen, denn der Lügenbaron erzählt auf unterhaltsame Weise seine Jagdgeschichten. Jetzt haben sich alle vor den Kamin gesetzt. Behaglich lehnt sich der Baron zurück. Sein Diener zündet ihm bedächtig den Tabak in seiner langen holländischen Pfeife an. Münchhausen schlägt langsam ein Bein über das andere. Einige Male bläst er schöne blaue Ringe in die Luft. Jetzt beginnt der Baron mit seinen Lügengeschichten. Seine Zuhörer lauschen ihm voller Spannung. Im Kaminzimmer serviert der Diener den Gästen seines Herrn anschließend einen heißen Punsch.

14 Welche verschiedenen Arten von Attributen gibt es?

15 Schreibe aus dem folgenden Text alle Attribute heraus und bestimme sie nach ihrer Art.

Münchhausen, ein weithin angesehener Mann, lebte in einem alten Schloss. Dort empfing er seine Freunde und tischte ihnen im großen Speisesaal des Seitenflügels gute Speisen und interessante Geschichten auf. Diejenigen, die ihm nichts glaubten, sagten nichts, denn sie waren froh, dass sie zum Kreis der Eingeladenen gehörten, und wollten sich die spannenden Geschichten keinesfalls entgehen lassen. Denn Münchhausen, der ein hervorragender Erzähler war, gehörte zu den Besten seines Faches.

Rechtschreibung und Zeichensetzung

1 Schreibung lang gesprochener Vokale (Dehnung)

■ Die Kürze oder die Länge eines Vokals wird im Schriftbild eines Wortes unterschiedlich markiert.

▸ Der lange Vokal (Dehnung) ist oft durch ein **Dehnungs-h** *(Kohle, Fehler)* oder durch **Verdopplung des Vokals** *(Zoo, Fee)* markiert.

▸ Oft fehlt auch ein **Dehnungszeichen** nach dem langen Vokal (unmarkierte Dehnung).

▶ **BEACHTE** Die **Endungen** (**Suffixe**) *-bar, -ur, -tum, -sam, -sal* werden ohne Dehnungs-h geschrieben, auch wenn man beim Sprechen meint, ein **h** zu hören.

▸ Der **i-Laut** kann als *i, ie, ieh* oder *ih* geschrieben werden. Hier muss man sich die richtige Schreibweise einprägen, da es keine Regel oder Ableitung gibt.

2 Konsonantenschreibung bei kurzen Vokalen (Schärfung)

■ Wenn ein Konsonant auf einen kurzen, betonten Vokal folgt, so wird er meist **verdoppelt.**

Beispiele: Halle, Mappe, Ritt, Futter

■ Folgen zwei **verschiedene** Konsonanten auf einen kurzen Vokal, werden sie meist nicht verdoppelt.

Beispiele: Bank, Wind, insgesamt, Hemd, fremd

■ Die Buchstaben *z* und *k* werden nicht verdoppelt. Stattdessen stehen *tz* und *ck* fast immer nach dem betonten kurzen Vokal.

Beispiele: Katze, meckern, jucken, backen

▶ **BEACHTE** Ausnahmen gibt es in Fremdwörtern!

Beispiele: Pizza, Razzia

TIPP Auch wenn ein kurzer, betonter Vokal vorangeht, gilt folgende Regel: „Nach *l, m, n, r,* das merke ja, steht nie *tz* und nie *ck*!"

3 Vokale, die ähnlich klingen

3.1 *ä* oder *e*

■ Man schreibt solche Wörter mit *ä*, die auf einen Wortstamm mit *a* zurückgeführt werden können.

Beispiele: Fährte → fahren, Gärung → gar, täglich → Tag, Kähne → Kahn, Hähne → Hahn, quälen → Qual, älter → alt, kämmen → Kamm

▶ **BEACHTE** Die folgenden Wörter klingen gleich oder ähnlich. Bei der Schreibweise muss man sich nach der jeweiligen Bedeutung richten:

Ehre	Ähre (Korn)
Feld	er fällt
Felle	Fälle (→ Fall)
Lerche (Vogel)	Lärche (Baum)
Schwemme	Schwämme (→ Schwamm)
Segen	sägen
Stelle	Ställe (→ Stall)
Welle	Wälle (→ Wall)
Wende	Wände (→ Wand)
Zeh	zäh

Ist man sich bei einem Wort mit einem e-Laut nicht sicher, wie es geschrieben wird, kann man die „Verwandtschaftsprobe" machen.

Beispiel: Wortfamilie zu *er fällt:* ich falle, der Fall, die Fälle, gefallen usw.

TIPP Es gibt einige Wörter mit *ä*, zu denen es keine Ableitung mit *a* gibt: *allmählich, dämlich, fähig, gähnen, Gerät, Gräte, Käfer, Käfig, Mähne, schräg, spät, Träne, während, zäh.* Deren Schreibweise lernst du am besten auswendig.

3.2 *äu* oder *eu*

■ Es werden diejenigen Wörter mit dem Doppellaut (Diphthong) *äu* geschrieben, zu denen es ein verwandtes Wort mit *au* gibt.

Beispiele: *Mäuschen* → Maus, *Räuber* → Raub, *bläulich* → blau, *häufig* → Haufen, *Schnäuzer* → Schnauze

TIPP Zu den Wörtern *Knäuel, sich räuspern, Säule* gibt es keine verwandten Wörter mit *au*. Deshalb muss man sie sich einprägen.

▶ **BEACHTE** Gleich klingende Wörter, deren Schreibweise man nach ihrer Bedeutung unterscheidet, sind:

heute	die Häute
die Leute	ich läute, läute!

3.3 *ei* oder *ai*

■ Für die Wörter mit dem Doppellaut (Diphthong) *ai* gibt es keine Regel – daher muss man sie sich gut einprägen.

Beispiele: Laich, laichen, Hai, Mai, Kai, Kaiser, Mais

▶ **BEACHTE** Gleich klingende Wörter sind:

Leib (Körper)	Laib (Brot)
Seite (Buch, Richtung)	Saite (Musikinstrument)
Weise (Art und Weise)	Waise (elternloses Kind)

4 Der s-Laut

■ Den s-Laut kann man stimmhaft oder stimmlos aussprechen.

▸ **Stimmhaft:** Das *s* wird gesummt (weich) gesprochen wie in Sense. Der stimmhaft gesprochene s-Laut wird **immer mit einem einfachen *s*** geschrieben.

Beispiele: Hase, sauber, Sonntag

▸ **Stimmlos:** Das *s* wird gezischt (scharf) gesprochen wie in *Reis*.
Der stimmlos gesprochene s-Laut kann entweder mit einem einfachen *s* oder mit *ss* oder mit *ß* geschrieben werden.

Beispiele: Fluss, müssen, Floß, stoßen, Kreis

4.1 Das einfache *s*

■ Wird der s-Laut scharf gesprochen, aber trotzdem mit einfachem *s* geschrieben, kann man dies durch **Ableitung** oder **Verlängerung** herausfinden. Man hört dann bei der Ableitung das weich ausgesprochene *s*.

Beispiele: *Kreis* → Kreise, *Glas* → Gläser, *mies* → Miesepeter, *fies* → fieser, *er las* → lesen, *Preis* → Preise

> **TIPP** Mit einfachem *s* geschrieben werden die Wörter
> ▸ *aus, es, raus, was,*
> ▸ *das* (als Artikel oder Pronomen, → S. 51, 50).

4.2 Wann schreibt man *ss*?

■ Es wird immer dann *ss* geschrieben, wenn ein kurzer, betonter Vokal oder Umlaut dem s-Laut vorausgeht.

Beispiele:

im Wortinneren	vor Konsonant	am Wortende
müssen	ihr müsst	ein Muss
essen	sie isst	Iss!
passen	es passt	Pass

▶ **BEACHTE** Ähnlich klingende Wörter, deren Schreibweise man sich je nach Verwendung einprägen muss, sind:

Aas (verwesende Tierleiche)	Ass (Spielkarte)
bis (Konjunktion)	Biss (→ beißen)
das (Artikel, Pronomen, (→ S. 50, 51)	dass (Konjunktion/Bindewort)
fast (beinahe)	er fasst (→ fassen)
du hast (→ haben)	er hasst (→ hassen)
sie ist (→ sein)	sie isst (→ essen)
Küste	er küsste (→ küssen)
Nest	es nässt (→ nässen, nass)

4.3 Die Schreibung von *ß*

- Nach einem **langen, betonten Vokal** oder einem **Doppellaut** wird *ß* geschrieben.

Beispiele: Floß, flößen, Fuß, schließen (aber: Schluss), Ruß, müßig, Straße, schießen (aber: Schuss), Maß, mäßig, Kreißsaal, Steißbein

- Wenn der Buchstabe *ß* nicht zur Verfügung steht, schreibt man *ss*, z. B. bei der Schreibung in Großbuchstaben.

Beispiele: STRASSE, FUSSBALL

5 Schreibung des f-Lauts

Schreibung mit *f*

- Die meisten f-Laute werden mit *f* geschrieben.

Beispiele: Efeu, fallen, fort, Sofa

Schreibung mit *v*

Für den f-Laut schreibt man *v*

- bei den Präfixen (Vorsilben) *ver-*, *vor-*,
- am Anfang und Ende einiger weiterer Wörter.

Beispiele: verlaufen, verraten, Vorsorge, Veilchen, Vetter, Vieh, viel, vielleicht, vier, Volk, von, vorn, aktiv, Nerv

Schreibung in Fremdwörtern

v in Fremdwörtern

■ In Fremdwörtern schreibt man regelmäßig *v* für den w-Laut.

Beispiele: Aktivität, privat, Revolution, Vase

ph in Fremdwörtern

■ In Fremdwörtern wird der f-Laut häufig mit *ph* geschrieben.

Beispiele: Atmosphäre, Strophe

■ Bei manchen Fremdwörtern gibt es seit längerem eine bevorzugte deutsche Schreibweise (zum Beispiel: telefonieren, Telefon, Foto, fotografieren), die fremdsprachige Schreibweise bleibt jedoch weiterhin erlaubt (zum Beispiel: Photo).
Bei anderen Wörtern wird die Schreibweise mit *ph* bevorzugt (zum Beispiel: Paragraph, Delphin), die Schreibweise mit *f* ist jedoch erlaubt.

6 Schreibung der x-Laute: *x, ks, cks, chs*

■ Der x-Laut wird am **Wortanfang** mit *x* geschrieben.

Beispiele: Xylophon, Xanthippe

■ **Im Wortinneren** gibt es für den x-Laut verschiedene Schreibweisen:
- mit *x:* Axt, boxen, feixen, Hexe
- mit *chs:* Achsel, Büchse, Deichsel, wachsen
- mit *ks:* schlaksig, Murks

■ **Am Wortende** kommen alle Möglichkeiten der Schreibung vor:
- mit *x:* Box, fix
- mit *chs:* Dachs, Luchs
- mit *ks:* Keks, Koks, links
- mit *gs:* flugs (→ fliegen), geradewegs (→ Wege)
- mit *cks:* wegen des Augenblicks (→ Augenblick), Knicks (→ Knick)

■ Entsteht bei der Flexion (Beugung) und in Ableitungen ein x-Laut, wird er je nach dem Stammwort mit *gs, ks* oder *cks* geschrieben.
Beispiele: du pflegst (→ pflegen), du hinkst (→ hinken), Häcksel (→ hacken)

7 Schreibung des t-Lauts

■ Das Substantiv *Tod* schreibt man mit *d,* das Adjektiv *tot* mit *t.*

■ Bei **zusammengesetzten Verben** wird mit ***t*** geschrieben, bei **zusammengesetzten Adjektiven** mit ***d.***
Beispiele: totschießen, totschlagen (Verben)
todkrank, todtraurig (Adjektive)

■ Man unterscheidet die Vorsilben *end-* und *ent-* folgendermaßen:
▶ Hat der Wortsinn etwas mit *beenden, aufhören* zu tun, dann schreibt man *d.*
▶ Wird *ent-* im Sinne von *weg* benutzt, dann schreibt man es mit *t.*

Beispiele:	endgültig	entnehmen
	endlich	entleeren
	endlos	entreißen

8 Großschreibung

1 Großgeschrieben wird der erste Buchstabe des ersten Wortes am **Satzanfang** oder am **Beginn einer wörtlichen Rede.** Auch der Anfangsbuchstabe einer **Überschrift** wird großgeschrieben.
Beispiele: Der Vater ruft: „Dominik, wir wollen zur Post gehen."
Der gestiefelte Kater

2 **Substantive** (Nomen) werden großgeschrieben.
Beispiele: Bauer, Ernte, Hotel

3 **Nach dem Doppelpunkt** schreibt man groß, wenn ein **vollständiger Satz** folgt.

Beispiele: Ich habe dich gewarnt: **W**enn du beim Fahren nicht aufpasst, verursachst du schnell einen Unfall.

4 Wenn Wörter **aus anderen Wortarten** wie Verben oder Adjektive wie ein Substantiv (Nomen) gebraucht werden (➜ S. 47), schreibt man sie groß.

Beispiele:

Er kann hier gut schlafen. → Das **S**chlafen fällt ihm hier leicht.
Der **k**leine Junge weint. → Zwei **K**leine schaffen mehr als ein **G**roßer.

5 Die **Anredepronomina** im Brief werden großgeschrieben, wenn es sich um die **Höflichkeitsform** handelt.
Vertrauliche Anreden in der 2. Person Singular oder Plural werden kleingeschrieben.

Beispiele:

Lieber Moritz,
ich danke **d**ir für **d**einen letzten Brief. Wie **d**u weißt, ist es für **d**ich wichtiger als für mich, dass **d**u **d**eine Prüfung bestehst. Daher rate ich **d**ir …

Sehr geehrte Frau Müller,
wie ich **I**hrem Schreiben entnehme, setzen **S**ie uns eine Frist bis zum 10.1., **I**hnen den entstandenen Schaden zu ersetzen. Wie uns **I**hr Anwalt mitteilte, …

6 Grundsätzlich großgeschrieben werden **Eigennamen.** Bei der Schreibung herkömmlicher Namen wird es kaum Schwierigkeiten geben, da es sich ohnehin um Substantive handelt. Etwas schwieriger wird es bei bestimmten Ereignissen, Gebäuden, Personen usw., die man nicht unbedingt zu den Eigennamen rechnen möchte.

Beispiel:

der **d**eutsche Bundespräsident **aber:** der **D**eutsche Bundestag

TIPP Was als Ereignis, Person, Institution, Gegenstand usw. *einmalig* und als solches besonders herausgehoben ist, wird großgeschrieben.

7 Paarweise in der Kurzform auftretende **Personenbezeichnungen** werden großgeschrieben.

Beispiele: Die Darbietung erfreute **J**ung und **A**lt.
Diese Mode gefällt **D**ick und **D**ünn. (= … gefällt bestimmten Personen, nämlich Dick**en** und Dünn**en**, → S. 47)
(**Aber:** Wir gehen gemeinsam durch **d**ick und **d**ünn.)
Wir sind alle gleich, **A**rm und **R**eich.
Groß und **K**lein arbeiteten gut zusammen.

8 **Unbestimmte Zahlwörter** werden stets großgeschrieben.

Beispiele: der **E**inzelne, alles **M**ögliche, der **E**inzige, das **G**anze, viele **V**erschiedene, **U**nzähliges

▶ **BEACHTE** Alle Formen von *viel, wenig, ein, anderer* werden, wenn es sich nicht ganz ausdrücklich um ein Zahlwort handelt, kleingeschrieben.

Beispiele: Die einen wollen schwimmen gehen, die **a**nderen wollen Rad fahren.
Wir wollen **v**iel, bekommen manchmal aber nur **w**enig.
Alles **a**ndere interessiert mich **n**icht.

9 Angaben der **Tageszeit** werden großgeschrieben, wenn sie mit **Zeitadverbien** wie *vorgestern, gestern, heute, morgen, übermorgen* zusammenstehen.

Beispiele: Vorgestern **A**bend ging ich mit ihr aus.
Gestern **N**acht hatte ich einen schrecklichen Traum.
Heute **M**ittag lege ich mich noch einmal hin.

9 Kleinschreibung

■ Kleingeschrieben werden alle Wortarten außer dem Nomen, nämlich: Verb, Adjektiv, Artikel, Pronomen, Adverb, Präposition, Konjunktion (Bindewort), Numerale (Zahlwort), Interjektion (Ausrufewort) (Wortarten → S. 43). Sie werden nur am Satzanfang großgeschrieben oder wenn sie im Satz als Nomen gebraucht werden (Nominalisierung anderer Wortarten → S. 47).

1 Die folgenden **Zahladjektive** schreibt man in allen ihren Formen klein: *viel, wenig, (der/die/das) eine, (der/die/das) andere, die meisten.*

Beispiele: Das haben schon **viele** behauptet.
Der **eine** sagt dies, der **andere** sagt das.

2 **Pronomen** wie die folgenden werden immer kleingeschrieben:

mancher/manche/manches	*jener/jene/jenes*
einer/eine/eines	*jeder/jede/jedes*
alle/alles/allen	*beide/beides/beiden*

Beispiele: Wir haben das **allen** mitgeteilt.
Das muss ein **jeder** selbst wissen.

3 **Zahlwörter** unter einer Million werden kleingeschrieben.

Beispiele: Diese **zwei** kenne ich doch.
Sie ist schon über **zwanzig.**

4 Klein schreibt man **Superlativ-Fügungen,** nach denen mit „Wie?“ gefragt werden kann.

Beispiele: Wenn es am schönsten ist, soll man aufhören. (Frage: Wenn es **wie** ist? Antwort: Am schönsten.)

▶ **BEACHTE** Es fehlt ihm am Notwendigsten. (Frage: **Woran?** Antwort: Am (= an dem) Notwendigsten.)

5 Klein schreibt man Wörter, die ihre Aufgabe als Nomen (Substantiv) verloren haben und die Aufgabe einer anderen Wortgruppe übernehmen. Man kann fünf Gruppen unterscheiden.

▸ *angst, bange, gram, leid, pleite, schuld* in Verbindung mit den Verben *sein, werden, haben*

Beispiele: Mir wird **angst** und **bange.** Ich bin **schuld.** Er ist **pleite.**

▶ **BEACHTE** Ich habe **A**ngst. Er hat **P**leite gemacht. Er trägt die **S**chuld daran.

▸ Adverbien, Konjunktionen und Präpositionen auf *-s* und *-ens:* abseits, *anfangs, falls, mittags, mittwochs, morgens, seitens, teils … teils*

Beispiele: Sie empfindet **teils** Freude, **teils** Ablehnung. Er spielt **mittwochs** immer Basketball.

▶ **BEACHTE** die Schreibweise von **Tageszeiten** – einmal klein, einmal groß. (→ S. 61)

als Adverb	**als Nomen (Substantiv)**
heute	das **H**eute
morgen	gestern **M**orgen
abends	am **A**bend
montagabends	an diesem **M**ontagabend
montags	jeden **M**ontagabend

▸ Bestimmte **Präpositionen:** *anstatt, dank, inmitten, kraft, trotz, statt, wegen, zeit*

Beispiel: Er wird **zeit** seines Lebens daran denken.

▸ Die folgenden **unbestimmten Zahlwörter:** *ein bisschen (= ein wenig), ein paar (= einige)*

Beispiel: Sie braucht ein **paar** Stunden dazu.

▶ **BEACHTE** Großgeschrieben wird *Paar* in folgender Bedeutung: **Die** beiden gelten in ihrer Klasse als **Paar. Heute** kaufe ich mir ein **Paar** Schuhe.

▸ **Uhrzeit** und Maßangaben auf **-tel** und **-stel**

Beispiele: ein viertel Pfund, eine viertel Stunde, zwei hundertstel Sekunden schneller, um viertel drei (**aber:** um Viertel **vor** drei)

▶ **BEACHTE** Großschreibung in allen übrigen Fällen!

Beispiele: das Viertel, ein Viertelkilo, das Vierteljahr, nach drei Viertelstunden, um Viertel vor drei, ein Viertel des Umfangs

10 Einmal groß – einmal klein

■ In bestimmten Fällen kannst du wählen, ob du groß oder klein schreibst. Es kommt darauf an, wie du die Ausdrücke jeweils verstehst, zum Beispiel als Zusammensetzung oder als Wortgruppe, als Pronomen oder als Nomen.

Zusammensetzung		Wortgruppe
aufgrund	oder	auf Grund
aufseiten	oder	auf Seiten
imstande sein	oder	im Stande sein
mithilfe	oder	mit Hilfe
vonseiten	oder	von Seiten
zugrunde gehen	oder	zu Grunde gehen
zulasten	oder	zu Lasten
zumute sein	oder	zu Mute sein
zustande bringen	oder	zu Stande bringen

Pronomen		Nomen
die deinen	oder	die Deinen
die meinen	oder	die Meinen
das ihre	oder	das Ihre

Adjektiv		Nomen
aufs (auf das) herzlichste	oder	aufs (auf das) Herzlichste
aufs (auf das) beste	oder	aufs (auf das) Beste
aufs (auf das) schönste	oder	aufs (auf das) Schönste

11 Zeichensetzung

■ **Aufzählungen** von Wörtern oder Wortgruppen werden durch ein Komma getrennt. Vor *und* oder *oder* steht aber kein Komma.

Beispiele: Emma kann singen, turnen und Rad fahren.
Fritz kauft Bohnen, Kartoffeln, Lammfleisch und Knoblauch.
Die Gruppe wanderte über die Berge, durch die Heide und an den See.

■ **Einschübe (Appositionen)** werden durch Kommas vom übrigen Satz getrennt.

Beispiele: Herr Maier, der Klassenlehrer der 7c, hatte heute überaus schlechte Laune.
Den beiden Besten der Klasse, Mirjam und Elisabeth, war der Vortrag erwartungsgemäß gelungen.
Über die Zukunft des Stadtparks und der Fußgängerzone, der Sorgenkinder der Gemeinde, wurde im Stadtrat gesprochen.

■ Ein **Hauptsatz** und der **Gliedsatz (Nebensatz)** werden immer durch ein Komma getrennt. Ein Gliedsatz (Nebensatz) wird oft durch **Konjunktionen** (Bindewörter) wie *weil, dass, als, ob, nachdem* eingeleitet.

Beispiele: Karl hat sich, nachdem er eine Fahrkarte gekauft hatte, schnellstens zum Zug begeben. *(Eingeschobener Gliedsatz → zwei Kommas)*
Karl konnte nicht einsteigen, weil er noch keine Fahrkarte gelöst hatte.
Dass er ziemlich spät kommen würde, war Karl von Anfang an klar.

■ **Ausrufe** und **Anreden** werden durch Komma vom folgenden bzw. vorangehenden Satz abgetrennt.

Beispiele: Hans, ich würde mir gern ein Buch von dir leihen.
Ich möchte dich gern zum Essen einladen, Anja.
Mensch, ich werde noch verrückt!
Oh, wie konnte das nur passieren?

■ Für die **direkte (wörtliche) Rede** braucht man mehrere Satzzeichen
Die wörtliche Rede beginnt und endet mit Anführungszeichen.

Beispiel: „Hallo, wie geht es dir?“

Wenn der **Redebegleitsatz vorangestellt** ist, folgt ihm ein Doppelpunkt. Die **wörtliche Rede** wird mit einem **Satzschlusszeichen** vor dem Anführungszeichen beendet.

Beispiel: Elvira meinte: „Das hätte ich nicht gedacht!“

Wenn der **Redebegleitsatz nachgestellt** ist, wird er am Anfang **kleingeschrieben.** In der **wörtlichen Rede** wird beim Aussagesatz kein Punkt gesetzt, stattdessen ein Komma **nach dem Anführungszeichen.**
Auch **Ausrufe- und Fragesätze** werden nach dem Anführungszeichen durch ein Komma von der wörtlichen Rede getrennt.

Beispiele: „Ich kann heute nicht kommen“, erklärte Stephanie.
„Das hätte ich nie gedacht!“, rief Elvira.
„Meinst du es wirklich so, wie du es gesagt hast?“, fragte Uwe.

Wenn der **Redebegleitsatz eingeschoben** ist, wird er am Anfang **kleingeschrieben.** Vor ihm und nach ihm steht jeweils ein Komma.

Beispiel: „Hast du“, **fragte Björn**, „genug für das Wochenende eingekauft?“

12 Ein Wörterbuch benutzen

■ Wenn man nicht weiß, wie ein Wort geschrieben wird oder was es bedeutet, kann man in einem Rechtschreibwörterbuch oder in einem Lexikon nachschlagen. Das **Rechtschreibwörterbuch** enthält zumeist nur wenige Angaben, die über die Rechtschreibung hinausgehen. Ein **Lexikon** informiert dagegen genauer über die Bedeutung eines Wortes. Ausführliche Informationen bietet eine **Enzyklopädie.** Das ist ein mehrteiliges Lexikon, oft mit 20 bis 24 Bänden.
Rechtschreibwörterbücher und Lexika, auch mehrbändige, gibt es für Schüler und Jugendliche zugeschnitten auch im Taschenbuchformat. Die meisten Lexika sind auch auf CD-ROM erhältlich. Lexika und Wörterbücher findet man auch in jeder Bibliothek.

▶ **BEACHTE** Du solltest die Zeichen kennen, die im Wörterbuch verwendet werden. Dann verstehst du mehr von der Information.

| Ein senkrechter Strich zeigt die Worttrennung an.

[...] Eckige Klammern zeigen, dass die Buchstaben oder Zeichen, die sie markieren, weggelassen werden können.

(...) Runde Klammern markieren die Worterklärungen und gegebenenfalls den Fachbereich, aus dem das Stichwort stammt.

↑ Der Pfeil weist auf andere Wörter hin, die weitere Angaben zum Stichwort enthalten.

. Der Punkt unter einem Vokal gibt an, dass der entsprechende Vokal kurz betont wird.

_ Der Strich unter einem Vokal gibt an, dass der entsprechende Vokal lang betont wird.

Lautschrift: Bei Fremdwörtern, die schwer auszusprechen sind, steht die Lautschrift hinter dem Stichwort.

TIPP Üb das Alphabet, wenn du darin noch nicht sicher bist. Du findest deine Suchwörter dann einfach viel schneller.

Test

1 Suche Wörter mit lang ausgesprochenem *o* und schreibe sie auf. Insgesamt gibt es zwölf solcher Wörter.

O	S	O	H	N	K	F
H	R	H	O	H	N	U
R	S	R	D	U	B	V
O	K	O	H	L	E	D
T	J	M	O	O	S	K
Z	O	O	F	L	O	H

2 Schreibe den Text ab und setze an den markierten Stellen *e* oder *ä* ein.

Für Vincent van Goghs Bilder zahlen K___nner heute w___ltweit die höchsten Preise, doch ist er s___lbst in ___rmlichen Verhältnissen gestorben. Wie viele europ___ische Maler war Vincent van Gogh Holl___nder. Schon früh zeichnen sich seine Bilder durch sehr kr___ftige und leuchtende Farben sowie einen h___ftigen Pinselstrich aus. Seine ausdruckss t___rksten Bilder malte er als Insasse einer N___rvenheilanstalt am ___nde seines Lebens. Bis zu seinem S___lbstmord malte er hartn___ckig Landschaften und Portr___ts.

3 Findest du die Lösungswörter mit *äu* und *eu*? Schreibe sie auf.

- dient zum Abtrennen eines Grundstücks (Mehrzahl)
- reinigen
- wenn ein Raum groß ist, ist er …
- nicht billig
- anderes Wort für „nett“
- eine Frau, die etwas verkauft, ist eine …
- stützender runder Bauteil
- Teile einer Wohnung
- sehr oft

Test

4 Schreibe die folgenden Wörter ab und setze dabei die s-Laute richtig ein.

Dro____eln sie lä____t
____ehen es pa____iert
flei____ig gro____
Blumen ____amen Fu____weg
mü____en Wü____te
____uchen Kü____te
lu___tig er mü_____te

5 Setze die fehlenden Buchstaben ein: *k* oder *ck*?

die Kran____heit der Bal____en du win____st
ich hin____e wel____en die Lü____e
sie wel____t der Ro____ der Sto____
die Nel____e die Perü____e die He____e

6 Schreibe die Wörter ab und setze dabei *d* oder *t* ein. Füge in Klammern zur Begründung der Schreibung eine Verlängerung hinzu.

Beispiel: Buntpapier (buntes Papier) – Fundbüro (finden)
Bunxpapier – Funxbüro – Raxhaus – Raxdampfer – Gelxbörse – Welxall – leixtragend – Leixplanke – Norxlicht – Worxbruch – Walxhorn – Schalxhebel – Schneixbrenner – Weixwinkel

7 Klein- oder großgeschrieben? Schreibe ab und setze jeweils den fehlenden Buchstaben ein.

Die Klasse 6 d macht _orgen eine Fahrt nach Kassel. Weil _ontags viele Museen geschlossen sind, hat sich die Klasse für den _orgigen Tag entschieden. Frau Westermeier, die Klassenlehrerin, hat _eute _orgen mit ihrer Klasse noch alles besprochen. Schon früh am _orgen wird die Fahrt losgehen. Am _achmittag wird die Klasse vom Herkules-Denkmal bis zum Grimm-Museum wandern. Gegen _bend soll der Bus dann wieder zurück sein, denn _orgen _bend wird von der 10 b ein Theaterstück aufgeführt, das einige aus der Klasse gern besuchen möchten.

Test

8 **In den folgenden Satzgefügen fehlen die Kommas. Schreibe sie mit Kommas ab. Kennzeichne dabei den Hauptsatz jeweils durch Unterstreichung und den Gliedsatz (Nebensatz) durch eine gestrichelte Linie. Bedenke, dass der Gliedsatz im Satzgefüge vorn, in der Mitte oder hinten stehen kann.**

Dass man für die Haltung eines Kanarienvogels auch Geduld benötigt machen sich manche Tierfreunde nicht genügend klar. Wenn ein kleiner Käfigvogel Luftzug bekommt kann der Vogel sich leicht erkälten. Weil Luchse einen großen Lebensraum beanspruchen macht die Neuansiedlung dieser wilden Katzen Schwierigkeiten. Obwohl Wildschweine harmlos sind werden sie von den Menschen nicht sonderlich geschätzt sodass sie auch gejagt werden.

9 **Schreibe die Sätze ab und setze dabei die nötigen Redezeichen und die Kommas ein.**

Lass das! bemerkt Udo.
Kommst du mit zum Schwimmen? fragt Verena.
Lothar stöhnt: Wenn doch schon Ferien wären!
Peter fragt: Hast du Mathe verstanden?
So ein Pech! ruft Marita vor Enttäuschung.
Udo hat heute schlechte Laune sagt Lars.
Hallo, Bianca! grüßt die Lehrerin im Vorbeigehen.
Halt! ruft der Tankwart Sie haben Ihren Tankdeckel vergessen.

Literarische Formen

1 Kinder- und Jugendbücher

Bei Kinder- und Jugendbüchern handelt es sich zumeist um erzählende Texte, in denen das Verhalten von Menschen zu verschiedenen Zeiten dargestellt wird. Diese Texte werden nicht nur gelesen, um zu erfahren und zu verstehen, was war, sondern es soll auch versucht werden, Bezüge zur eigenen Umwelt herzustellen, selbst wenn der im Buch behandelte Stoff historisch weit weg ist.
Für das Jugendbuch ist charakteristisch, dass meist Jugendliche die Hauptpersonen sind, mit denen sich die Leser gut identifizieren können.

2 Erzählung

Als Erzählung werden, im Gegensatz zum längeren Roman, epische Texte kürzerer und mittlerer Länge bezeichnet.
Das Geschehen in einer Erzählung ist zumeist nachvollziehbar, die Figuren sind real, nicht märchenhaft. Die einzelnen Erzählschritte folgen oft chronologisch, d. h. dem tatsächlichen Zeitverlauf entsprechend, aufeinander. Meist laufen sie auf einen Höhepunkt zu.
Das Personal in einer Erzählung ist überschaubar.

3 Fabel

In der Fabel handeln und sprechen zumeist Tiere. Viele dieser Tierfiguren verkörpern feststehende menschliche Charaktereigenschaften: Der Fuchs gilt als schlau, der Esel als dumm, der Löwe als mächtig, der Wolf als gierig. Die Tiere sind häufig Gegner (Fuchs und Rabe, Wolf und Lamm, Löwe und Esel), der Stärkere oder der Listigere siegt. Aus Fabeln soll man Lehren für das eigene Verhalten gegenüber anderen Menschen ziehen.
Fabeln können wie Gedichte in Versen oder aber als kurze Erzählung in Prosa geschrieben sein.

4 Sage

Eine Sage ist eine mündlich überlieferte Erzählung einer für wahr gehaltenen oder auf einem wahren Kern beruhenden Begebenheit. Beim Weitergeben von Mund zu Mund wurde sie ausgeschmückt und ständig umgestaltet. Beliebte Figuren der Sage sind Riesen, Zwerge, Elfen und übermenschliche Helden. Natursagen „erklären" seltsame Naturerscheinungen oder -ereignisse, Geschlechter-Sagen behandeln die Entstehung und Geschichte einer bekannten Familie, Helden-Sagen schmücken die Abenteuer eines großen Helden aus. Im Gegensatz zum Märchen sind Sagen an einen bestimmten Ort gebunden und zeitlich festgelegt.

5 Kalendergeschichte

Wie der Name schon sagt, wurden diese Geschichten ursprünglich für Kalender geschrieben, die in früheren Jahrhunderten neben der Bibel häufig das einzige Druckerzeugnis in vielen Haushalten waren. Es handelt sich um kurze, überschaubare Erzählungen, die unterhalten und belehren sollen. Meist geht es um merkwürdige, witzige oder auch nachdenklich stimmende Begebenheiten. Der bekannteste Kalendergeschichtenschreiber ist Johann Peter Hebel (1760 bis 1826).

6 Kurzgeschichte

Der Name Kurzgeschichte ist eine Übersetzung des amerikanischen Begriffs „Short Story". Die ersten deutschen Kurzgeschichten entstanden nach dem Zweiten Weltkrieg und behandelten Themen der Kriegs- und Nachkriegszeit. Später behandelt die Kurzgeschichte entscheidende Situationen im menschlichen Leben. Obwohl Kurzgeschichten in Form und Darstellungsweise beträchtlich variieren, kann man gewisse gemeinsame Tendenzen feststellen: Kürze, Konzentration auf einen Geschehensausschnitt, Wechsel zwischen Erzählerbericht und Figurenrede (direkter oder indirekter Rede), unvermittelter Anfang, Nähe zur Alltagssprache, Mehrdeutigkeit.

7 Dramatische Texte und Drehbücher

Das **Drama** ist neben erzählender Literatur und Gedichten eine der drei Hauptformen der Dichtung. Dramentexte sind in **Dialogform** verfasst und in der Regel für eine **Theateraufführung** vorgesehen. Die Wurzeln des Dramas reichen in das antike Griechenland zurück. Viele unserer im Zusammenhang mit dem Drama heute noch gebräuchlichen Begriffe haben dort ihren Ursprung (z. B. Szene, Dialog, Tragödie)
Eine besondere Form eines dramatischen Textes ist das **Drehbuch.** Das ist ein Manuskript, das in allen Einzelheiten die Szenen eines **Films** beschreibt und als Arbeitsunterlage bei den Dreharbeiten dient. Zum Drehbuch gehören neben den Texten für die Schauspieler die **optischen** und die **akustischen Vorgänge** des Films.

8 Comics

Comics (Bildstreifen) sind ein Verfahren, Geschichten in **Abfolgen einfacher Zeichnungen** zu erzählen. Die Zeichnungen werden in der Regel ergänzt durch kurze Texte, meist in Form von Sprechblasen. Sie werden in Zeitungen, Zeitschriften und besonderen Comic-Heften bzw. -Zeitschriften veröffentlicht. Besonders bekannt sind Walt Disneys Tiercomics (u. a. „Mickey Mouse“ ab 1930). Nach dem 2. Weltkrieg fand auch Science-Fiction Eingang in die Comics („Superman“ und „Batman“). Seit Mitte der sechziger Jahre lässt sich eine größere Auffächerung auf viele Gebiete beobachten.

9 Gedicht

Im Folgenden werden die wichtigsten Begriffe, die in der 5. und 6. Klasse bei der Behandlung von Gedichten verwendet werden, vorgestellt.

- **Vers:** Als Vers bezeichnet man die Zeile eines Gedichts, deren Länge nicht wie in einem Prosatext von den Zufälligkeiten des Papierformats und der Schriftgröße abhängig ist, sondern deren Länge bewusst vom Autor bestimmt wird. Häufig – besonders in älteren Gedichten – haben alle Verse eines Textes annähernd dieselbe Länge, d. h., die Anzahl der Silben bleibt in jeder Zeile nahezu gleich.

■ **Strophe:** Als Strophe bezeichnet man einen Gedichtabschnitt, der sich in der Regel aus mehreren Versen zusammensetzt und der durch einen Absatz von den folgenden Versen getrennt ist. Traditionell gebaute Gedichte bestehen aus mehreren gleich langen Strophen.

■ **Reim:** Zwei Wörter reimen sich, wenn sie vom letzten betonten Vokal an gleich klingen, z. B. erhellend – schwellend. Die häufigste Form ist der Endreim, bei dem sich das Ende eines Verses mit dem Schluss von ein oder mehreren anderen Versen reimt. Die regelmäßige Abfolge von Endreimen ergibt verschiedene Reimschemata. Folgen jeweils zwei sich reimende Verse aufeinander, nennt man das **Paarreim** (aabb), beim Abwechseln entsteht der **Kreuzreim** (abab), und schließlich gibt es den **umarmenden oder umschließenden Reim** (abba).
Vom Endreim zu unterscheiden ist der **Binnenreim,** bei dem sich zwei Wörter innerhalb desselben Verses reimen: „Wenn die *Meise leise* weint" (James Krüss).
Als **unreinen** Reim bezeichnet man den annähernden Gleichklang von Lauten, besonders von Vokalen, z. B. *gerissen – küssen.*

■ **Metrum:** Die Verse eines Gedichts sind häufig nach einem bestimmten Metrum, auch Versmaß genannt, gegliedert, wodurch ein bestimmter Sprechrhythmus entsteht. Es geht dabei darum, dass die Abfolge der betonten und unbetonten Silben einem bestimmten Schema folgt. Wechseln betonte und unbetonte Silben unmittelbar einander ab, spricht man von einem alternierenden Metrum. In Anlehnung an die antike Metrik lassen sich verschiedene Versmaße erkennen:
´xx ´xx (betonte Silbe, unbetonte Silbe) = **Trochäus**
x´x x´x (unbetonte Silbe, betonte Silbe) = **Jambus**

■ **Lyrisches Ich:** Wie zu jedem Erzähltext ein Erzähler/eine Erzählerin gehört, so gehört auch zu jedem Gedicht eine Sprecherin/ein Sprecher, die/der nicht mit dem Autor oder der Autorin gleichzusetzen ist. Oft stellt sich dieser Sprecher als ein „Ich" (das so genannte lyrische Ich) vor, das

seine Gefühle, Beobachtungen, Reflexionen und Gedanken so mitteilt, dass die Leser/innen sie mitempfinden können.
Der Sprecher kann aber auch in einem „Wir" aufgehen, das in dem Gedicht spricht, oder gar nicht mehr direkt in Erscheinung treten, also gar nicht von sich selbst sprechen.
In manchen Gedichten wendet sich der Sprecher direkt an ein „Du", zum Beispiel in einigen Liebesgedichten; hier wird also ein Adressat/eine Adressatin in den Text einbezogen.

- **Bildlicher Sprachgebrauch** und **Metapher:** Man spricht von einer **übertragenen Bedeutung,** wenn die Wortbedeutung nicht wörtlich, sondern im übertragenen Sinne verwendet wird. Bildliches Sprechen heißt es, weil diese Übertragung einen Gegenstand, eine Eigenschaft oder einen Zusammenhang **anschaulicher** machen soll.

Beispiele: *Dickschädel* → Metapher für einen sturen Menschen
Nussschale → Metapher für ein kleines Boot

Die **Metapher** ist eine besonders häufig gebrauchte Form des bildlichen Sprechens. Wenn ein Bild von einem Bereich auf einen anderen übertragen wird, nennt man das **Metapher** (*gr. metaphrein* = übertragen). In der Alltagssprache gibt es viele Metaphern: *Fluss**bett**, Berg**rücken**, Baum**krone*** usw. In der Sprache der Dichtung wird die Metapher dazu benutzt, z. B. einen Sachverhalt, eine Charaktereigenschaft einer Person u. a. zu **veranschaulichen.**
Eine besondere Form der Metapher ist die Personifikation. Ein Gegenstand oder ein Begriff wird vermenschlicht, z. B. „Der Herbst hat ein buntes Kleid an" für „Im Herbst ist die Landschaft von Blättern bunt gefärbt".
Bei einem Vergleich werden zwei Vorstellungen durch „wie", „gleich" oder „als ob" miteinander verknüpft, z. B. „ein Mann wie ein Baum" für „ein starker Mann".

Lösungen

S. 12 Übung

Beispiel für eine Erzählung: Aus der Sicht des Hausbesitzers

Es sollte eigentlich ein ganz normaler Dienstag werden, aber niemand konnte ahnen, was alles passieren würde.

Wie jeden Dienstag war meine Frau Miriam mit ihren Freundinnen zum Kartenspielen ausgegangen. Ich bin ganz froh, dann mal meine Ruhe zu haben, um einige Dinge erledigen zu können. Aber diesmal sollte alles ganz anders kommen.

Ich hatte es mir vor dem Fernseher gemütlich gemacht und verfolgte gespannt einen packenden Krimi. Zwar war eigentlich schon klar, wer der Täter war, doch konnte sich dieser immer wieder geschickt aus der Affäre ziehen. Hauseinbrüche und Gewaltverbrechen waren seine Spezialität.

Als ich zwischendurch einmal in die Küche ging, stellte ich fest, dass Miriam den Schlüssel liegen gelassen hatte. "Vergesslich wie immer!", dachte ich. Und da ich nach dem Film ins Bett gehen wollte und sie spät nach Hause kommen würde, öffnete ich die Haustür einen Spalt breit. In der ruhigen Gegend, in der wir wohnen, kann man so etwas ruhig machen.

Ich wollte mich gerade wieder hinsetzen, da geschah es. Auf einen Schlag war alles dunkel! Kein Licht, kein Fernseher, nur von draußen der matte Schein der Straßenlaterne.

Nachdem sich meine Augen einigermaßen an die Dunkelheit gewöhnt hatten, tastete ich mich zur Kommode. Dort musste die Taschenlampe liegen. Mit lautem Gepolter stürzte der Tisch mit den Zeitungen um. Natürlich lag die Taschenlampe nicht in der Kommode. Zurück in die Küche. Dann muss sie im Wandschrank sein.

Endlich wieder Licht. Nachdem ich den Tisch und die Zeitungen wieder aufgehoben hatte, ging ich in den Keller zum Sicherungskasten ...

Beispiel für eine Erzählung: Aus der Sicht des Kriminalkommissars

Da denkt man, nach dem Dienst hat man die Aufregung hinter sich, dabei geht sie gerade erst los.

Es war ein Dienstag, als ich von der Spätschicht kam und nach Hause ging. Mein Weg führt von der Endhaltestelle des Busses durch ein ruhiges Wohngebiet. Ich gehe ganz gern da lang und kann nebenbei auch sehen, dass die meisten Menschen die Sicherheitsempfehlungen, die wir als Kriminalpolizei ihnen geben, nicht befolgen. Offene Gartentüren in der Nacht, keine Rolläden vor den Fenstern, manchmal sogar Autos, die nicht abgeschlossen sind. „Da wundern sich die Leute, dass bei ihnen eingebrochen wird!", denke ich dann immer.

Ich bog in die Haustenbecker Straße ein. Fünf Minuten hatte ich jetzt noch bis nach Hause. Lange würde ich nicht mehr auf bleiben.
„Das kann doch nicht wahr sein!“ Da hatte tatsächlich jemand seine Haustür offen stehen lassen! Das ganze Haus dunkel, also schlafen die Leute sicher schon, dachte ich mir. Und durch die offene Haustür können die Einbrecher nach Lust und Laune herein- und herausspazieren! Ich überlegte einen Moment, was ich tun sollte, da bemerkte ich es. Sie waren schon da!
Drinnen sah ich den Lichtstrahl einer Taschenlampe. Er bewegte sich ruhig von einem Zimmer zum anderen, der Fenstergröße nach zu urteilen das Wohnzimmer. Dann Geräusche.
Plötzlich verschwand die Lichtschein wieder.
Jetzt gab es nicht mehr zu überlegen, was zu tun war. Ich öffnete die Gartentür, natürlich was sie nicht abgeschlossen, und ging die Treppe zur Haustür hoch. Vorsichtig öffnete ich sie. Aus dem Keller kamen weitere verdächtige Geräusche. Leise betrete ich den Flur …

S. 15 Übung

Was? Wette – mit Moped durch Fußgängerzone – kein Führerschein
Wer? zwei Freunde – empörte Bürger – Polizei
Wo? Fußgängerzone
Wann? Freitag mittags – zur Hauptgeschäftszeit

Beispiel für eine Einleitung: Ich weiß gar nicht mehr genau, wer zuerst die Idee hatte, aber alle waren begeistert. Jedenfalls wollten Uwe und ich mal die Leute so richtig erschrecken. Und er stichelte immer noch: „Das traust du dich nie, mit dem Moped durch die Fußgängerzone, und das ohne Führerschein!“ Und ob ich mich traute.

S. 16 Übung

Nils hielt das Fernglas gebannt fest. „Jetzt! Jetzt sind sie am Boot! Mann, ist das ein Wellengang!“ „Gib doch endlich mal her, du hast das Fernglas schon so lange“, rief ich, aber er schien mich gar nicht zu hören. „Charly bellt wie verrückt. Hoffentlich fällt er nicht auch noch ins Wasser!“
„Gib jetzt endlich mal das Fernglas her!“, schrie ich jetzt und riss es ihm einfach weg. Nachdem ich einige Zeit gesucht hatte, fand ich das Boot. Es war tatsächlich schwer für die Retter, an das Schlauchboot heranzukommen. Die beiden Jungen reckten die Hände in die Höhe. Immer wieder sah es so aus, als würde ihr Boot gleich umkippen. Ich spürte, wie mein Herz raste. Um mich herum vergaß ich alles, wahrscheinlich auch Nils, der jetzt selbst wieder das Fernglas haben wollte. “Wie können wir ihnen nur helfen?“, dachte ich voller Verzweiflung.
Ich kann sehen, wie sich das Rettungsboot noch einmal herantastet. Jetzt ist es genau an der Seite des Schlauchboots. Und ich kann beobachten, wie einer der

Männer das Boot erst festhält und dann mit einer Schnur anbindet. Der andere streckt die Hände herüber. Zuerst Jörg. Noch durchs Fernglas ist seine Panik zu spüren. Dann Mark. Auch er zittert wie Espenlaub. Richtig freuen kann sich in dem Moment nur Charly.
Da riss mir Nils wieder das Fernglas aus der Hand.

S. 18 **Übung**

Da habe ich nicht aufgepasst!
Es war ungefähr vor einem Jahr. Am Nachmittag bekam meine Mutter ganz plötzlich Besuch von zwei alten Freundinnen. „Fahr doch mal eben in den Ort fahren und hol ein paar Stücke Kuchen“, bat mich meine Mutter. Ich nahm mir etwas Geld aus Mamas Portmonee und fuhr sofort mit dem Fahrrad los. Meine Freundin Lilo, die direkt in der Nachbarschaft wohnt, stand vor der Garage und rief mir noch zu: „Morgen fällt Mathe aus!“ Im Vorbeifahren drehte ich mich um und rief zurück: „Das ist ja super!“ Und dann hörte ich Lilo auch schon schreien: „Pass doch auf, da kommt einer!“ Ich blickte nach vorn und merkte, dass ich auf die linke Straßenseite geraten war. Was war los? In Sekundenschnelle sah und hörte ich auch den Grund für Lilos Warnschreie. Ein Mopedfahrer kam mit einem Affenzahn auf mich zugerast. Ich versuchte, den Lenker umzuwerfen, sah auch noch, wie der Mopedfahrer sein Moped zur Seite riss. Er rief dann noch: „Pass doch auf!“
Und da war es schon passiert. Ein Krachen und ein stechender Schmerz im Arm, ein dumpfer Schlag am Kopf. Ich greife ins Leere, höre noch meinen eigenen Aufschrei. Dann wusste ich von nichts mehr. Als ich wieder zu mir kam, beugte sich meine Mutter über mich, streichelte mir das Gesicht. „Was hast du denn gemacht?“, flüsterte sie immer wieder. „Hast du Schmerzen?“ Ich stotterte: “Mein Arm tut so weh und auch mein Kopf.“ Jetzt sah ich auch die anderen Menschen: Lilo und die Freundinnen von Mama.
Ein Krankenwagen brachte mich ins Krankenhaus. Ich hatte den Arm gebrochen und ein paar Prellungen am Kopf abbekommen. Nach zwei Tagen war ich zu Hause. Ich nahm mir vor, demnächst beim Fahrradfahren besser aufzupassen.

S. 19 **Übung**

Einleitung: Marie: Außenseiterin in der Klasse – Erzählerin: schließt sich dem Trend an – macht sich lustig, verspottet – *Hauptteil:* erzählt aber zu Hause davon – Vorschlag der Mutter: Marie einladen – Höhepunkt: Besuch – Geschenk – Freude – Spiel –Ausklang des Hauptteils: Freundschaft – *Schluss:* allmählich auch Situation in Klasse besser

S. 28 **Übung**

Es fehlt eine Angabe zur Größe. Für den Fall, dass das Portmonee einen Aufdruck (Firmen-Logo oder ähnliches) hat, müsste er angegeben werden.

Die Angaben sind ansonsten recht genau.
Brief an die Fundstelle der Bahn:
Sehr geehrte Damen und Herren,
am 13.9. habe ich vermutlich im Zug, der um 15.20 Uhr von Schwerin nach Ludwigslust fährt, mein Portmonee liegen gelassen.
Es handelt sich um ein aufklappbares Portmonee im Querformat, das zusammengefaltet etwa 15 x 8 cm groß ist. Das Material ist ein rot-blau gemustertes Kunststoffgewebe. Links enthält das Portmonee Fächer für Karten und Ausweise. Darin befanden sich mein Schülerausweis, die Monatskarte und eine Telefonkarte. Rechts liegt das Münzfach mit Reißverschluss, das einen 10-Euro-Schein und etwas Kleingeld enthielt. Ein besonderes Merkmal ist, dass der Reißverschluss der Geldtasche defekt ist.
Wenn das Portmonee gefunden oder abgegeben wurde, teilen Sie mir bitte mit, wo ich es abholen kann.
Mit freundlichen Grüßen
...

S. 37 **Übung**

Wortfeld sagen: meinen, antworten, sprechen, stottern, anflehen, brüllen, flüstern, ausdrücken, anordnen, bestätigen
Überarbeiteter Text: Wenn Andy Freitag- oder Samstagabend nach der Disco oder seinem Ausflug ins „Flash“ heimkam, schlief seine Schwester Simone meist schon.
Einmal wurde sie wach, weil ihr Bruder mit großem Getöse über den Schuhschrank im Flur stolperte. Simone hörte die Stimme der Mutter aus dem Wohnzimmer, wo sie vor der Flimmerkiste saß. „Was ist passiert, Andreas?“, fragte die Mutter
„Nichts Besonderes. Bin nur im Dunkeln gestolpert“, stotterte Andy.
Die Mutter sagte: „Dann geh jetzt zu Bett!“
Er antwortete: „Ja, Mama.“
„Aber vergiss das Zähneputzen nicht!“, mahnte die Mutter.
Sie tat immer so, als sei das Zähneputzen eins der wichtigsten Dinge im Leben.
Simone wartete, bis die Tür zu Andys Zimmer ins Schloss gezogen und alles im Haus wieder ruhig war.
Dann schlich sie auf Zehenspitzen zu ihm hinüber.
Ihr Bruder hatte das Licht schon ausgemacht und lag auf dem Bett.

S. 40 **Übungen**

Wichtige Informationen:
- vor 2000 Jahren: nur wenige Ägypter können schreiben
- Erste Schriftzeichen in Ägypten schon vor etwa 5 000 Jahren: Hieroglyphen
- Zweck: Verwaltung des Reiches, Gesetze aufschreiben
- Hieroglyphen schön, benötigen aber viel Zeit

- Einfachere Schrift für Briefe und Alltägliches: Hieratischrift
- Schreiben wird durch Abschreiben erlernt
- Richtung beim Schreiben fast egal, Leserichtung wird an Menschen- und Tiergestalten erkannt
- Schreibwerkzeuge: Schilfrohrfedern, Binsenpinsel, Tonplatten, Holztafeln, Papyrus (teuer)

2 Sinnabschnitte und Überschriften:
Z. 1–9: Verbreitung und Funktion der Schrift im Alten Ägypten
Z. 10–16: Zwei Schriften: Hieroglyphen und Hieratischrift
Z. 17–22: Wie das Schreiben erlernt wird
Z. 23–26: Die Schreibmaterialien

3 Unbekannte Begriffe, Fremdwörter:
Hieroglyphen: ägyptische Schrift, aus einer Bilderschrift entwickelte Schrift der alten Ägypter, seit etwa 3000 v. Chr. in Gebrauch, ab 1822 von J. F. Champollion entziffert. Die H. (insgesamt rund 700 Zeichen) waren eine Mischung aus Wort-, Silben- u. Lautschrift; der naheliegende Schritt zur reinen Buchstabenschrift wurde nicht vollzogen.
Hieratischrift: Neben den vor allem für monumentale Zwecke benutzten eigentlichen Hieroglyphen gab es zwei Buchschriften: seit 2700 v. Chr. die hieratische, seit 700 v. Chr. die demotische Schrift.
Papyrus: Papyrusstaude, Cyperus papyrus, 1 – 3 m hohe Wasserpflanze, vom tropischen Afrika bis Kalabrien verbreitet. In Ägypten wurde die Papyrusstaude seit etwa 2500 v. Chr. als Ausgangsmaterial für Papyrus, das Material, auf dem geschrieben werden konnte, verwendet. Das Mark wurde in Streifen geschnitten, diese wurden kreuzweise übereinandergeklebt und gehämmert, wodurch ein festes Blatt entstand. Die einzelnen Blätter konnten zu langen Bahnen zusammengeleimt werden, die in Rollenform aufbewahrt wurden. Von Ägypten aus verbreitete sich der Papyrus über den Mittelmeerraum; er wurde seit dem 2. Jh. n. Chr. vom Pergament verdrängt, war aber stellenweise noch bis ins 11. Jh. in Gebrauch.

4 Kernaussagen:
- Nur wenige Menschen im Alten Ägypten konnten schreiben.
- Die älteste Schrift, die Hieroglyphenschrift, ist 5000 Jahre alt. Man benötigte sie für die Verwaltung und für das Erlassen von Gesetzen.
- Weil die Hieroglyphen zwar schön, aber umständlich waren, entwickelte man eine einfachere Schrift, die Hieratischrift.
- Beide Schriften wurden nebeneinander benutzt: die Hieroglyphenschrift für offizielle und heilige Zwecke, die Hieratischrift für Alltägliches.
- Schreiben erlernte man durch Abschreiben. Die Schreibrichtung war egal. Die Menschen erkannten an Tier- und Menschengestalten, in welche Richtung sie lesen mussten.
- Schreibmaterialien waren Binsenpinsel und Schilfrohrfeder sowie Holzplatten, Tontafeln und das teure Papyrus.

S. 41 f. Test

1 Wer? Was? Wo? Wann?

2 Die wesentlichen Informationen nennen, über den weiteren Verlauf aber nur Andeutungen machen. Nicht verraten, wie es ausgeht.

3 1. Abwechslung und Wortwahl und Satzbau, 2. direkte Rede, 3. Gefühle darstellen, 4. Fragen, Ausrufe, 5. Andeutungen, 6. Sinneseindrücke darstellen

4. Abgeschlossenes Ende: Die Handlung wird zu einem Ende geführt, es ist klar, was aus den Hauptfiguren wird. Offenes Ende: Die Handlung bricht ab, das weitere Schicksal der Hauptfiguren kann unklar bleiben.

5 Die Erzählperspektive ist die Sicht, aus der heraus eine Geschichte erzählt wird.

- „Ich"-Perspektive (1. Person): Der Erzähler ist direkt an der Handlung beteiligt.
- „Er"-Perspektive (3. Person): Erzähler ist neutral, unbeteiligt („allwissende", auktoriale Erzählperspektive). Oder: Erzähler ist nur scheinbar neutral und „verbirgt" sich hinter einer Figur, deren Sicht er einnimmt.

6 Es kommt darauf an, dass die Geschichte bei aller Fantasie und Übertreibung nachvollziehbar und logisch bleibt. Die Regeln des Erzählens müssen eingehalten werden.

7 Zur sachlichen, nachvollziehbaren Beschreibung von Personen, Gegenständen, Räumen, Wegen und Vorgängen. Damit man sich die Personen, Gegenstände der Räume vorstellen, die Wege finden oder die Vorgänge nachvollziehen kann.

8 Absicht, Ziel: genaue Darstellung einer Person. Eines Gegenstandes oder eines Vorgangs
Tempus: Präsens
Gliederung/Reihenfolge: vom Allgemeinen zum Besonderen, vom Großen zum Kleinen
Stil: sachlich, genau
Mögliche sprachliche Mittel: konjunktionale Nebensätze, Satzgefüge, um Zusammenhänge deutlich zu machen

9 Man beginnt mit dem Gesamteindruck von der Person und kann entweder von oben nach unten oder vom Auffälligen zum Unauffälligen vorgehen.

10 Präpositionen, Substantive (Nomen)

11 Wenn sie notwendig sind, um einen Zusammenhang zu verstehen, und wenn sie als allgemein bekannt vorausgesetzt werden können (andernfalls sind sie zu erklären).

12 Ein Ereignis, eine Veranstaltung oder eine Handlung.

13 a Präteritum
b sachlich, nüchtern, möglichst unbeteiligt
c Fachbegriffe
d Nur aus dem Zusammenhang der einzelnen Teile ergibt sich das Ganze. Keine Sprünge!

14 Einleitung: überblicksartige Information über das Geschehen (W-Fragen: Wer? Was? Wann? Wo?), Hauptteil: genauere Information zum Ereignis und zum Hergang (Wie? Warum?), Schluss: mögliche Folgen

S. 62 Übung

Wortfamilie zu ziehen: beziehen, abziehen, umziehen, verziehen, mitziehen, zuziehen, einziehen, ausziehen, anziehen, Ziehbrunnen, Ziehharmonika, Ziehvater, Erzieher, Überzieher

Wortfamilie zu Buch: Bücherwurm, Buchmacher, Buchhalter, Buchführer, Taschenbuch, Klassenbuch, verbuchen, abbuchen, buchen, Buchstabe, Bücherschrank, Bücherliste, Büchlein, Buchhändler, Fachbuch, Sachbuch

Vielleicht hast du noch andere „Familienmitglieder" gefunden.

S. 68 Übung

a dem Clown: Dativobjekt
b den Zauberkünstler: Akkusativobjekt
c den Kindern: Dativobjekt, einen Zaubertrick: Akkusativobjekt
d des kleinen Tigers: Genitivobjekt
e auf den Absprung: Präpositionalobjekt
f an seinen Schabernack: Präpositionalobjekt

S. 72 ff. Test

1 Vollverb: Ein bedeutungstragendes Verb, das allein stehen kann: Ich ging zur Schule.
Hilfsverb: Form von sein oder haben, die mit dem Vollverb zusammen steht und zur Tempusbildung und zur Bildung des Passivs gebraucht wird: Sie hat gelogen. – Das Schiff wird gehoben.

2 Numerus: Anzahl (Singular/Einzahl oder Plural/Mehrzahl)
Tempus: Zeitform (Präsens, Präteritum, Perfekt, Plusquamperfekt, Futur I, Futur II)

3 a 2. Ps. Sg. Präsens
b 2. Ps. Pl. Plusquamperfekt
c 1. Ps. Pl. Präteritum
d 3. Ps. Pl. Futur I
e 1. Ps. Sg. Perfekt
f 3. Ps. Sg. Futur II

4 Präsens: tatsächliche Gegenwart: Ich höre gerade Musik. – Regelmäßig sich wiederholendes oder allgemeingültiges Geschehen: Meine Mutter fährt jeden Tag mit dem Auto zur Arbeit. Berlin ist die Hauptstadt Deutschlands. – Zukünftiges Geschen: Morgen gehen wir schwimmen. – Tempuswechsel, um in einer Erzählung das Geschehen zu vergegenwärtigen und die Spannung zu steigern: Wir trauten unseren Augen nicht. Plötzlich leuchtet das Licht einer Taschenlampe grell auf.

Plusquamperfekt: zeigt an, was in der Vergangenheit vor einem anderen vergangenen Ereignis passiert war: Als ich nach Hause kam, hatte mein Bruder unsere Riesenpizza bereits vollständig aufgegessen.

5 der Bau, des Baus, dem Bau, den Bau; die Bauten, der Bauten, den Bauten, die Bauten
die Höhle, der Höhle, der Höhle, die Höhle; die Höhlen, der Höhlen, den Höhlen, die Höhlen
das Haus, des Hauses, dem Haus, das Haus; die Häuser, der Häuser, den Häusern, die Häuser

6 Beim Nomen (Substantiv) können auch ein Adjektiv (hartes Arbeiten), ein Personalpronomen (mein Auto), eine Präposition + Artikel (am Arbeiten = an dem Arbeiten) oder ein adverbial gebrauchtes Adjektiv (viel Unbrauchbares) stehen.

7 Demonstrativpronomen: hinweisendes Fürwort, Wort, mit dem etwas aus anderem hervorgehoben wird
Possessivpronomen: besitzanzeigendes Fürwort, Wort, mit dem die Zugehörigkeit einer Sache oder Person angezeigt wird

8 Attributiver Gebrauch: Das Adjektiv steht beim Substantiv (Nomen) und bezieht sich direkt darauf (Beispiel: die neue Straße). Attributiv gebrauchte Adjektive werden dekliniert (neue).
Prädikativer Gebrauch: Das Adjektiv bezieht sich auf das Verb (Beispiel: Die Straße zur Siedlung ist neu.). Es wird nicht dekliniert.

9 über, am (= an dem), in, bei, vor, hinter, für

10 ziemlich → endlich, morgen → jetzt, unterdessen → zunächst, oft → dann, darum → gern, erfreulicherweise → deshalb, danach → schließlich/endlich, eilends → ziemlich, nebenan → deshalb, heute → inzwischen, oben → schließlich, zunächst → außerordentlich, morgen → schnell

11 die Kinder, das Podest, eine riesige Reckstange, die Trapezkünstler, das Klatschen

12 beginnt: 3. Ps. Sg. Präs., begrüßt: 3. Ps. Sg. Präs., spielt: 3. Ps. Sg. Präs., eilt: 3. Ps. Sg. Präs., führen vor: 3. Ps. Pl. Präs., jonglieren: 3. Ps. Pl. Präs.

13 heute: Adverbiale der Zeit, gern: Art und Weise, in sein Schloss: Ort, auf unterhaltsame Weise: Art und Weise, vor den Kamin: Ort, behaglich: Art und Weise, bedächtig: Art und Weise, langsam: Art und Weise, einige Male: Zeit, jetzt: Zeit, voller Spannung: Art und Weise, im Kaminzimmer: Ort, anschließend: Zeit

14 Adjektivattribut: der blaue Ball, Relativsatz: der Ball, der blau ist, Genitivattribut: das Auto des Lehrers, Apposition: Herr Schmidt, der Bürgermeister, Präposition und Substantiv (Nomen): das Haus in den Bergen, Adverb: dieser Ball hier

15 in weithin angesehener Mann: Apposition, alten: Adjektivattribut, großen: Adjektivattribut, des Seitenflügels: Genitivattribut, gute: Adjektivattribut, interessante: Adjektivattribut, die ihm nichts glaubten: Relativsatz, der Eingeladenen: Relativsatz, spannenden: Adjektivattribut, der ein hervorragender

Erzähler war: Relativsatz, hervorragender: Adjektivattribut, seines Faches: Genitivattribut

S. 89 ff. Test

1 Ohr, Hof, Zoo, Floh, Moos, rot, Kohl, Kohle, Hohn, Rom, so, Sohn

2 Kenner, weltweit, selbst, ärmlichen, europäische, Holländer, kräftige, heftigen, ausdrucksstärksten, Nervenheilanstalt, Ende, Selbstmord, hartnäckig, Porträts

3 Zäune, säubern, geräumig, teuer, freundlich, Verkäuferin, Säule, Räume, häufig

4 Drosseln, es passiert, Blumensamen, Wüste, lustig, sie lässt, fleißig. Fußweg, suchen, er müsste, sehen, groß, müssen, Küste

5 die Krankheit, ich hinke, sie welkt, die Nelke, der Balken, welken, der Rock, die Perücke, du winkst, die Lücke, der Stock, die Hecke

6 Rathaus, Raddampfer, Geldbörse, Weltall, leidtragend, Leitplanke, Nordlicht, Wortbruch, Waldhorn, Schalthebel, Schneidbrenner, Weitwinkel

7 morgen, montags, morgigen, heute Morgen, Morgen, Nachmittag, Abend, morgen Abend

8 Dass man für die Haltung eines Kanarienvogels auch Geduld benötigt, machen sich manche Tierfreunde nicht genügend klar. Wenn ein kleiner Käfigvogel Luftzug bekommt, kann der Vogel sich leicht erkälten. Weil Luchse einen großen Lebensraum beanspruchen, macht die Neuansiedlung dieser wilden Katzen Schwierigkeiten. Obwohl Wildschweine harmlos sind, werden sie von den Menschen nicht sonderlich geschätzt, sodass sie auch gejagt werden.

9 „Lass das!“, bemerkte Udo.
„Kommst du mit zum Schwimmen?“, fragte Verena.
Lothar stöhnt: „Wenn doch schon Ferien wären!“
Peter fragt: “Hast du Mathe verstanden?“
„So ein Pech!“, ruft Marita vor Enttäuschung.
„Udo hat heute schlechte Laune“, sagt Lars.
„Hallo, Bianca!“, grüßt die Lehrerin im Vorbeigehen.
„Halt!“, ruft der Tankwart, „Sie haben Ihren Tankdeckel vergessen.“

Mathematik

5./6. Klasse

Inhaltsverzeichnis

Rechnen mit Größen; Sachaufgaben

Rechnen mit Bruchzahlen

Geometrie

Grundbegriffe der Mengenlehre

1 Zahlenmengen

Im Bild rechts wird gezeigt, wie eine **Zahlenmenge** gebildet wird. Einige Zahlen werden ausgewählt und zu einer Menge zusammengefasst. Dann wird der Menge ein Name gegeben, das soll ein Großbuchstabe sein (die Menge hier heißt M).

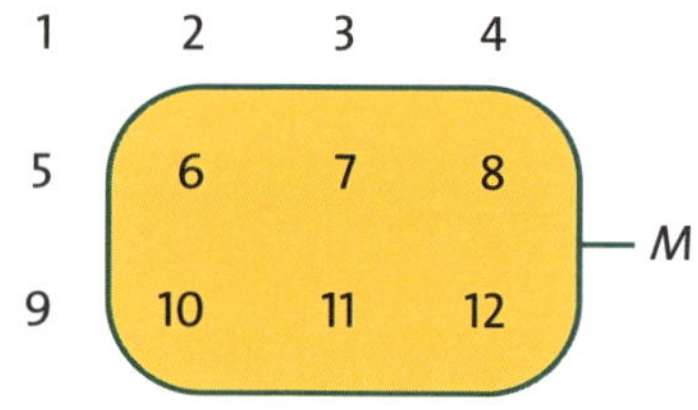

Mengenbild

Die **Mengenschreibweise in aufzählender Form** sieht so aus:
$M = \{6; 7; 8; 10; 11; 12\}$.
Die Zahlen, die zur Menge M gehören, nennt man **Elemente** der Menge M.
Man schreibt:
$8 \in M$; sprich: „8 ist ein Element von M".
$4 \notin M$; sprich: „4 ist kein Element von M".

Für die Anzahl der Elemente der Menge M schreiben wir $|M|$.

Beispiele:

a) $|M| = |\{6; 7; 8; 10; 11; 12\}| = 6$

b) $|\{1; 2; 3\}| = 3$

1.1 Besondere Zahlenmengen

Die Menge der natürlichen Zahlen:	$\mathbb{N} = \{1; 2; 3; 4; 5; \ldots\}$.
Die Menge $\mathbb{N}$ mit der Null:	$\mathbb{N}_0 = \{0; 1; 2; 3; 4; 5; \ldots\}$.
Die Menge der geraden Zahlen:	$G = \{2; 4; 6; 8; 10; \ldots\}$.
Die Menge der ungeraden Zahlen:	$U = \{1; 3; 5; 7; 9; \ldots\}$.

Die Menge, die kein Element enthält, heißt leere Menge.
Man schreibt $\{\ \}$ oder $\varnothing$.

2 Teilmengen

Eine Menge B heißt **Teilmenge** einer Menge A, wenn alle Elemente der Menge B auch zur Menge A gehören.

Man schreibt: $B \subset A$; sprich: „B ist Teilmenge von A".

Beispiele:

a) $A = \{1; 2; 3; 4; 5; 6\}$
   $B = \{2; 4; 6\}$
   B ist Teilmenge von A.
   $B \subset A$

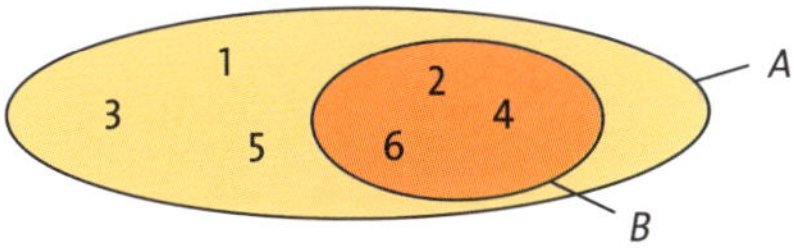

b) $C = \{1; 2; 3; 4; 5\}$
   $D = \{0; 1; 2\}$
   D ist keine Teilmenge von C.
   Man schreibt: $D \not\subset C$.

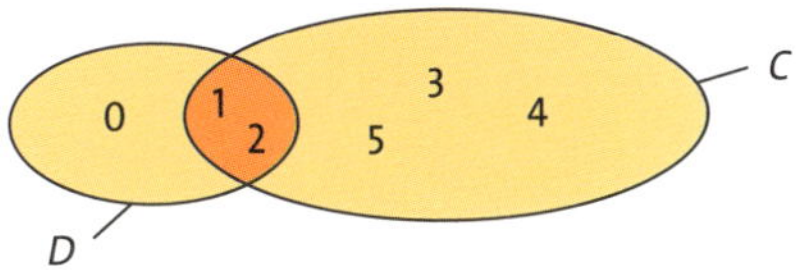

c) Die Menge $M = \{1; 2; 3; 4\}$ hat folgende Teilmengen:
   - die leere Menge $\{\ \}$;
   - die einelementigen Mengen $\{1\}, \{2\}, \{3\}, \{4\}$;
   - die zweielementigen Mengen $\{1; 2\}, \{1; 3\}$ $\{1; 4\}$ $\{2; 3\}, \{2; 4\},\{3; 4\}$;
   - die dreielementigen Mengen $\{1; 2; 3\}, \{1; 2; 4\}, \{1; 3; 4\}, \{2; 3; 4\}$;
   - die Menge selbst $\{1; 2; 3; 4\}$.

Test

1 Gib die Menge (in aufzählender Form) und die Anzahl ihrer Elemente an.

a) W = die Menge der Augenzahlen eines Würfels.
b) U = die Menge der ungeraden Zahlen zwischen 10 und 20.

2 Setze das richtige Zeichen ($\in$, $\notin$) ein.

a) 6 _____ $\mathbb{N}_0$ b) 3 _____ $\mathbb{N}$ c) 0 _____ $\{\ \}$
d) 4 _____ $\{1; 2; 3\}$ e) 10 _____ $\{1; 3; 5; \ldots\}$

3 Setze das richtige Zeichen ($\subset$, $\not\subset$) ein.

a) $\{1; 2\}$ _____ $\mathbb{N}$ b) $\{1; 2; 3\}$ _____ $\{2; 3; 4\}$
c) $\{2; 4; 8; 14\}$ _____ $\{2; 4; 6; \ldots\}$

4 Gib jeweils alle Teilmengen an.

a) $\{1; 7\}$ b) $\{4; 8\}$ c) $\{1; 3; 9\}$

Rechnen mit natürlichen Zahlen (und Null)

1 Die natürlichen Zahlen (und Null)

1.1 Das Zehnersystem

In unserem Zahlensystem werden die Zahlen aus den zehn **Ziffern** 0, 1, 2, 3, 4, 5, 6, 7, 8, 9 unter Verwendung der **Stellenwertschreibweise** gebildet. Jede Ziffer einer Zahl hat einen ganz bestimmten **Stellenwert,** der durch die Stelle, an der sie steht, festgelegt ist.
Die Zahlen 1, 10, 100, 1 000 usw. heißen **Stufenzahlen.**
Man erhält jede Stufenzahl aus der vorhergehenden durch Malnehmen mit 10. Deshalb heißt unser Zahlensystem auch **Zehnersystem** oder **Dezimalsystem.**
Es gibt auch andere Zahlensysteme, z. B. das System der römischen Zahlen.

Große Zahlen kann man leichter lesen, wenn man sie in die **Stellenwerttafel** einträgt oder die Ziffern in Dreiergruppen schreibt.

Beispiele: 371 892 050 640 387
7 070 707 070 707

Billion			Milliarde			Million			Tausender			H.	Z.	E.[1]
15.	14.	13.	12.	11.	10.	9.	8.	7.	6.	5.	4.	3.	2.	1.
3	7	1	8	9	2	0	5	0	6	4	0	3	8	7
		7	0	7	0	7	0	7	0	7	0	7	0	7

Die zwei Zahlen heißen:
Dreihunderteinundsiebzig Billionen achthundertzweiundneunzig Milliarden fünfzig Millionen sechshundertvierzigtausenddreihundertsiebenundachtzig.
Sieben Billionen siebzig Milliarden siebenhundertsieben Millionen siebzigtausendsiebenhundertsieben.

[1] Die Abkürzungen H., Z. und E. stehen für Hunderter, Zehner und Einer.

1.2 Runden

Wenn es nicht auf die Genauigkeit einer Zahlenangabe ankommt, so gibt man oft nur die nächstliegende Zehner-, Hunderter- oder Tausenderzahl usw. an.

▶ Genaue Zahl: 36 238

Abrunden auf die nächstliegende Tausenderzahl: 36 000

▶ Genaue Zahl: 2 487

Aufrunden auf die nächstliegende Hunderterzahl: 2 500

▶ Schreibweise: 36 238 ≈ 36 000 bzw. 2 487 ≈ 2 500

Das Zeichen ≈ bedeutet **„ungefähr gleich“**.

> **MERKE** Die Rundungsregel: Ist die Ziffer *nach* der Rundungsstelle 0, 1, 2, 3 oder 4, so wird abgerundet, ist sie 5, 6, 7, 8 oder 9, so wird aufgerundet.

Beispiele:

a) Runden auf Tausender: 56 367 ≈ 56 000 — Die Ziffer nach der Rundungsstelle ist 3, also abrunden.

b) Runden auf Millionen: 35 829 313 ≈ 36 000 000 — Die Ziffer nach der Rundungsstelle ist 8, also aufrunden.

1.3 Veranschaulichung natürlicher Zahlen

Die natürlichen Zahlen lassen sich der Größe nach ordnen. Jede natürliche Zahl besitzt einen **Nachfolger**, die um 1 größere Zahl. Jede natürliche Zahl außer der Zahl 1 besitzt einen **Vorgänger**, die um 1 kleinere Zahl. Es gibt keine größte natürliche Zahl.

Beispiele: a) Vorgänger von 5 ist die 4. b) Nachfolger von 5 ist die 6.

■ Diese Anordnung der natürlichen Zahlen wird am **Zahlenstrahl** veranschaulicht. Jeder Punkt auf dem Zahlenstrahl stellt eine Zahl dar.

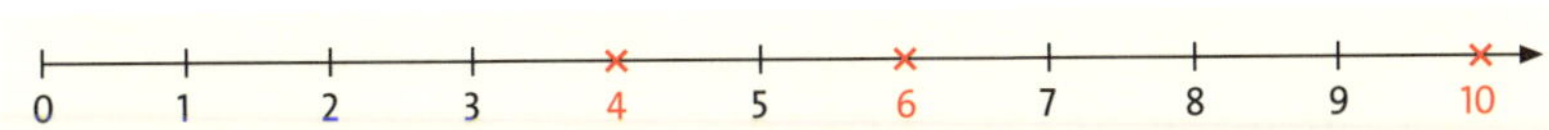

Von zwei Zahlen auf dem Zahlenstrahl ist die größere weiter rechts und die kleinere weiter links: 10 steht rechts von 6; 4 steht links von 6.
Man sagt: „10 ist größer als 6“ und „4 ist kleiner als 6“.
Man schreibt: $10 > 6$ und $4 < 6$.

Übungen

1 Trage die folgenden Zahlen in eine Stellenwerttafel ein. Schreibe dann dazu, wie die Zahlen heißen.

a) 21 597 306 b) 1 234 567 890

2 Schreibe die folgenden Zahlen mit Ziffern.

a) Sieben Millionen dreihundertfünfzigtausend

b) Zwei Milliarden dreißig Millionen siebentausendfünf

3 Gib zu jeder Zahl den Vorgänger und den Nachfolger an. (Verwende jeweils folgende Form: 4 < 5 < 6.)

5, 19, 30, 99, 141, 180, 299, 1 000, 9 099, 10 000

4 Welche Zahlen sind auf dem Zahlenstrahl mit einem Kreuz markiert?

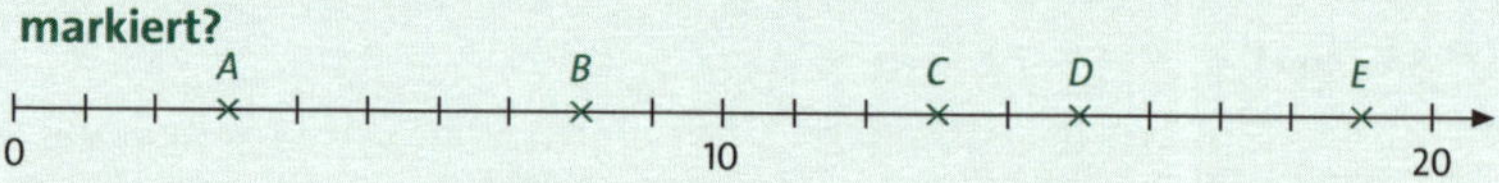

A = 3 , B = ____ , C = ____ , D = ____ , E = ____

2 Addition und Subtraktion

2.1 Die Addition

Rechenausdrücke mit Pluszeichen wie 12 + 85 oder 87 + 13 + 90 bezeichnet man als **Summen**. Die einzelnen Zahlen, die du addierst (zusammenzählst), werden **Summanden** genannt. Das Ergebnis einer solchen Rechnung heißt **Wert der Summe**.

MERKE

12	+	85	=	97
1. Summand		**2. Summand**		**Wert der Summe**

Summe (1. Summand + 2. Summand)

Beispiele für eine schriftliche Addition (Beachte die Überträge!):

		9	7	3
			5	5
+		1	6 1	4
	1	0	9	2

		9	2	8
	9	7	3	8
+	1		1 2	7
1	0	6	8	3

2.2 Kommutativ- und Assoziativgesetz der Addition

■ *Vertauschungsgesetz (Kommutativgesetz[1]):*

Beim Addieren können die Summanden vertauscht werden, ohne dass sich der Wert der Summe ändert.

Kurzform: $a + b = b + a$.

Beispiel: $2 + 3 = 3 + 2$

■ *Verbindungsgesetz (Assoziativgesetz[2]):*

In einer Summe können die Summanden in beliebiger Weise durch Klammern verbunden werden.

Kurzform: $(a + b) + c = a + (b + c)$.

Beispiel: $(2 + 3) + 4 = 2 + (3 + 4)$

Als Zusammenfassung beider Gesetze kannst du dir merken:

MERKE In einer Summe darf ich die Summanden in beliebiger Reihenfolge addieren. Dabei kann ich Klammern beliebig setzen und weglassen. So kannst du geschickt rechnen und es dir leicht machen!

Beispiel:

Ordne die Summanden geschickt an und verbinde durch Klammern.

128 + 17 + 32	128 und 32 kann ich leicht addieren.
	Deswegen vertausche ich 17 und 32 (Kom-
= 128 + 32 + 17	mutativgesetz) und fasse 128 + 32 durch
= (128 + 32) + 17	Klammern zusammen (Assoziativgesetz).
= 160 + 17 = 177	Jetzt rechne ich noch aus.

1 commutare (lat.): vertauschen

2 associare (lat.): vereinigen, verbinden

2.3 Die Subtraktion

Einen Rechenausdruck mit Minuszeichen wie 19 – 7 bezeichnet man als eine **Differenz**. Weitere Fachausdrücke sind:

MERKE

19	–	7	=	12
Minuend		**Subtrahend**		**Wert der Differenz**

Minuend – Subtrahend: **Differenz**

Beispiele für eine schriftliche Subtraktion (Beachte die Überträge!):

	3	7	0
–	2 (1)	8 (1)	1
		8	9

	4	9	2	1
–	1	3 (1)	4	0
	3	5	8	1

2.4 Rechenausdrücke mit Klammern

Aus Zahlen, einzelnen Summen und Differenzen lassen sich auch umfangreiche Rechenausdrücke (man sagt auch Terme) bilden.

Beispiel:

Der 1. Term: 185 + 33

Der 2. Term: 462 – 97

Der 3. Term soll die Differenz aus dem 2. Term und 77 sein:

(462 – 97) – 77

Der 4. Term soll die Summe aus dem 1. Term und dem 3. Term sein:

(185 + 33) + [(462 – 97) – 77]

Damit die ursprünglichen Terme erkennbar bleiben, schreiben wir sie in Klammern. Zur besseren Übersicht können dabei auch eckige Klammern verwendet werden.

(185 + 33) + [(462 – 97) – 77]	Ich berechne zuerst die inneren Klammern. Die Zahl 77 wird zum Rechnen noch nicht benötigt, ich schreibe sie deshalb unverändert auf.
= 218 + [365 – 77]	Nun ist die eckige Klammer an der Reihe. Die 218 schreibe ich wieder auf.
= 218 + 288 = 506	Ich addiere noch einmal. Fertig.

Damit du einen besseren Überblick über den Rechenablauf bekommst, kannst du dir noch den entsprechenden Rechenbaum ansehen:

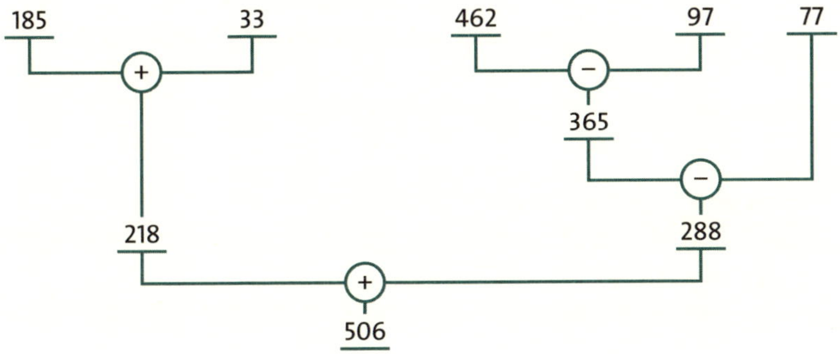

MERKE Was in Klammern steht, wird zuerst ausgerechnet. Sind mehrere Klammern ineinander geschachtelt, beginne ich mit der innersten Klammer.

▶ **BEACHTE** Vertauschungsgesetz und Verbindungsgesetz gelten *nicht* bei Aufgaben, bei denen ein Minuszeichen vorkommt!
Dann dürfen die Zahlen also nicht vertauscht werden und Klammern dürfen nicht einfach weggelassen oder hinzugefügt werden. Das ist nur bei Termen erlaubt, die *ausschließlich* Pluszeichen enthalten.

Beispiele: $3 - 1 + 2 = 4$

a) Mit vertauschten Zahlen ändert sich das Ergebnis: $3 - 2 + 1 = 2$.
b) Auch mit Klammern ändert sich das Ergebnis: $3 - (1 + 2) = 0$.

2.5 Rechenaufträge übersetzen

Beispiel für die Übersetzung eines Rechenauftrags in einen Term.

Der Rechenauftrag lautet:
„Addiere zur Differenz der Zahlen 134 und 59 die Zahl 75.“
Ich übersetzte den Rechenauftrag Schritt für Schritt in einen Term:
Addiere zur Differenz der Zahlen 134 und 59 die Zahl 75.

□ + □ „Addiere“ heißt +; es ist eine Summe. Vor und nach dem Pluszeichen lasse ich Platz für die Summanden.

Addiere *zur Differenz der Zahlen 134 und 59* die Zahl 75.

(134 – 59) + □ — „zur Differenz der Zahlen 134 und 59“: Der 1. Summand ist die Differenz (134 – 59).

Addiere zur Differenz der Zahlen 134 und 59 *die Zahl 75.*

(134 – 59) + 75 — „die Zahl 75“ wird addiert, sie ist der 2. Summand.

= 75 + 75 = 150 — Jetzt kann ich ausrechnen.

Übungen

1 Berechne.

a) 654 + 875 + 981 + 54
b) 4 870 + 873 + 8 623 + 550
c) 8 649 – 7 533
d) 9 572 – 1 629

2 Löse wie im Beispiel.

Beispiel: 60 – □ = 40 Der Subtrahend ist 20.

a) 21 – □ = 16
b) □ – 25 = 50
c) 99 + □ = 130
d) 74 + 88 = □
e) □ + 77 = 122
f) a – 22 = 77
g) 111 – 83 = b
h) 75 + c = 130

3 Berechne.

a) [(187 – 133) + (248 – 123)] – 75
b) (652 + 873) – [(98 + 112) – (600 – 531)]

4 Übersetze den Rechenauftrag in einen Rechenausdruck.

a) Addiere zu 4 000 die Zahl 8 750.
b) Berechne den Wert der Summe der Zahlen 75, 87 und 128.
c) Berechne den Wert der Differenz der Zahlen 7 563 und 6 158.
d) Subtrahiere 673 von der Zahl 1 723.

5 Übersetze den Rechenbaum in einen Rechenausdruck und trage die fehlenden Zahlen ein.

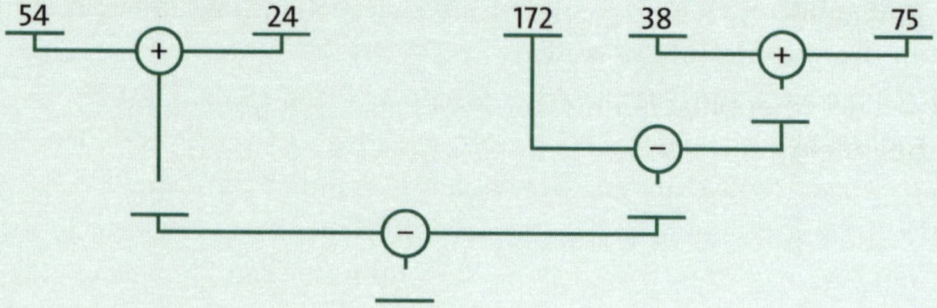

3 Multiplikation und Division

3.1 Die Multiplikation

Die Multiplikation hilft dir, Additionsaufgaben mit gleichen Summanden kürzer aufzuschreiben und auch schneller zu berechnen.

Beispiel: $\underbrace{25 + 25 + 25 + 25 + 25}_{\text{5 gleiche Summanden}} = 5 \cdot 25 = 125$

> **MERKE**
>
> $\underbrace{\underset{\textbf{1. Faktor}}{12} \cdot \underset{\textbf{2. Faktor}}{7}}_{\textbf{Produkt}} = \underset{\textbf{Wert des Produkts}}{84}$

Rechenausdrücke mit Malzeichen wie 12 · 7 oder 8 · 9 · 5 bezeichnet man als **Produkte**. Die einzelnen Zahlen, die du miteinander multiplizierst (malnimmst), werden **Faktoren** genannt. Das Ergebnis einer solchen Rechnung heißt **Wert des Produkts**.

Beispiel für eine schriftliche Multiplikation:

8	3	4	·	6	7	3
	5	0	0	4		
		5	8	3	8	
+		$_1$	2$_1$	5	0	2
	5	6	1	2	8	2

▸ Bei der Multiplikation mit der Zahl Null ist der Wert des Produkts immer null.

Beispiele: 6 · 0 = 0; 0 · 16 483 = 0; 0 · 34 · 784 = 0

Mit Platzhaltern: $a \cdot 0 = 0$ und $0 \cdot a = 0$.

▸ Bei der Multiplikation mit der Zahl Eins verändert sich nichts.

Beispiele: 65 · 1 = 65; 1 · 8 392 = 8 392; 6 · 9 · 1 = 6 · 9 = 54

Mit Platzhaltern: $a \cdot 1 = a$ und $1 \cdot a = a$.

▸ Bei der Multiplikation mit einer Stufenzahl werden an den anderen Faktor so viele Nullen angehängt, wie die Stufenzahl selbst hat.

Beispiele: 157 · 10 = 1 570; 35 · 100 = 3 500; 16 · 1 000 = 16 000

3.2 Kommutativ- und Assoziativgesetz der Multiplikation

- *Vertauschungsgesetz (Kommutativgesetz):*

Beim Multiplizieren können die Faktoren vertauscht werden, ohne dass sich der Wert des Produkts ändert.

Kurzform mit Platzhaltern: $a \cdot b = b \cdot a$

Beispiel: $2 \cdot 3 = 3 \cdot 2$

- *Verbindungsgesetz (Assoziativgesetz):*

In einem Produkt können die Faktoren in beliebiger Weise durch Klammern verbunden werden.

Kurzform: $(a \cdot b) \cdot c = a \cdot (b \cdot c)$

Beispiel: $(2 \cdot 3) \cdot 4 = 2 \cdot (3 \cdot 4)$

Als Zusammenfassung beider Gesetze kannst du dir merken:

> **MERKE** In einem Produkt darf ich die Faktoren in beliebiger Reihenfolge multiplizieren. Klammern kann ich beliebig setzen und weglassen. So kannst du geschickt rechnen und es dir leicht machen! Genau wie bei der Addition.

Beispiel: $15 \cdot 51 \cdot 2 = (15 \cdot 2) \cdot 51 = 30 \cdot 51 = 1530$

3.3 Potenzen

Für Produkte mit gleichen Faktoren gibt es eine abgekürzte Schreibweise.

Beispiel: $4 \cdot 4 \cdot 4 = 4^3$

Eine **Potenz** besteht aus einer **Grundzahl** (oder **Basis**) und einer **Hochzahl** (oder **Exponent**).

Der Exponent gibt an, wie oft die Basis als Faktor genommen werden soll.

Beispiel: 8^5 bedeutet $\underbrace{8 \cdot 8 \cdot 8 \cdot 8 \cdot 8}_{\text{5-mal der Faktor 8}}$

Basis (Grundzahl) → 8; Exponent (Hochzahl) → 5

Man sagt: Die Zahl 8 wird mit 5 potenziert.

▶ **BEACHTE** $8^1 = 8$; $79^1 = 79$

3.4 Die Division

Einen Rechenausdruck mit Divisionszeichen wie 36 : 12 bezeichnet man als **Quotienten.** Weitere Fachausdrücke sind:

> **MERKE**
>
> | 36 | : | 12 | = | 3 |
> |---|---|---|---|---|
> | **Dividend** | | **Divisor** | | **Wert des Quotienten** |
>
> **Dividend : Divisor** = **Quotient**

Beispiele für schriftliche Division:

a)
```
  1 5 4 7 2 2 : 3 2 1 = 4 8 2
- 1 2 8 4 ↓ ↓         =======
    2 6 3 2 |
  - 2 5 6 8 ↓
        6 4 2
      - 6 4 2
            0
```

b)
```
  5 6 7 2 : 1 9 = 2 9 8   R e s t   10
- 3 8 ↓ |         ====================
  1 8 7 |
- 1 7 1 ↓
    1 6 2
  - 1 5 2
      1 0  ──────────────────────────┘
```

▶ **BEACHTE** Das Ergebnis des Beispiels b), „298 Rest 10“, ist keine Zahl. Dieses Ergebnis besagt: 5672 ist nicht durch 19 teilbar, aber (5672 – 10) ist durch 19 teilbar. Man kann sich vorstellen, dass von der ursprünglichen Zahl 5672 ein Rest von 10 „beiseite gelegt wird“, um eine Aufgabe zu erhalten, die aufgeht. Das kann man auch so schreiben:
(5672 – 10) : 19 = 298 oder 5672 = 19 · 298 + 10.
Damit man Quotienten dieser Art besser ausdrücken kann, werden später Bruchzahlen eingeführt (siehe Kapitel „Rechnen mit Bruchzahlen“, Seite 140 ff.).

Besonderheiten bei der Division mit der Zahl Null:

- Durch Null kann man nicht dividieren.

Beispiel: 7 : 0 falsch!

- Null dividiert durch irgendeine Zahl (außer Null) ergibt immer null.

Beispiele: 0 : 7 = 0; 0 : 198 = 0

- Rechengesetze der Division:

BEACHTE Vertauschungsgesetz und Verbindungsgesetz gelten *nicht* bei Aufgaben, bei denen ein Divisionszeichen vorkommt!
Dann dürfen die Zahlen also nicht nach Belieben vertauscht werden. Auch die Klammersetzung darf nicht verändert werden.

Beispiele:

a) 16 : 8 = 2; mit vertauschten Zahlen ändert sich das Ergebnis:
8 : 16 = 0 Rest 8

b) (120 : 60) : 2 = 2 : 2 = 1; aber:
120 : (60 : 2) = 120 : 30 = 4

3.5 Rechenausdrücke mit Klammern und mit Potenzen

Auch bei Multiplikation und Division gilt:

> **MERKE** Was in Klammern steht, wird zuerst ausgerechnet. Treten mehrere Klammern auf, beginne ich mit der innersten Klammer.

Beispiel:

[(800 : 5) · 30] : [(32 · 5) : 8]	Ich berechne zuerst die inneren Klammern. Die Zahlen 30 und 8 werden zum Rechnen noch nicht
= [160 · 30] : [160 : 8]	benötigt. Ich schreibe sie deshalb unverändert auf. Nun sind die eckigen Klammern an der Reihe.
= 4800 : 20	
= 240	Zum Schluss muss ich noch dividieren.

- Auch Potenzen können in einem Rechenausdruck vorkommen.

Bei Potenzen werden die Klammern oft nicht mitgeschrieben.

$24 : 2^3$	Die gleichen Faktoren der Potenz gehören zusammen:
= 24 : (2 · 2 · 2)	Wir setzen sie deshalb in Klammern.
= 24 : 8 = 3	Die Klammer wird zuerst berechnet.

Die Potenzschreibweise hat also die gleiche Bedeutung wie das Zusammenfassen der gleichen Faktoren durch Klammern. Deshalb:

MERKE Potenzen werden zuerst gerechnet.

Beispiele:

a) $4 \cdot 3 \cdot 4^2$ — Ich berechne zuerst die Potenz.
$= 4 \cdot 3 \cdot 16$ — Und nun die 3 Faktoren nacheinander
$= 12 \cdot 16 = 192$ — multiplizieren.

b) $4 \cdot (3 \cdot 4)^2$ — Hier hat die Klammer Vorrang.
$= 4 \cdot 12^2$ — Nun berechne ich zuerst die Potenz.
$= 4 \cdot 144 = 576$ — Und fetig. Ein ganz anderes Ergebnis als bei a)!

3.6 Rechenaufträge übersetzen

Beispiele:

a) Multipliziere das Produkt der Zahlen 14 und 9 mit 50.
$(14 \cdot 9) \cdot 50 = 126 \cdot 50 = 6\,300$

b) Dividiere die dritte Potenz von 6 durch das Produkt aus 12 und 9.
$6^3 : (12 \cdot 9) = 216 : 108 = 2$

Übungen

1 Rechne schriftlich.

a) $245 \cdot 15$ b) 11^4 c) $500 : 14$

2 Berechne den Wert des Terms.

a) $144 : (6 \cdot 4)$ b) $(4\,000 : 250) \cdot 125$

3 Beachte beim Dividieren die Besonderheiten.

a) $763 : 763$ b) $0 : 78$ c) $873 : 1$

4 Übersetze in einen Term und berechne ihn anschließend.

a) Multipliziere das Produkt der Zahlen 38 und 26 mit 175.
b) Dividiere das Produkt der Zahlen 195 und 60 durch 390.
c) Multipliziere den Quotienten der Zahlen 476 und 7 mit 4^5.

5 Löse wie im Beispiel.

Beispiel: $70 : \square = 10$ Der Divisor ist 7.

a) $\square : 25 = 8$ b) $17 \cdot \square = 289$ c) $650 : 26 = \square$

d) $a \cdot 32 = 224$ e) $17 \cdot 18 = x$ f) $552 : b = 23$

4 Verbindung der Grundrechenarten

4.1 Vorrangregeln

Treten in einer Rechnung verschiedene Rechenzeichen auf, so gelten **Vorrangregeln** für die Reihenfolge der Berechnung:

MERKE

1. Was in Klammern steht, wird zuerst ausgerechnet. Treten mehrere Klammern auf, wird mit der innersten Klammer begonnen.
2. Potenzen werden vor Punktrechnungen gerechnet.
3. Punktrechnung (· , :) geht vor Strichrechnung (+, –). Kurz: „Punkt vor Strich".

Beispiele:

a) $5 \cdot (2 + 18) = 5 \cdot 20 = 100$

b) $5 + 6 \cdot 3^2 = 5 + 6 \cdot 9 = 5 + 54 = 59$

4.2 Distributivgesetz

Du hast das Verteilungsgesetz (Distributivgesetz) bestimmt schon oft genutzt, um eine Aufgabe geschickt auszurechnen.

Beispiel: Wie rechnet man $53 \cdot 4$ am einfachsten im Kopf? Natürlich so:
$53 \cdot 4 = (50 + 3) \cdot 4 = 50 \cdot 4 + 3 \cdot 4 = 200 + 12 = 212.$

■ *Verteilungsgesetz (Distributivgesetz[1]):*

Soll eine Summe mit einer Zahl multipliziert werden, so kann auch jeder Summand einzeln mit der Zahl multipliziert werden.

Kurzform: $(a + b) \cdot c = a \cdot c + b \cdot c$

[1] Distributivgesetz von lat.: *distribuere,* verteilen, austeilen

Beispiel: $(11 + 8) \cdot 5 = 11 \cdot 5 + 8 \cdot 5 = 55 + 40 = 95$

▶ Entsprechend gilt bei einer Differenz: $(a - b) \cdot c = a \cdot c - b \cdot c$.

▶ Das Distributivgesetz gilt auch beim Dividieren:

$(a + b) : c = a : c + b : c$ $\qquad$ $(a - b) : c = a : c - b : c$

Beispiele:

a) $(100 - 3) \cdot 7 = 100 \cdot 7 - 3 \cdot 7 = 700 - 21 = 679$

b) $(90 + 6) : 3 = 90 : 3 + 6 : 3 = 30 + 2 = 32$

▶ Das Distributivgesetz wird auch verwendet, wenn in einer Summe bzw. in einer Differenz gleiche Faktoren oder gleiche Divisoren auftreten. Man spricht dann von **Ausklammern**.

Beispiele:

a) $47 \cdot 17 + 53 \cdot 17 = (47 + 53) \cdot 17 = 100 \cdot 17 = 1\,700$

b) $144 : 6 + 72 : 6 = (144 + 72) : 6 = 216 : 6 = 36$

4.3 Rechenaufträge übersetzen

Hier eine Übersicht über die Bezeichungen bei Rechenausdrücken (Termen):

Rechenart	Term	Termname	9 heißt	3 heißt
Addition	9 + 3	Summe	1. Summand	2. Summand
Subtraktion	9 – 3	Differenz	Minuend	Subtrahend
Multiplikation	9 · 3	Produkt	1. Faktor	2. Faktor
Division	9 : 3	Quotient	Dividend	Divisor

Beispiele:

a) Subtrahiere die dreifache Summe der Zahlen 26 und 16 vom Quotienten aus 4992 und 32.
$(4\,992 : 32) - 3 \cdot (26 + 16) = 156 - 3 \cdot 42 = 156 - 126 = 30$

b) Multipliziere die Differenz der Zahlen 15 und 9 mit dem Quotienten der Zahlen 39 und 13.
$(15 - 9) \cdot (39 : 13) = 6 \cdot 3 = 18$

Übungen

1 Rechne geschickt im Kopf (verwende dabei das Distributivgesetz).

a) $51 \cdot 5$ b) $99 \cdot 7$ c) $306 : 3$

2 Berechne unter Beachtung der Regeln.

a) $7 \cdot (2+4 \cdot 2)$ b) $6 \cdot 7 - 32 : 4^2$

3 Berechne.

a) $(1024 : 16) + (627 - 384)$ b) $[574 - (253 + 138)] \cdot 11$

4 Übersetze in einen Term und berechne ihn anschließend.

Addiere zum Produkt der Zahlen 13 und 17 den Quotienten der Zahlen 279 und 31.

5 Teilbarkeit

5.1 Teiler und Vielfache

Eine natürliche Zahl a heißt **Teiler** einer natürlichen Zahl b, wenn die Division $b : a$ aufgeht, d. h. wenn es eine natürliche Zahl c gibt mit $a \cdot c = b$. Man schreibt:

- $a \mid b$; sprich: „a ist Teiler von b" oder „a teilt b".
- $a \nmid b$; sprich: „a ist kein Teiler von b" oder „a teilt b nicht".

Beispiele:

a) 2 ist Teiler von 8, weil $8 : 2 = 4$ aufgeht. Also: $2 \mid 8$.

b) 4 ist kein Teiler von 15, weil $15 : 4 = 3$ Rest 3 nicht aufgeht. Also: $4 \nmid 15$.

c) $5 \mid 25$; $7 \nmid 10$; $3 \mid 21$; $12 \nmid 100$

Für alle natürlichen Zahlen n gilt: $n \mid n$; $1 \mid n$.

Beispiele:

a) $5 \mid 5$, weil $5 : 5 = 1$ aufgeht.

b) $1 \mid 13$, weil $13 : 1 = 13$ aufgeht.

c) $10\,725 \mid 10\,725$; $1 \mid 87$; $1 \mid 1$; $17 \mid 17$

Wenn a Teiler von b ist, heißt b **Vielfaches** von a und man sagt: „b ist durch a **teilbar**".

■ Teilermenge und Vielfachenmenge:
Alle Teiler einer Zahl bilden ihre **Teilermenge**.

Beispiel: Die Teilermenge von 20:

$T(20) = \{1; 2; 4; 5; 10; 20\}$

Alle Vielfachen einer Zahl bilden ihre **Vielfachenmenge**.

Beispiel: Die Vielfachenmenge von 8:

$V(8) = \{8; 16; 24; 32; \dots\}$

5.2 Primzahlen und Primfaktorzerlegung

Natürliche Zahlen, die größer als 1 sind und nur durch 1 und durch sich selbst teilbar sind, heißen **Primzahlen**.

Beispiele: 2, 3, 5, 7, 11, 13, 19, 23, 29, 31, 37 …

Besonderheiten:

- Die Zahl 1 ist keine Primzahl, weil sie nur einen Teiler hat.
- Die Zahl 2 ist die einzige gerade Primzahl.
- Es gibt unendlich viele Primzahlen.

■ Jede natürliche Zahl (außer die 1), die selbst keine Primzahl ist, kann man in ein Produkt aus Primzahlen zerlegen. Dieses Verfahren heißt **Primfaktorzerlegung**.

Beispiele:

a) 60	Ich finde Teiler der 60 (die 6 und die 10).
$= 6 \cdot 10$	Für die 6 finde ich auch Teiler ($6 = 2 \cdot 3$).
$= 2 \cdot 3 \cdot 10$	Auch für die 10 finde ich Teiler ($10 = 2 \cdot 5$).
$= 2 \cdot 3 \cdot 2 \cdot 5$	Das sind alles Primzahlen, ich bin fertig.
$= 2 \cdot 2 \cdot 3 \cdot 5$	Jetzt nur noch sortieren.
$- 2^2 \cdot 3 \cdot 5$	Und in kurzer Form aufschreiben.

b) 252
$= 2 \cdot 2 \cdot 3 \cdot 3 \cdot 7$
$= 2^2 \cdot 3^2 \cdot 7$

c) 540
$= 2 \cdot 2 \cdot 3 \cdot 3 \cdot 3 \cdot 5$
$= 2^2 \cdot 3^3 \cdot 5$

Das Besondere ist: Egal, welche Teiler man zuerst findet, man erhält immer dieselbe Primfaktorzerlegung.

5.3 Teilbarkeitsregeln

Eine natürliche Zahl ist

- durch 2 teilbar, wenn ihre letzte Ziffer 0, 2, 4, 6, oder 8 ist.
- durch 3 teilbar, wenn ihre Quersumme (die Summe aller Ziffern) durch 3 teilbar ist.
- durch 4 teilbar, wenn ihre letzten beiden Ziffern eine durch 4 teilbare Zahl bilden oder wenn sie auf 00 endet.
- durch 5 teilbar, wenn ihre letzte Ziffer 0 oder 5 ist.
- durch 9 teilbar, wenn ihre Quersumme durch 9 teilbar ist.

Beispiele:

a) 516 ist durch 2 teilbar, da ihre letzte Ziffer 6 ist.

b) 516 ist durch 3 teilbar, da die Quersumme $5 + 1 + 6 = 12$ durch 3 teilbar ist.

c) 516 ist durch 4 teilbar, da die Zahl 16 aus den beiden letzten Ziffern durch 4 teilbar ist.

d) 516 ist nicht durch 5 teilbar, da die letzte Ziffer weder 0 noch 5 ist.

e) 516 ist nicht durch 9 teilbar, da die Quersumme 12 nicht durch 9 teilbar ist.

5.4 Größter gemeinsamer Teiler (ggT) und kleinstes gemeinsames Vielfaches (kgV)

- Der **g**rößte **g**emeinsame **T**eiler (**ggT**):

Beispiel: Die Zahlen 40 und 72 haben folgende Teilermengen:

T(40) = {**1**; **2**; **4**; 5; **8**; 10; 20; 40}

T(72) = {**1**; **2**; 3; **4**; 6; **8**; 9; 12; 18; 24; 36; 72}

Alle gemeinsamen Teiler von 40 und 72 sind hier grün markiert.

Der *größte gemeinsame Teiler* von 40 und 72 ist 8. Kurz: ggT(40; 72) = 8.

- Das **k**leinste **g**emeinsame **V**ielfache (**kgV**):

Beispiel: Die Zahlen 40 uns 72 haben folgende Vielfachenmengen:

V(40) = {40; 80; 120; 160; 200; 240; 280; 320; **360**; …}

V(72) = {72; 144; 216; 288; **360**; 432; 504; …}

Das erste in diesen Aufzählungen vorkommende *gemeinsame Vielfache* von 40 und 72 ist hier grün markiert: die 360. Wie man sieht, ist das bereits das gesuchte *kleinste gemeinsame Vielfache.*

Kurz: kgV(40; 72) = 360.

■ Besonders bei zwei sehr großen Zahlen kann die Primfaktorzerlegung die Suche nach dem ggT und dem kgV erleichtern.

Beispiel: Gesucht sind ggT und kgV von 120 und 300.

$$\begin{aligned} 120 &= 2 \cdot 2 \cdot 2 \cdot 3 \cdot 5 \phantom{{}\cdot 5} = 2^3 \cdot 3 \cdot 5 \\ 300 &= 2 \cdot 2 \phantom{{}\cdot 2} \cdot 3 \cdot 5 \cdot 5 = 2^2 \cdot 3 \cdot 5^2 \\ \text{ggT}(120; 300) &= 2 \cdot 2 \phantom{{}\cdot 2} \cdot 3 \cdot 5 \phantom{{}\cdot 5} = 2^2 \cdot 3 \cdot 5 = 60 \\ \text{kgV}(120; 300) &= 2 \cdot 2 \cdot 2 \cdot 3 \cdot 5 \cdot 5 = 2^3 \cdot 3 \cdot 5^2 = 600 \end{aligned}$$

▸ Um den ggT von 120 und 300 zu ermitteln, multipliziert man die Faktoren, die in der Primfaktorzerlegung *beider* Zahlen vorkommen.

▸ Das kgV von 120 und 300 berechnet man, indem man alle Faktoren multipliziert, die *mindestens in einer* der Primfaktorzerlegungen vorkommen.

Besonderheiten:

▸ Wenn die Zahl a ein Teiler der Zahl b ist, so gilt: ggT$(a;b) = a$ und kgV$(a;b) = b$.

Beispiel: Die Zahl 4 ist ein Teiler der Zahl 24, deswegen: ggT(4; 24) = 4 und kgV(4; 24) = 24.

▸ Wenn die Zahl a und die Zahl b keinen gemeinsamen Primfaktor haben, so bedeutet das, dass sie gar keinen gemeinsamen Teiler haben – außer natürlich der Zahl 1. Deswegen heißen dann a und b **teilerfremd**. Es gilt dann: ggT$(a; b) = 1$ und kgV$(a; b) = a \cdot b$.

Beispiel: Die Zahlen 9 und 20 sind teilerfremd, deswegen: ggT(9; 20) = 1 und kgV(9; 20) = 180.

Übungen

1 Bilde die Teilermengen.

a) T(6) b) T(16) c) T(34)

2 Gib jeweils die drei kleinsten Elemente der Vielfachenmenge an.

a) V(6) b) V(16) c) V(21)

3 Finde den ggT bzw. das kgV.

a) ggT(9; 18) b) ggT(9; 12) c) ggT(12; 16)

d) kgV(8; 24) e) kgV(12; 20) f) kgV(6; 8)

Test

1 Trage die Zahlen mit Ziffern in eine Stellenwerttafel ein.

a) Zwei Milliarden dreißig Millionen siebentausendfünf.

b) Vierzig Billionen acht Milliarden zweiundsiebzig Millionen zwölftausendvierhundertsieben.

c) Neunhundertneun Milliarden neunundneunzig Millionen.

2 Runde jede Zahl zuerst auf Hunderter, dann auf Tausender und schließlich auf Zehntausender.

a) 123 456 b) 256 825 c) 345 789

3 Berechne.

a) $87 - (125 - 55)$ b) $65 - [158 - (90 + 33)]$

4 Subtrahiere die Summe der Zahlen 199 und 301 von der Zahl 750.

5 Schreibe als Produkt und berechne.

a) 10^3 b) 5^5 c) 11^4 d) 1000^2

6 Berechne.

a) $100 \cdot [510 : (17 \cdot 2)]$ b) $7^2 \cdot (16 \cdot 9) \cdot (24 \cdot 5)$

7 Dividiere das Produkt aus 10^4 und 15 durch das Produkt der Zahlen 200 und 75.

8 Primzahlen.

a) Finde alle Primzahlen zwischen 10 und 30.

b) Wie heißt die größte zweistellige Primzahl?

9 Zerlege in Primfaktoren.

a) 200 b) 72 c) 135

Rechnen mit Größen; Sachaufgaben

1 Größen aus dem Alltag

- Angaben wie 4,35 €, 3 m 20 cm, 4 kg usw. nennt man **Größen**.
- €, m, cm, kg usw. nennt man **Einheiten**.
- Die Zahlen, die vor den Einheiten stehen, heißen **Maßzahlen**.

$\underbrace{435}_{\text{Maßzahl}}\ \underbrace{\text{kg}}_{\text{Einheit}}$

1.1 Größen und ihre Einheiten

Geld

Einheiten: Euro (€), Cent (Ct)

1 € = 100 Cent

Masse (Gewicht)

Einheiten: Tonne (t), Kilogramm (kg), Gramm (g), Milligramm (mg)

1 t = 1 000 kg = 1 000 000 g

1 kg = 1 000 g = 1 000 000 mg

Länge

Einheiten: Kilometer (km), Meter (m), Dezimeter (dm), Zentimeter (cm), Millimeter (mm)

1 km = 1 000 m = 1 000 000 mm

1 m = 10 dm = 100 cm = 1 000 mm

1 dm = 10 cm = 100 mm

1 cm = 10 mm

Zeit

Einheiten: Tag (d), Stunde (h), Minute (min), Sekunde (s)

1 d = 24 h

1 h = 60 min

1 min = 60 s

1.2 Umwandeln in andere Einheiten

Beispiele:

a) **Geld**

12 € 5 Cent	256 Cent
= 12 · 100 Cent + 5 Cent	= 200 Cent + 56 Cent
= 1 200 Cent + 5 Cent	= 2 € + 56 Cent
= 1 205 Cent	= 2 € 56 Cent
= 12,05 €	= 2,56 €

b) **Masse (Gewicht)**

2 t 50 kg	3 507 g
= 2 · 1 000 kg + 50 kg	= 3 000 g + 507 g
= 2 000 kg + 50 kg	= 3 kg + 507 g
= 2 050 kg	= 3 kg 507 g

c) **Länge**

2 m 8 cm 5 mm	3 450 m
= 2 000 mm + 80 mm + 5 mm	= 3 000 m + 450 m
= 2 085 mm	= 3 km + 450 m
	= 3 km 450 m

d) **Zeit**

2 d 5 h	140 min
= 2 · 24 h + 5 h	= 120 min + 20 min
= 53 h	= 2 h + 20 min
	= 2 h 20 min

2 Summen und Differenzen von Größen

Es können nur **gleichartige Größen** addiert bzw. subtrahiert werden.

Beispiele:

a) 55 cm + 75 cm = 130 cm

b) 7 € – 5 € = 2 €

Zum Addieren bzw. Subtrahieren müssen die Größen in der **gleichen Einheit** vorliegen. Sie müssen also eventuell zuerst umgewandelt werden, in die kleinste vorkommende Einheit. Dann werden jeweils die Maßzahlen addiert bzw. subtrahiert und mit der gemeinsamen Einheit versehen.

Beispiele:

a) 5 m + 34 cm = 500 cm + 34 cm = 534 cm

b) 7 t – 4 365 kg = 7 000 kg – 4 365 kg = 2 635 kg

Sind die Größen in **gemischten Einheiten** (z. B. 7 m 35 cm) angegeben, so kann man eine solche Summe bzw. Differenz auf zwei Arten berechnen.

Beispiele:

a) **1. Methode:**

3 m 86 cm 5 mm + 4 m 37 cm 3 mm	Wandle zuerst in die gleiche
= 3 865 mm + 4 373 mm	Einheit um. Addiere bzw.
= 8 238 mm	subtrahiere dann.
= 8 m 23 cm 8 mm	Schreibe das Ergebnis wieder in gemischten Einheiten.

b) **2. Methode:**

3 m 86 cm 5 mm + 4 m 37 cm 3 mm	Addiere die einzelnen Teile
= (3 m + 4 m) + (86 cm + 37 cm)	mit gleicher Einheit
+ (5 mm + 3 mm)	gesondert.
= 7 m + 123 cm + 8 mm	
= 7 m + 1 m 23 cm + 8 mm	Wandle am Ende noch in die
= 8 m 23 cm 8 mm	gemischte Schreibweise um.

3 Produkte und Quotienten von Größen

Multipliziert man eine Größe mit einer Zahl, so ist das Ergebnis eine Größe der gleichen Art (*Zahl · Größe = Größe*).

Beispiel: 3 · 2 kg = 6 kg

Bei gemischten Einheiten kann man ein Produkt aus einer Größe und einer Zahl auf zwei Arten berechnen:

Beispiele:

a) **1. Methode:**

2 € 75 Ct · 5	Multipliziere die einzelnen Teile
= 2 € · 5 + 75 Ct · 5	der Größe mit der Zahl gesondert.
= 10 € + 375 Ct	Addiere die Teile.
= 10 € + 3 € 75 Ct	Am Ende wandle wieder in die
= 13 € 75 Ct	gemischte Schreibweise um.

Wer sicher rechnet, kann kürzer so schreiben:

2 € 75 Ct · 5 = 10 € + 375 Ct = 13 € 75 Ct

b) **2. Methode:**

2 € 75 Ct · 5	Wandle die Größe zuerst in die
= 275 Ct · 5	kleinste vorkommende Einheit um
= 1 375 Ct	und multipliziere dann.
= 13 € 75 Ct	Schreibe das Ergebnis wieder in gemischten Einheiten.

■ Dividiert man eine Größe durch eine Zahl, so ist das Ergebnis eine Größe der gleichen Art (*Größe* : *Zahl* = *Größe*).

Beispiel: 800 g : 4 = 200 g

Eine solche Rechnung nennt man auch **Teilung**. Die Größe wird in mehrere gleich große Portionen aufgeteilt.

Vorgehen beim Rechnen:

▸ Ist die Größe dabei in gemischten Einheiten angegeben, so wird zuerst in die kleinste vorkommende Einheit umgewandelt und dann dividiert. Wenn es nötig ist, wird das Ergebnis wieder in gemischten Einheiten angegeben.

Beispiel: 4 h 54 min : 14 = 294 min : 14 = 21 min

▸ Damit die Division aufgeht, ist es manchmal nötig, in noch kleinere Einheiten umzuwandeln.

Beispiel: 9 m 5 dm : 25 = 95 dm : 25 = 950 cm : 25 = 38 cm

▸ Teilt der Divisor alle einzelnen Teile der Größe, kann man auch einzeln dividieren.

Beispiel: 48 kg 200 g : 4 = 48 kg : 4 + 200 g : 4 = 12 kg 50 g.

■ Dividiert man eine Größe durch eine Größe der gleichen Art, so ist das Ergebnis eine Zahl (*Größe* : *Größe* = *Zahl*).

Beispiele:

a) 100 € : 5 € = 20

b) 3 m 50 cm : 14 cm = 350 cm : 14 cm = 25

Eine solche Rechnung nennt man Größenvergleich oder **Messung**.

■ Bei der **Multiplikation zweier Größen** und bei der **Division verschiedenartiger Größen** ist das Ergebnis eine Größe mit einer anderen Einheit.

Beispiele:

a) Flächeninhalt eines Rechtecks:
Kantenlänge a · Kantenlänge b = Flächeninhalt
$10\,\text{m} \cdot 15\,\text{m} = 150\,\text{m}^2$

b) Wegstrecke : Zeit = Geschwindigkeit
60 km : 2 h = 30 km/h

4 Sachaufgaben

Bei Sachaufgaben besteht die Schwierigkeit oft darin, Text bzw. Fragestellung in einen mathematischen Ansatz zu übertragen. Erst dann kann gerechnet werden.

Bei der Übertragung helfen folgende Überlegungen:

▸ Lies den Text genau.

▸ Stelle dir die beschriebene Situation möglichst genau vor.

▸ Zeichne gegebenenfalls zur Veranschaulichung eine Skizze.

▸ Suche für die vorkommenden Größen passende Begriffe. Schreibe die gegebenen Größen heraus.

▸ Überlege genau, was gesucht ist. Bezeichne die gesuchte Größe mit einem passenden Begriff.

▸ Überlege, wie die gegebenen und die gesuchten Größen zusammenhängen. Gibt es eine Berechnungsformel?

▸ Überprüfe deinen Ansatz, ob er auch sinnvoll ist.

▶ Mache nach der Rechnung die Probe. Überprüfe auch, ob dein Ergebnis zur Aufgabenstellung passt und nach deiner Erfahrung stimmen kann.

▶ Schreibe einen Antwortsatz.

Beispiel:

Ein Lieferwagen darf mit 1 t 500 kg beladen werden. Im Wagen befinden sich schon 15 Säcke Kartoffeln zu je 50 kg und 30 Kisten mit Gemüse zu je 15 kg. Wie viele Säcke Zwiebeln zu je 20 kg können noch zugeladen werden?

Gegeben: Gesamtgewicht: 1 t 500 kg
Gewicht der Kartoffeln: 15 · 50 kg
Gewicht der Gemüsekisten: 30 · 15 kg
Gewicht eines Zwiebelsacks: 20 kg

Gesucht: Anzahl der Zwiebelsäcke

Lösung: Zunächst in einzelnen Schritten:
Wie viel wurde bereits aufgeladen?
15 · 50 kg + 30 · 15 kg = 750 kg + 450 kg = 1 200 kg
Wie viel kann noch zugeladen werden? Dazu wird von der maximalen Zuladung das gesamte Gewicht der bereits aufgeladenen Säcke und Kisten subtrahiert:
1 t 500 kg – 1 200 kg = 1 500 kg – 1 200 kg = 300 kg.
Wie viele Zwiebelsäcke ergeben 300 kg? 300 kg : 20 kg = 15

Antwort: Man kann noch 15 Zwiebelsäcke aufladen.

Soll die Aufgabe in einem **Gesamtterm** gelöst werden, fasst man die einzelnen Rechenschritte zusammen und rechnet schrittweise aus:
[1 t 500 kg – (15 · 50 kg + 30 · 15 kg)] : 20 kg
= [1 t 500 kg – (750 kg + 450 kg)] : 20 kg
= [1 t 500 kg – 1 200 kg] : 20 kg = 300 kg : 20 kg = 15.

Test

1 Addiere oder subtrahiere.

a) 18 m 75 cm 8 mm + 6 m 24 cm 1 mm
b) 8 km 55 m + 12 km 950 m
c) 8 kg 972 g + 42 kg 75 g
d) 77 t 850 kg + 145 t 500 kg
e) 66 € 15 Ct – 32 € 95 Ct
f) 17 € 88 Ct – 9 € 79 Ct
g) 45 min 16 s – 38 min 45 s
h) 12 h 37 min 8 s – 9 h 55 min 43 s

2 Multipliziere oder dividiere.

a) 12 € 80 Ct · 8
b) 16 m 35 cm · 4
c) 22 kg 250 g · 6
d) 6 h 18 min : 9
e) 30 t 336 kg : 30
f) 1 200 € : 32
g) 480 m : 32 m
h) 826 kg : 14 kg
i) 3 m 50 cm : 14 cm
j) 8 m · 12 m
k) 645 km : 15 h

3 **Wie viele Stücke zu 30 cm kann man von einer 6 m 45 cm langen Holzlatte absägen?**

4 **Ein Satellit umrundet die Erde einmal in 90 min. Wie viele Umrundungen macht er an einem Tag?**

5 **Ein Computerladen verkauft einen PC im Ausverkauf für 984 €. Dabei macht der Laden 132 € Verlust. Wie hoch war der Einkaufspreis, wenn die Geschäftskosten 43 € betrugen?**

6 **Frau Hurtig tankt den 75-Liter-Tank ihres Autos voll und bezahlt dafür 73,50 €. An der Tankstelle kostet 1 Liter Benzin 1,05 €. Wie viel Benzin hatte sie vor dem Auftanken noch im Tank?**

7 **Ein Stromlieferant verlangt einen Grundpreis von 6 € 45 Ct pro Monat sowie für den Stromverbrauch 16 Ct pro Kilowattstunde. Wie hoch ist die jährliche Stromrechnung bei einem Verbrauch von 4 000 Kilowattstunden Strom?**

Rechnen mit Bruchzahlen

1 Bruchteile und Bruchzahlen

1.1 Fachbegriffe

Ein **Bruch** besteht aus **Zähler**, **Bruchstrich** und **Nenner**.

MERKE $\frac{4}{12}$ ← Zähler / Bruchstrich / Nenner

Der Nenner gibt an, in wie viele gleich große Teile ein Ganzes zerlegt wird. Der Zähler gibt an, wie viele dieser Teile zusammengefasst werden.

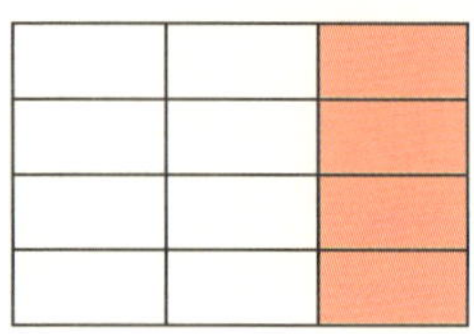

$\frac{4}{12}$

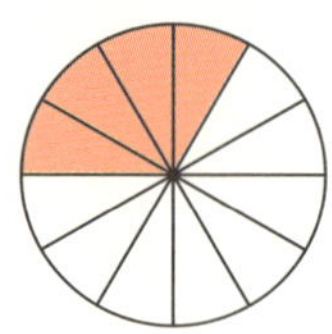

- Ist der Zähler eines Bruches kleiner als der Nenner, so heißt der Bruch **echter** Bruch.

Beispiele: $\frac{5}{7}$; $\frac{1}{5}$; $\frac{7}{9}$; $\frac{36}{72}$

- Ist der Zähler eines Bruches größer als der Nenner, so heißt der Bruch **unechter** Bruch.

Beispiele: $\frac{7}{5}$; $\frac{9}{2}$; $\frac{8}{3}$; $\frac{16}{12}$

- Ein unechter Bruch lässt sich auch als **gemischte Zahl** aus Ganzen und einem echten Bruch schreiben.

Beispiele: $7\frac{2}{75}$; $1\frac{1}{2}$; $2\frac{2}{3}$; $4\frac{4}{12}$

- Ein Bruch mit dem Zähler 1 heißt **Stammbruch**.

Beispiele: $\frac{1}{3}$; $\frac{1}{5}$; $\frac{1}{9}$; $\frac{1}{35}$

1.2 Kürzen und Erweitern

▶ Einen Bruch **kürzen** heißt, Zähler und Nenner des Bruches durch dieselbe natürliche Zahl dividieren: $\frac{z}{n} = \frac{z : a}{n : a}$.

Beispiel: Kürzen mit 3: $\frac{18}{48} = \frac{18 : 3}{48 : 3} = \frac{6}{16}$

▶ Ein Bruch heißt **vollständig gekürzt**, wenn er sich nicht weiter kürzen lässt.

Beispiel: Vollständiges Kürzen: $\frac{21}{84} = \frac{21 : 3}{84 : 3} = \frac{7}{28} = \frac{7 : 7}{28 : 7} = \frac{1}{4}$

▶ Einen Bruch **erweitern** heißt, Zähler und Nenner des Bruches mit derselben natürlichen Zahl multiplizieren: $\frac{z}{n} = \frac{z \cdot a}{n \cdot a}$.

Beispiel: Erweitern mit 4: $\frac{17}{25} = \frac{17 \cdot 4}{25 \cdot 4} = \frac{68}{100}$

▶ Das kleinste gemeinsame Vielfache (kgV) der Nenner von Brüchen heißt **Hauptnenner** der Brüche.

Beispiele: Erweitern auf den Hauptnenner: $\frac{3}{5} + \frac{4}{7} = \frac{21}{35} + \frac{20}{35}$; $\frac{13}{16} + \frac{19}{24} = \frac{39}{48} + \frac{38}{48}$

1.3 Brüche am Zahlenstrahl

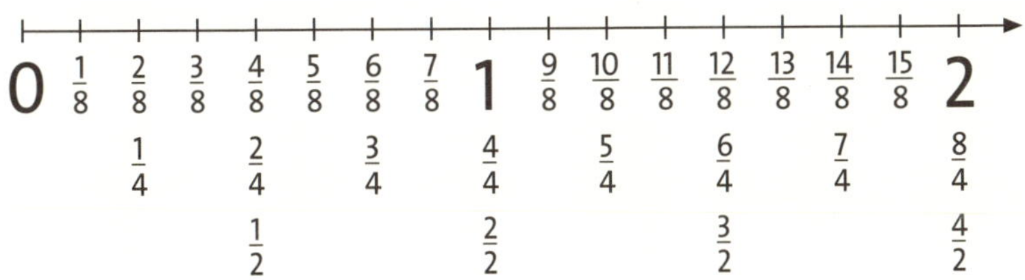

Alle Brüche, die zum selben Punkt des Zahlenstrahls gehören, haben trotz verschiedener Schreibweise denselben Wert. Dieser Wert heißt **Bruchzahl**. Die **Menge der Bruchzahlen** (einschließlich Null) bezeichnet man mit $\mathbb{Q}_0^+$, manchmal auch mit $\mathbb{B}$.

Beispiele: $\frac{1}{2} = \frac{2}{4} = \frac{4}{8}$ ist eine Bruchzahl.

$\frac{16}{8} = \frac{8}{4} = \frac{4}{2} = \frac{2}{1} = 2$ ist eine Bruchzahl.

Auch alle natürlichen Zahlen lassen sich als Brüche schreiben. Sie heißen **Scheinbrüche**. Es gilt also: $\mathbb{N} \subset \mathbb{Q}_0^+$.

1.4 Größenvergleich von Brüchen

Brüche mit gleichem Nenner heißen **gleichnamige Brüche**. Von zwei gleichnamigen Brüchen ist derjenige kleiner, der den kleineren Zähler hat. Von zwei Brüchen mit gleichem Zähler ist derjenige kleiner, der den größeren Nenner hat.

Beispiele: $\frac{3}{7} < \frac{5}{7}$; $\frac{4}{9} < \frac{4}{6}$

Brüche mit verschiedenen Zählern und Nennern werden zum Größenvergleich auf den Hauptnenner erweitert.

Beispiele: $\frac{3}{5} = \frac{21}{35}$ und $\frac{4}{7} = \frac{20}{35}$, also ist $\frac{3}{5} > \frac{4}{7}$.

1.5 Prozentbegriff

Brüche mit dem Nenner 100 spielen im täglichen Leben eine besondere Rolle. Man hat deshalb dafür eine eigene Bezeichnung eingeführt. Statt „drei Hundertstel" sagt man häufig auch „drei von Hundert" oder „drei **Prozent**". Man schreibt: $\frac{3}{100}$ oder 3 %.

Beispiel: $\frac{3}{4} = \frac{3 \cdot 25}{4 \cdot 25} = \frac{75}{100} = 75\,\%$

Übungen

1 **Stelle $\frac{5}{8}$; $\frac{3}{2}$; $\frac{7}{10}$; $\frac{19}{20}$ an einem Zahlenstrahl dar. Zeichne den Zahlenstrahl so, dass zwischen 0 und 1 der Abstand 4 cm beträgt.**

2 **Kürze vollständig.**

a) $\frac{120}{180}$ b) $\frac{60}{90}$ c) $\frac{60}{84}$ d) $\frac{126}{210}$

3 **Erweitere auf den gegebenen Nenner bzw. Zähler.**

a) $\frac{6}{10} = \frac{?}{30}$ b) $\frac{15}{16} = \frac{?}{48}$ c) $\frac{2}{3} = \frac{?}{60}$ d) $\frac{1}{2} = \frac{20}{?}$

4 **Ordne jeweils der Größe nach. Beginne mit dem kleinsten Bruch.**

a) $\frac{2}{9}$; $\frac{11}{9}$; $\frac{7}{9}$ b) $\frac{8}{3}$; $\frac{20}{7}$ c) $\frac{14}{25}$; $\frac{21}{30}$; $\frac{4}{15}$ d) $\frac{2}{3}$; $\frac{3}{4}$; $\frac{4}{5}$

5 **Stelle die Brüche in der Prozentschreibweise dar.**

a) $\frac{1}{50}$ b) $\frac{3}{25}$ c) $\frac{100}{400}$ d) $\frac{3}{2}$

2 Addition und Subtraktion von Brüchen

2.1 Brüche mit gleichem Nenner

Brüche mit gleichem Nenner (gleichnamige Brüche) werden addiert bzw. subtrahiert, indem man die Zähler addiert bzw. subtrahiert und den Nenner beibehält.

Kurz: $\frac{a}{c} + \frac{b}{c} = \frac{a+b}{c}$; $\frac{a}{c} - \frac{b}{c} = \frac{a-b}{c}$

Beispiele: $\frac{7}{12} + \frac{4}{12} = \frac{11}{12}$; $\frac{14}{15} - \frac{6}{15} = \frac{8}{15}$

2.2 Brüche mit verschiedenen Nennern

Um Brüche mit verschiedenen Nennern addieren bzw. subtrahieren zu können, muss man sie zuerst auf ihren Hauptnenner erweitern.

Beispiele:

a) $\frac{1}{2} + \frac{1}{3} = \frac{3}{6} + \frac{2}{6} = \frac{3+2}{6} = \frac{5}{6}$; Hauptnenner: kgV(2; 3) = 6

b) $\frac{11}{18} + \frac{5}{36} - \frac{3}{24} = \frac{44}{72} + \frac{10}{72} - \frac{9}{72} = \frac{44+10-9}{72} = \frac{45}{72} = \frac{5}{8}$

Zum Schluss werden alle Ergebnisse vollständig gekürzt.

2.3 Gemischte Zahlen und unechte Brüche

Ein unechter Bruch wird in eine gemischte Zahl umgewandelt, indem man den Zähler durch den Nenner dividiert. Dadurch erhält man die Ganzen. Der Divisionsrest ergibt den Zähler des Bruches, der zu den Ganzen addiert wird.

Beispiele:

a) $\frac{17}{2} = 17 : 2 = 8 + 1 : 2 = 8\frac{1}{2}$

b) $\frac{134}{11} = 134 : 11 = 12 + 2 : 11 = 12\frac{2}{11}$

Will man eine gemischte Zahl in einen unechten Bruch umwandeln, schreibt man die Ganzen als Bruch und addiert dann.

Beispiel:

$4\frac{3}{5} = 4 + \frac{3}{5} = \frac{4}{1} + \frac{3}{5} = \frac{4 \cdot 5}{5} + \frac{3}{5} = \frac{23}{5}$; oder kürzer: $4\frac{3}{5} = \frac{4 \cdot 5 + 3}{5} = \frac{23}{5}$

Addieren bzw. Subtrahieren gemischter Zahlen

1. Weg: Man addiert bzw. subtrahiert die Ganzen und die Brüche einzeln. Bei der Subtraktion ist es manchmal nötig, beim Minuenden ein Ganzes in einen Bruch umzuwandeln (siehe Beispiel c).

Beispiele zum 1. Rechenweg:

a) $4\frac{3}{4} + 2\frac{1}{5} = \left(4 + \frac{3}{4}\right) + \left(2 + \frac{1}{5}\right) = (4 + 2) + \left(\frac{3}{4} + \frac{1}{5}\right) = 6 + \frac{15 + 4}{20} = 6\frac{19}{20}$

b) $5\frac{3}{4} - 2\frac{1}{6} = \left(5 + \frac{3}{4}\right) - \left(2 + \frac{1}{6}\right) = (5 - 2) + \left(\frac{3}{4} - \frac{1}{6}\right) = 3 + \frac{9 - 2}{12} = 3\frac{7}{12}$

c) $7\frac{1}{5} - 3\frac{5}{6} = 7\frac{6}{30} - 3\frac{25}{30} = 6\frac{36}{30} - 3\frac{25}{30} = 3\frac{11}{30}$

2. Weg: Man wandelt die gemischten Zahlen zuerst in unechte Brüche um. Das Ergebnis schreibt man wieder als gemischte Zahl.
Die obigen **Beispiele** noch einmal zum 2. Rechenweg:

a) $4\frac{3}{4} + 2\frac{1}{5} = \frac{19}{4} + \frac{11}{5} = \frac{95 + 44}{20} = \frac{139}{20} = 139 : 20 = 6\frac{19}{20}$

b) $5\frac{3}{4} - 2\frac{1}{6} = \frac{23}{4} - \frac{13}{6} = \frac{69 - 26}{12} = \frac{43}{12} = 43 : 12 = 3\frac{7}{12}$

c) $7\frac{1}{5} - 3\frac{5}{6} = \frac{36}{5} - \frac{23}{6} = \frac{216 - 115}{30} = \frac{101}{30} = 101 : 30 = 3\frac{11}{30}$

TIPP Meistens kommt man auf dem ersten Weg leichter zum Ergebnis, da man mit kleineren Zahlen rechnen kann.

Übungen

1 Addiere oder subtrahiere.

a) $\frac{7}{50} + \frac{18}{25}$ b) $\frac{3}{5} + \frac{1}{6}$ c) $\frac{11}{25} - \frac{4}{15}$ d) $\frac{29}{33} - \frac{21}{44}$

2 Schreibe jeden unechten Bruch als gemischte Zahl.

a) $\frac{7}{2}$ b) $\frac{11}{4}$ c) $\frac{23}{6}$ d) $\frac{45}{8}$

3 Rechne die gemischte Zahl in einen unechten Bruch um.

a) $6\frac{1}{5}$ b) $1\frac{4}{7}$ c) $9\frac{1}{3}$ d) $4\frac{1}{5}$

4 Addiere oder subtrahiere.

a) $4\frac{3}{4} + 6\frac{3}{4}$ b) $3\frac{7}{12} + 4\frac{5}{18}$ c) $26\frac{8}{15} - 5\frac{3}{10}$ d) $12\frac{3}{16} - 7\frac{1}{20}$

3 Multiplikation und Division von Brüchen

3.1 Brüche multiplizieren

▶ Brüche werden miteinander multipliziert, indem man Zähler mit Zähler und Nenner mit Nenner multipliziert.

Kurz: $\frac{a}{b} \cdot \frac{c}{d} = \frac{a \cdot c}{b \cdot d}$

Beispiel: $\frac{2}{3} \cdot \frac{4}{5} = \frac{2 \cdot 4}{3 \cdot 5} = \frac{8}{15}$

▶ Das Ergebnis muss immer vollständig gekürzt werden. Es empfiehlt sich, bereits *vor* dem Multiplizieren zu kürzen, das geht leichter!

Beispiel: $\frac{4}{15} \cdot \frac{5}{6} = \frac{4 \cdot 5}{15 \cdot 6} = \frac{2 \cdot 1}{3 \cdot 3} = \frac{2}{9}$

An den farbig markierten Stellen siehst du, welche Faktoren im Nenner und im Zähler ich gegeneinander gekürzt habe.

▶ Erhält man als Ergebnis einen unechten Bruch, so wandelt man ihn in eine gemischte Zahl um.

3.2 Brüche mit natürlichen Zahlen multiplizieren

Wird ein Bruch mit einer natürlichen Zahl multipliziert, so schreibt man diese als Bruch mit dem Nenner 1:

Beispiel:

$\frac{5}{8} \cdot 3 = \frac{5}{8} \cdot \frac{3}{1} = \frac{5 \cdot 3}{8 \cdot 1} = \frac{15}{8} = 1\frac{7}{8}$; oder kürzer: $\frac{5}{8} \cdot 3 = \frac{5 \cdot 3}{8} = \frac{15}{8} = 1\frac{7}{8}$

In der Kurzform multipliziert man direkt den Zähler mit der natürlichen Zahl und behält den Nenner bei.

3.3 Gemischte Zahlen multiplizieren

Gemischte Zahlen werden vor dem Multiplizieren in unechte Brüche umgewandelt:

Beispiel: $4\frac{1}{8} \cdot 2\frac{8}{11} = \frac{33}{8} \cdot \frac{30}{11} = \frac{33 \cdot 30}{8 \cdot 11} = \frac{3 \cdot 15}{4 \cdot 1} = \frac{45}{4} = 11\frac{1}{4}$

An den farbig markierten Stellen habe ich gekürzt.

Manchmal geht es auch einfacher ohne Umwandeln. Dabei wird das Distributivgesetz verwendet:

Beispiel: $12\frac{1}{8} \cdot 3 = \left(12 + \frac{1}{8}\right) \cdot 3 = 12 \cdot 3 + \frac{1}{8} \cdot 3 = 36 + \frac{3}{8} = 36\frac{3}{8}$

3.4 Berechnung von Bruchteilen

Die Berechnung von Bruchteilen entspricht der Multiplikation.

Beispiel: Hanna und Jakob wollen den Traubensaft gerecht teilen. Aus der 1-Liter-Flasche wurde schon getrunken, sie ist noch zu $\frac{3}{4}$ gefüllt. Jeder soll also $\frac{1}{2}$ von $\frac{3}{4}$ bekommen. Wie viel ist das?

$\frac{1}{2}$ von $\frac{3}{4} = \frac{1}{2} \cdot \frac{3}{4} = \frac{1 \cdot 3}{2 \cdot 4} = \frac{3}{8}$ Jeder bekommt $\frac{3}{8}$ Liter Saft.

Allgemein: $\frac{a}{b}$ von $\frac{c}{d} = \frac{a}{b} \cdot \frac{c}{d}$

3.5 Brüche mit Hochzahlen

Soll ein Bruch potenziert werden, so muss der Bruch in Klammern gesetzt werden, da der Exponent sich sonst nur auf den Zähler bezieht.

Beispiel: $\left(\frac{3}{5}\right)^4 = \frac{3}{5} \cdot \frac{3}{5} \cdot \frac{3}{5} \cdot \frac{3}{5} = \frac{81}{625}$; dagegen: $\frac{3^4}{5} = \frac{3 \cdot 3 \cdot 3 \cdot 3}{5} = \frac{81}{5}$

3.6 Brüche dividieren

Vertauscht man bei einem Bruch Zähler und Nenner, so erhält man den zugehörigen **Kehrbruch**.

Beispiel: Zum Bruch $\frac{5}{8}$ heißt der Kehrbruch $\frac{8}{5}$.

> **MERKE** Durch einen Bruch wird dividiert, indem man mit seinem Kehrbruch multipliziert.
>
> Kurz: $\frac{a}{b} : \frac{c}{d} = \frac{a}{b} \cdot \frac{d}{c}$

Beispiele:

a) $\frac{1}{4} : \frac{3}{5} = \frac{1}{4} \cdot \frac{5}{3} = \frac{1 \cdot 5}{4 \cdot 3} = \frac{5}{12}$

b) Natürliche Zahlen schreibt man wieder als Bruch mit Nenner 1:

$\frac{3}{4} : 5 = \frac{3}{4} : \frac{5}{1} = \frac{3}{4} \cdot \frac{1}{5} = \frac{3 \cdot 1}{4 \cdot 5} = \frac{3}{20}$

3.7 Gemischte Zahlen dividieren

Gemischte Zahlen werden wieder zuerst umgewandelt.

Beispiel: $5\frac{1}{2} : 4\frac{1}{8} = \frac{11}{2} : \frac{33}{8} = \frac{11}{2} \cdot \frac{8}{33} = \frac{11 \cdot 8}{2 \cdot 33} = \frac{1 \cdot 4}{1 \cdot 3} = \frac{4}{3} = 1\frac{1}{3}$

TIPP Vor dem Ausmultiplizieren vollständig kürzen. Wenn es möglich ist, schreibt man das Ergebnis als gemischte Zahl.

3.8 Doppelbrüche

Bei Doppelbrüchen stehen im Zähler und Nenner ebenfalls Brüche. Ein Doppelbruch ist nur eine andere Schreibweise für einen Quotienten zweier Brüche. Zum Vereinfachen wird deshalb der Hauptbruchstrich durch ein Divisionszeichen ersetzt. Wenn nötig, setzt man Zähler und Nenner in Klammern.

Beispiele:

a) Zähler $\frac{2}{7}$, Hauptbruchstrich →, Nenner $\frac{4}{5}$

$$\frac{\frac{2}{7}}{\frac{4}{5}} = \frac{2}{7} : \frac{4}{5} = \frac{2}{7} \cdot \frac{5}{4} = \frac{2 \cdot 5}{7 \cdot 4} = \frac{1 \cdot 5}{7 \cdot 2} = \frac{5}{14}$$

b) Manchmal muss man beim Auflösen eines Doppelbruchs Klammern setzen:

$$\frac{1\frac{5}{6}}{\frac{3}{8} - \frac{1}{6}} = 1\frac{5}{6} : \left(\frac{3}{8} - \frac{1}{6}\right).$$

Wie man diesen Term weiter ausrechnet, wird im anschließenden Kapitel „Verbindung der Grundrechenarten“ erklärt.

Übungen

1 Berechne.

a) $\frac{4}{5} \cdot \frac{7}{9}$ b) $\frac{6}{7} \cdot \frac{4}{15}$ c) $3 \cdot \frac{2}{10}$ d) $\frac{2}{3}$ von 18

2 Berechne.

Kürze das Ergebnis stets vollständig und wandle es in eine gemischte Zahl um, falls möglich.

a) $2\frac{1}{2} \cdot \frac{4}{5}$ b) $9\frac{3}{10} \cdot 1\frac{2}{3}$ c) $\left(\frac{9}{10}\right)^3$ d) $3\frac{3}{5} \cdot \left(\frac{5}{9}\right)^2$

3 Berechne.
Kürze das Ergebnis stets vollständig und wandle es in eine gemischte Zahl um, falls möglich.

a) $\frac{3}{4} : \frac{2}{5}$ b) $\frac{1}{10} : \frac{2}{25}$ c) $2\frac{1}{2} : 5\frac{1}{4}$ d) $26\frac{2}{15} : 2\frac{37}{55}$

4 Vereinfache die Doppelbrüche. Wandle sie dazu in eine Divisionsaufgabe um und berechne diese dann.

a) $\dfrac{\frac{8}{11}}{\frac{1}{2}}$ b) $\dfrac{5\frac{29}{32}}{\frac{27}{48}}$ c) $\dfrac{7\frac{1}{2}}{3\frac{4}{7}}$

4 Verbindung der Grundrechenarten

4.1 Vorrangregeln

MERKE Auch für Bruchzahlen gelten folgende Regeln:
1 Ich berechne zuerst, was in Klammern steht.
2 Potenzen werden vor Punktrechnungen gerechnet.
3 Punktrechnungen (· und :) haben Vorrang vor Strichrechnungen (+ und –). Kurz: Punkt vor Strich.

Und nicht vergessen: Was du noch nicht zum Rechnen verwendest, wird unverändert wieder aufgeschrieben.

Beispiel:

$1\frac{5}{6} : \left(\frac{3}{8} - \frac{1}{6}\right)$	Klammer zuerst: Hauptnenner ist 24.
$= 1\frac{5}{6} : \left(\frac{9}{24} - \frac{4}{24}\right)$	Klammer ausrechnen.
$= 1\frac{5}{6} : \frac{5}{24}$	Division: Bruch mal Kehrbruch.
$= 1\frac{5}{6} \cdot \frac{24}{5}$	Umwandeln der gemischten Zahl.
$= \frac{11}{6} \cdot \frac{24}{5} = \frac{11 \cdot 24}{6 \cdot 5}$	Multiplizieren und kürzen mit 6.
$= \frac{11 \cdot 4}{1 \cdot 5} = \frac{44}{5} = 8\frac{4}{5}$	Ausrechnen und umwandeln.

Übung

Berechne.

a) $\left(\frac{2}{3}+\frac{3}{4}\right)\cdot\frac{1}{6}$ b) $\frac{1}{12}:\left(\frac{3}{8}-\frac{1}{12}\right)$ c) $\left(1\frac{5}{9}-\frac{3}{4}\right)\cdot\frac{2}{7}$

d) $\frac{1}{3}+\frac{7}{9}:\frac{14}{15}$ e) $4\frac{5}{18}-1\frac{3}{4}\cdot\frac{4}{15}+\frac{17}{90}$

Test

1 **Stelle die Brüche $\frac{1}{4}$; $\frac{3}{3}$; $\frac{11}{8}$; $\frac{7}{10}$ an einem Zahlenstrahl dar. Zeichne den Zahlenstrahl so, dass zwischen der 0 und der 1 der Abstand 4 cm beträgt.**

2 **Addiere oder subtrahiere.**

a) $\frac{3}{10}+\frac{4}{7}$ b) $\frac{8}{15}+\frac{7}{20}$ c) $\frac{4}{5}-\frac{3}{20}$ d) $\frac{7}{15}-\frac{1}{4}$

e) $5\frac{1}{4}-2\frac{3}{4}$ f) $6\frac{3}{10}-4\frac{7}{10}$ g) $10\frac{4}{7}+3\frac{5}{14}+9\frac{9}{28}$

3 **Berechne den Bruchteil.**

a) $\frac{4}{5}$ von $\frac{3}{4}$ b) $\frac{3}{10}$ von $\frac{1}{2}$ c) 50 % von $\frac{2}{3}$

4 **Multipliziere oder dividiere.**

a) $9\frac{3}{4}\cdot 5$ b) $3\frac{4}{15}\cdot 3\frac{3}{14}$ c) $\left(\frac{2}{3}\right)^2\cdot\left(\frac{3}{8}\right)^2$ d) $\frac{7}{8}:\frac{14}{5}$

e) $\frac{3}{10}:\frac{9}{25}$ f) $4\frac{7}{20}:29$ g) $100\frac{4}{7}:32$

5 **Vereinfache den Doppelbruch.**

a) $\dfrac{15}{\frac{8}{25}}$ b) $\dfrac{36}{9\frac{1}{3}}$ c) $\dfrac{\frac{3}{4}}{1\frac{1}{4}-\frac{1}{2}}$

6 **Berechne.**

$5\frac{1}{2}+3\frac{3}{8}:4\frac{1}{2}-\left(3\frac{1}{18}\cdot 1\frac{4}{5}+\frac{1}{2}\right)$

Rechnen mit Dezimalbrüchen

1 Dezimale Schreibweise

Eine Bruchzahl kann ganz verschieden dargestellt werden, siehe Seite 141. Es gibt noch eine weitere Möglichkeit, die **Dezimalschreibweise**.

Beispiele: 0,25; 34,5; 5,7871; 0,333 333 333…

In der Dezimalschreibweise werden Bruchzahlen also ohne Bruchstrich, dafür aber mit Komma geschrieben. Eine Bruchzahl, die auf diese Weise geschrieben wird, nennt man auch **Dezimalbruch**.

Übrigens: Die 4 Bruchzahlen aus dem obigen Beispiel können natürlich auch mit Bruchstrich geschrieben werden:

Beispiele: $0{,}25 = \frac{1}{4}$; $34{,}5 = 34\frac{1}{2}$; $5{,}7871 = 5\frac{7871}{10000}$; $0{,}3333\ldots = \frac{1}{3}$

1.1 Stellenwerttafel

Brüche mit dem Nenner 10, 100, 1 000 … lassen sich leicht in Dezimalschreibweise darstellen. Man erweitert dazu die Stellenwerttafel um eine Zehntel-, Hundertstel-, Tausendstel-Stelle und so fort.

Beispiele:

		H	Z	E	z	h	t		
		100	10	1	$\frac{1}{10}$	$\frac{1}{100}$	$\frac{1}{1000}$		
$\frac{5}{10}$	→			0	5			→	0,5
$1\frac{3}{100}$	→			1	0	3		→	1,03
$\frac{74}{1000}$	→			0	0	7	4	→	0,074

- Ich habe die Zahlen auf dem Zahlenstrahl eingetragen:

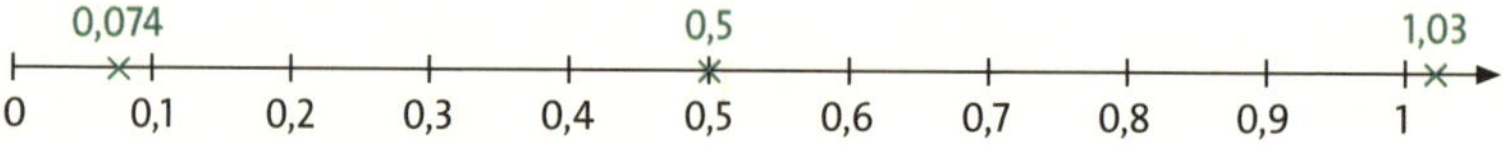

■ Welche Zahl ist größer: 0,351 oder 0,349?
Vergleiche die Ziffern von links nach rechts.
Antwort: 0,349 < 0,351, weil 4 < 5.

1.2 Umwandeln in einen gewöhnlichen Bruch

Eine Bruchzahl in Dezimalschreibweise lässt sich direkt in einen gewöhnlichen Bruch umwandeln:
Der Nenner ist die Stufenzahl mit genauso vielen Nullen wie Nachkommastellen vorhanden sind. Der Zähler des Bruches ist die Dezimalzahl ohne Komma (gegebenenfalls ohne führende Nullen).

Beispiel: $1{,}345 = \frac{1345}{1000} = 1\frac{345}{1000} = 1\frac{69}{200}$

3 Nachkommastellen — 3 Nullen im Nenner

Die Anzahl der Nachkommastellen ist gleich der Anzahl der Nullen der Stufenzahl im Nenner. Zum Schluss wird gekürzt.

MERKE Die folgenden Dezimalbrüche solltest du dir merken:
$0{,}5 = \frac{1}{2}$; $0{,}25 = \frac{1}{4}$; $0{,}75 = \frac{3}{4}$.

1.3 Runden von Dezimalbrüchen

Auch bei Dezimalbrüchen gilt:
- Ist die erste weggelassene Ziffer 0, 1, 2, 3 oder 4, so wird abgerundet.
- Ist die erste weggelassene Ziffer 5, 6, 7, 8 oder 9, so wird aufgerundet.

Beispiele:

a) 0,2347 soll auf 2 Dezimalen (Nachkommastellen) gerundet werden. Die erste weggelassene Ziffer ist 4, also wird abgerundet: $0{,}2347 \approx 0{,}23$.

b) 1,19 soll auf 1 Dezimale gerundet werden. Die erste weggelassene Ziffer ist 9, also wird aufgerundet: $1{,}19 \approx 1{,}2$.

2 Addieren und Subtrahieren von Dezimalbrüchen

2.1 Addition

Folgende Reihenfolge ist beim Addieren von Dezimalbrüchen zu beachten:

1. Beim schriftlichen Addieren von Dezimalbrüchen schreiben wir diese so untereinander, dass Komma unter Komma steht.
2. Fehlende Stellen ergänzen wir durch Nullen.
3. Dann addieren wir stellenweise.

Beispiele:

a) $2{,}34 + 17{,}795 = ?$

$$\begin{array}{r} 2{,}340 \\ +17{,}795 \\ \scriptstyle 1\,1\;\;1 \\ \hline 20{,}135 \\ \hline\hline \end{array}$$

b) $254{,}3 + 2{,}847 = ?$

$$\begin{array}{r} 254{,}300 \\ +\quad 2{,}847 \\ \scriptstyle 1\;\;\; \\ \hline 257{,}147 \\ \hline\hline \end{array}$$

2.2 Subtraktion

Beim schriftlichen Subtrahieren von Dezimalbrüchen schreiben wir diese zunächst so untereinander, dass Komma unter Komma steht. Dann subtrahieren wir stellenweise.

Beispiele:

a) $3{,}5 - 2{,}75 = ?$

$$\begin{array}{r} 3{,}50 \\ -\;2{,}75 \\ \scriptstyle 1\;\;1 \\ \hline 0{,}75 \\ \hline\hline \end{array}$$

b) $142{,}1 - 63{,}99 = ?$

$$\begin{array}{r} 142{,}10 \\ -\;63{,}99 \\ \scriptstyle 1\,1\,1\;\;1 \\ \hline 78{,}11 \\ \hline\hline \end{array}$$

3 Multiplizieren und Dividieren von Dezimalbrüchen

3.1 Multiplikation und Division mit Zehnerzahlen

▸ Beim *Multiplizieren* eines Dezimalbruches mit 10, 100, 1 000, … wird das Komma um 1, 2, 3, … Stellen *nach rechts* verschoben.

▸ Beim *Dividieren* eines Dezimalbruches durch 10, 100, 1 000, … wird das Komma um 1, 2, 3, … Stellen *nach links* verschoben.

Beispiele:

a) 0,478 · 10 (um 1 nach rechts) = 4,78

b) 0,25 · 1 000 (um 3 nach rechts; dazu muss eine Null angehängt werden) = 250

c) 1,5 : 10 (um 1 nach links) = 0,15

d) 1,5 : 1 000 (um 3 nach links; dazu müssen Nullen eingefügt werden) = 0,001 5

3.2 Multiplikation

Dezimalbruch mal natürliche Zahl oder Dezimalbruch mal Dezimalbruch:

1 Ich multipliziere zuerst, ohne auf das Komma zu achten.

2 Ich setze im Ergebnis das Komma so, dass der Dezimalbruch genauso viele Nachkommastellen (N) hat, wie beide Faktoren zusammen haben.

Beispiele:

a) $0{,}\underbrace{75}_{2N} \cdot 5 = 3{,}\underbrace{75}_{2N}$

b) $3{,}\overbrace{15}^{2N} \cdot 2{,}\overbrace{5}^{1N}$ 2N + 1N = 3N

```
3,15 · 2,5
----------
6 30
1 575
----------
7,875
```

$7{,}\underbrace{875}_{3N}$

3.3 Division

Division durch eine natürliche Zahl

Sobald ich beim Dividieren das Komma überschreite, setze ich das Komma im Ergebnis.

Beispiel:

13,6 : 4 = ?

```
13,6 : 4 = 3 ...      13,6 : 4 = 3, ...      13,6 : 4 = 3,4
12                    12                     12
--                    --                     --
 1                     1 6                    16
                                              16
                                              --
                                               0
```

Jetzt überschreite ich das Komma.

Wenn kein Komma vorhanden ist, schreibe ich (oder denke ich mir) nach der Einerstelle ein Komma.

Beispiel:

```
13 : 8 = ?
13,0 : 8 = 1,625
 8↓
 ——
 5 0
 4 8↓
 ———
   2 0
   1 6↓
   ———
     4 0
     4 0
     ———
       0
```

Wenn es keine Nachkommastellen zum Herunterholen mehr gibt, dann wird an den Rest eine Null angehängt.

Division durch einen Dezimalbruch

Ich verschiebe das Komma bei Dividend und Divisor um gleich viele Stellen nach rechts, bis der Divisor eine natürliche Zahl ist.

Beispiel:

```
2,47 : 1,3 = ?
24,7 : 13 = 1,9
13
——
117
117
———
  0
```

Ich verschiebe beide Kommata um 1 Stelle nach rechts.

3.4 Periodische Dezimalbrüche

Division, die nicht aufgeht

Beispiel:

```
2 : 3 = ?
2,0 : 3 = 0,666...
1 8
———
  2 0
  1 8
  ———
    2 0
    1 8
    ———
      ...
```

Man erhält ein Ergebnis mit unendlich vielen Stellen. Alles Papier der Welt würde nicht ausreichen, um diese Zahl aufzuschreiben. Ist dieses Ungeheuer denn überhaupt eine Zahl?
Ja, denn wir wissen, dass $2 : 3 = \frac{2}{3}$.
Und $\frac{2}{3}$ ist eine Zahl.

■ Zum Glück gibt es eine abgekürzte Schreibweise für solche periodischen Dezimalbrüche. Die sich wiederholenden Ziffern (eine oder mehrere) werden durch einen Balken gekennzeichnet:

$0{,}666\ldots = 0{,}\overline{6}$ („Null Komma Periode sechs“)

$1{,}161\,616\ldots = 1{,}\overline{16}$ („Eins Komma Periode eins sechs“)

$1{,}166\,66\ldots = 1{,}1\overline{6}$ („Eins Komma eins Periode sechs“)

Wann geht eine Division auf, wann nicht?

Wenn der vollständig gekürzte Bruch im Nenner nur die Primfaktoren 2 oder 5 enthält, geht die Division immer auf; man erhält einen endlichen Dezimalbruch.

Beispiele:

a) $\frac{15}{12} = \frac{5}{4}$

$5 : 4 = 1{,}25$

Der Nenner 4 enthält nur den Primfaktor 2, die Division geht auf.

b) $\frac{15}{14}$

$15 : 14 = 1{,}0\overline{714285}$

Der Nenner 14 enthält die Primfaktoren 2 und 7. Der Bruch lässt sich nicht kürzen. Die Division geht nicht auf.

■ Wie kann man einen periodischen Dezimalbruch in einen gewöhnlichen Bruch verwandeln?

Dazu ist es nützlich, sich Folgendes zu merken (du kannst es leicht nachrechnen):

> **MERKE** $\frac{1}{9} = 0{,}\overline{1}$; $\frac{1}{99} = 0{,}\overline{01}$; $\frac{1}{999} = 0{,}\overline{001}$

Beispiele:

a) $0{,}\overline{3}$ ist offensichtlich $3 \cdot 0{,}\overline{1}$; also: $0{,}\overline{3} = 3 \cdot 0{,}\overline{1} = 3 \cdot \frac{1}{9} = \frac{1}{3}$

b) $0{,}066\,66\ldots = 0{,}0\overline{6} = 0{,}\overline{6} : 10 = 6 \cdot 0{,}\overline{1} : 10 = 6 \cdot \frac{1}{9} : 10 = \frac{6}{90} = \frac{1}{15}$

c) $1{,}424\,24\ldots = 1{,}\overline{42} = 1 + 0{,}\overline{42} = 1 + 42 \cdot 0{,}\overline{01} = 1 + 42 \cdot \frac{1}{99} = 1\frac{14}{33}$

Übungen

1 Markiere die Zahlen auf dem Zahlenstrahl.

0,2; 0,4; 0,8; 0,55; 0,05

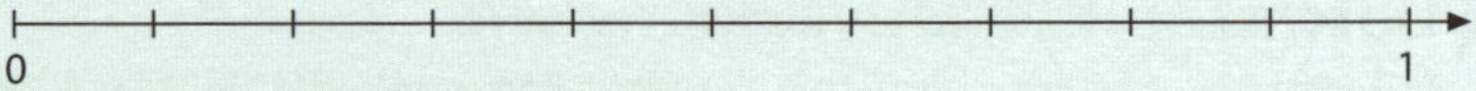

2 Ordne die Dezimalbrüche der Größe nach. Beginne mit der kleinsten Zahl.

a) 2,11; 0,23; 2,01; 2,2 b) 0,017; 0,170; 0,701; 0,071

3 Berechne im Kopf.

a) $0{,}4 \cdot 10$ b) $2{,}3 \cdot 10$ c) $40{,}9 : 10$ d) $384 : 100$

4 Berechne schriftlich.

a) $0{,}73 \cdot 1{,}5$ b) $4{,}56 \cdot 1{,}2$ c) $0{,}05 : 0{,}8$ d) $1{,}96 : 1{,}4$

5 Schreibe das Ergebnis, falls die Division nicht aufgeht, als periodischen Dezimalbruch.

a) $7 : 3$ b) $1 : 11$ c) $4 : 20$ d) $0{,}8 : 1{,}2$

Test

1 Berechne.

a) $14{,}8 - (11{,}2 - 3{,}75) - 1{,}9$ b) $(0{,}5 + 1{,}13) + (11{,}0 - 2{,}7) - 4{,}5$

c) $5 \cdot 1{,}4 - 0{,}7 : 0{,}14$ d) $\left(1\frac{1}{4} + 0{,}25\right) : 0{,}48$

2 Runde auf 3 Nachkommastellen.

a) $0{,}\overline{3}$ b) $0{,}\overline{6}$ c) $2{,}\overline{57}$ d) $7{,}\overline{17}$

3 Verwandle in einen gewöhnlichen Bruch.

a) $0{,}\overline{4}$ b) $0{,}0\overline{4}$ c) $1{,}0\overline{4}$ d) $0{,}\overline{15}$

4 Sachaufagaben

a) Bei einem Radrennen fuhr der Sieger die 231 km in $5\frac{1}{2}$ Stunden. Wie viele Kilometer legte er im Durchschnitt pro Stunde zurück?

b) Sara kauft 6 Briefmarken zu 0,55 € und 3 Briefmarken zu 1,44 €. Sie bezahlt mit einem 10-€-Schein. Wie viel bekommt sie zurück?

Statistik

1 Durchschnitt, relative Häufigkeit

Eine Schulaufgabe wurde benotet. Die Tabelle bedeutet: Mit Note 1 wurden 3 Arbeiten bewertet, Note 2 kommt 3-mal vor, Note 3 kommt 5-mal vor usw.

Man sagt: „Note 1 hat die **absolute Häufigkeit** 3" usw.

Note	absolute Häufigkeit
1	3
2	3
3	5
4	4
5	4
6	1
Summe	20

■ Den Noten**durchschnitt** ermittelt man, indem man zuerst die Noten aller Arbeiten addiert und dann diese Summe durch die Anzahl der vergebenen Noten (bei diesem Beispiel 20) dividiert:

$$\text{Durchschnitt} = \frac{3 \cdot 1 + 3 \cdot 2 + 5 \cdot 3 + 4 \cdot 4 + 4 \cdot 5 + 1 \cdot 6}{20} = 3{,}3$$

Zum **Durchschnitt** kann man auch **Mittelwert** sagen.

■ Dividiert man die absolute Häufigkeit durch die Gesamtzahl der Noten (hier: 20), so erhält man die **relative Häufigkeit**.

Beispiel: Die relative Häufigkeit der Note 1 ist hier $\frac{3}{20} = 0{,}15 = 15\ \%$.

Note	absolute Häufigkeit	relative Häufigkeit
1	3	0,15 = 15 %
2	3	0,15 = 15 %
3	5	0,25 = 25 %
4	4	0,20 = 20 %
5	4	0,20 = 20 %
6	1	0,05 = 5 %
Summe	20	1,00 = 100 %

Die Summe der relativen Häufigkeiten ist immer 1 (= 100 %).

2 Diagramme

Ein Diagramm ist eine bildliche Darstellung von Daten.

Beispiele:

a) Die relativen Häufigkeiten der Noten (siehe Tabelle auf Seite 157) werden in einem **Säulendiagramm** dargestellt.

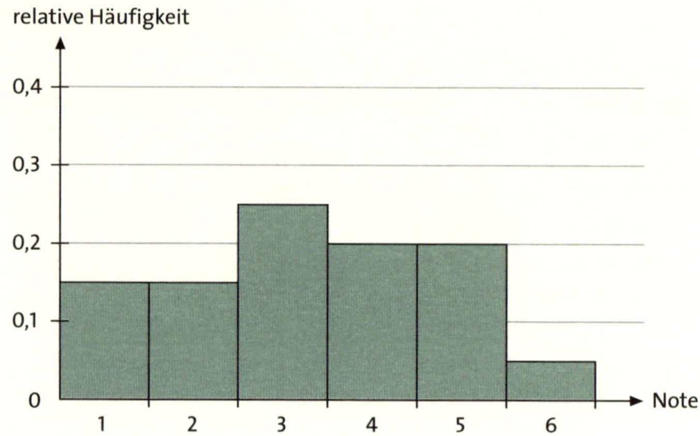

b) Temperaturmessungen eines Patienten werden in einem **Kurvendiagramm** („Fieberkurve“) dargestellt.

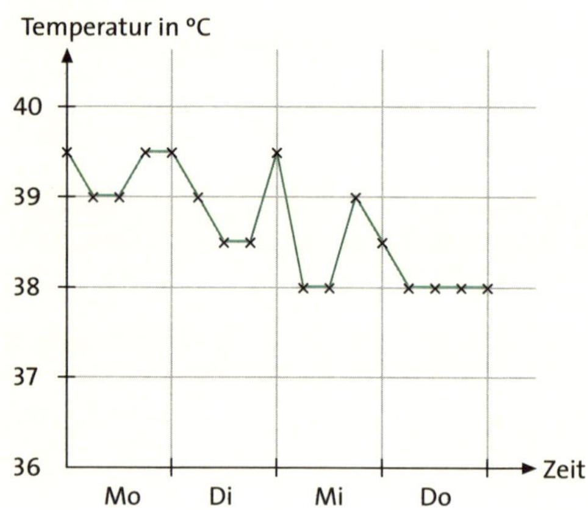

c) Weitere Diagramme folgen im Kapitel „Proportionalität“ auf den Seiten 160 und 162.

Test

1 Beim 100-maligen Werfen eines Würfels wurden folgende Augenzahlen erzielt:

Augenzahl	1	2	3	4	5	6
absolute Häufigkeit	11	17	20	14	20	18

a) Berechne die Durchschnittsaugenzahl.
b) Berechne die relativen Häufigkeiten der Augenzahlen.
c) Zeichne ein Säulendiagramm für die relative Häufigkeit.

2 Am Mittwoch wurden folgende Temperaturwerte gemessen:
5,1 °C um 0:00 Uhr; 4,0 °C um 6:00 Uhr; 8,5 °C um 12:00 Uhr; 10,4 °C um 18:00 Uhr; 7,3 °C um 24:00 Uhr.

a) Vervollständige die Tabelle.

Uhrzeit	0:00	6:00			
Temperatur in °C	5,1	4,0			

b) Stelle die Temperaturmessungen in einem Kurvendiagramm dar.

Proportionalität

1 Direkte Proportionalität

MERKE Zwei Größen heißen **zueinander proportional**, wenn dem Doppelten, Dreifachen, … der einen Größe das Doppelte, Dreifache, … der anderen Größe entspricht.
Zueinander proportionale Größen sind quotientengleich.

Beispiel: x l Benzin kosten y Euro.

1 Liter Benzin kostet 1,20 €.	
2 Liter Benzin kosten 2,40 €.	doppelte Menge – doppelter Preis
3 Liter Benzin kosten 3,60 €.	3fache Menge – 3facher Preis
⋮	
6 Liter Benzin kosten 7,20 €.	6fache Menge – 6facher Preis

Der Quotient $\frac{y}{x}$ ergibt immer den gleichen Wert: $\frac{2{,}40}{2} = \frac{7{,}20}{6} = 1{,}20$.
Also sind hier Preis und Menge zueinander proportional.

■ Grafische Darstellung im Koordinatensystem:
Im Koordinatensystem kann man leicht erkennen, ob zwei Größen zueinander proportional sind. Dazu tragen wir zuerst die Wertepaare $(x|y)$ als Punkte ein und verbinden diese dann.
Wenn die Größen proportional zueinander sind, so erhalten wir eine **Halbgerade**, die im Nullpunkt (Ursprung) beginnt.

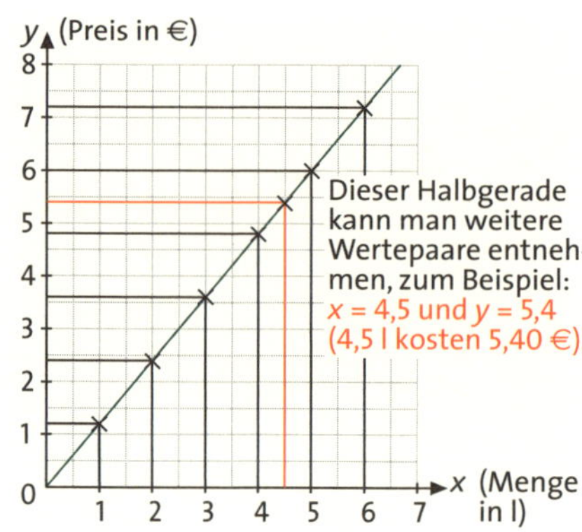

Der Quotient $\frac{y}{x}$ heißt **Proportionalitätsfaktor** (in diesem Beispiel 1,20).

2 Schlussrechnung für direkte Proportionalität

Beispiel: 15 Hefte kosten 13,50 Euro. Wie viel kosten 13 Hefte?
Mit welchem Operator kommt man von 15 auf 13? Einfacher ist es, einen Zwischenschritt mit der Anzahl 1 einzulegen.

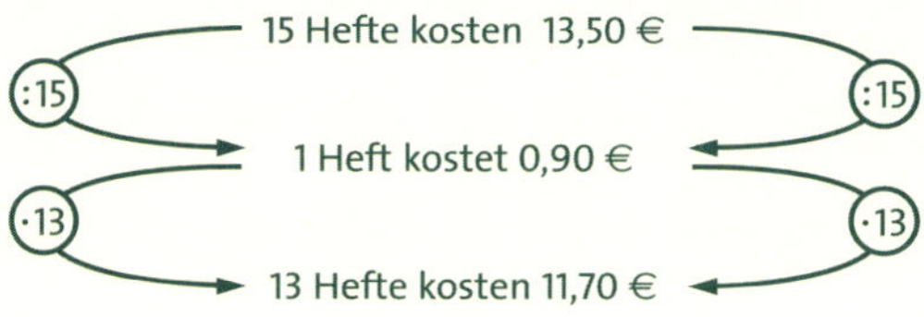

13 Hefte kosten also 11,70 Euro.

Test

1 **Ergänze die Tabellen und trage die Werte in ein Koordinatensystem ein. Die Werte sind jeweils proportional zueinander.**

a)

x	2	3	4	5	
y		4,5	6		9

b)

x	0	2		6	10
y	0		2		5

2 **Welche Größen sind zueinander proportional?**

a) Volumen und Höhe einer Säule bei gleich bleibendem Querschnitt.
b) Anzahl der Schüler und Notendurchschnitt.
c) Zähler und Nenner von Brüchen, die durch Kürzen oder Erweitern auseinander hervorgehen.

3 **12 Kühe liefern 9 000 l Milch. Wie viel Milch wird man bei 8 Kühen im gleichen Zeitraum erwarten?**

4 **Von München nach Starnberg (20 km) braucht ein Radler eine Stunde. Wie lange braucht er um den Starnberger See herum (55 km), wenn er mit derselben Geschwindigkeit fährt?**

Test

5 **Ein leeres Schwimmbecken wird mit Wasser gefüllt. Nach 8 min steht das Wasser 12 cm hoch.**
Wie hoch steht es nach 4 min, 10 min, 20 min, 1 h? Trage die Werte in das Diagramm ein und verbinde sie zu einer Halbgeraden.

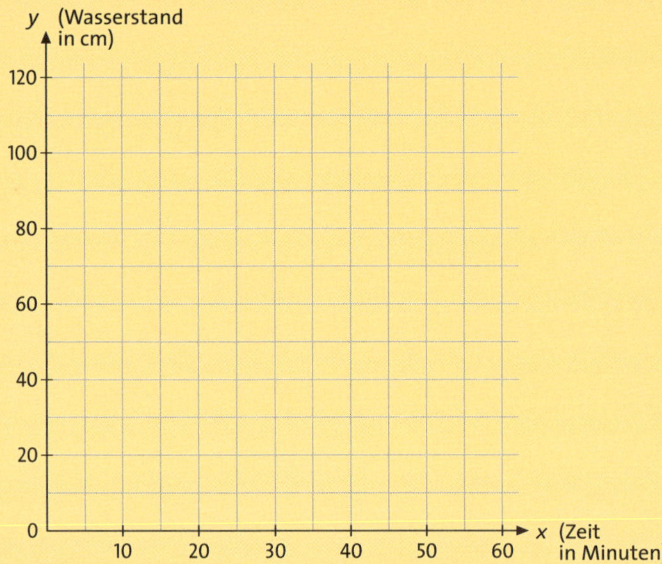

Geometrie

1 Geometrische Grundformen

1.1 Körper

Regelmäßig geformte Gegenstände nennt man in der Mathematik geometrische Körper. Die wichtigsten geometrischen Körper nennen wir Grundkörper.

Die Grundkörper

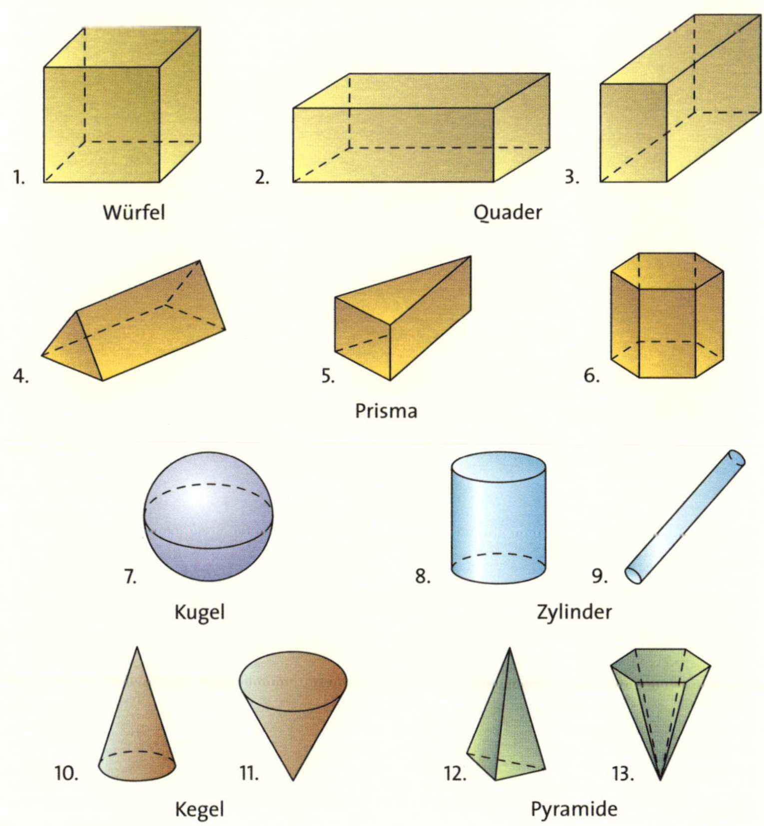

▸ Körper werden von **Flächen** begrenzt. Es gibt **ebene** und **gekrümmte Begrenzungsflächen**.

▸ Wo zwei Flächen zusammentreffen, entsteht eine **Kante (Begrenzungslinie)**. Es gibt **gerade** und **gekrümmte** Kanten.

▸ Treffen sich zwei Kanten, entsteht eine **Ecke**. Bei gekrümmten Begrenzungsflächen kann eine Spitze entstehen (z. B. beim Kegel).

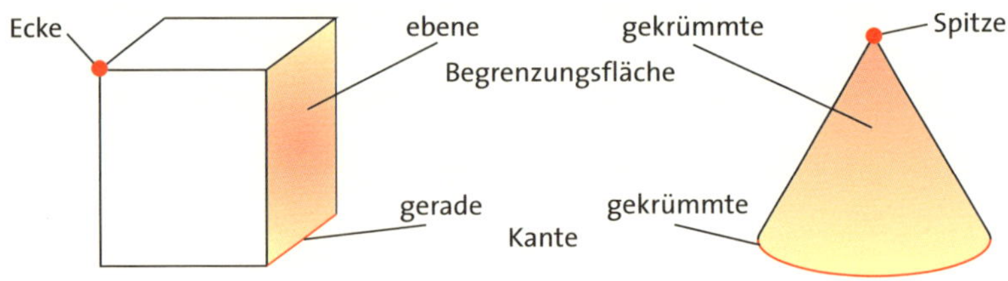

1.2 Flächen

Als Begrenzungsflächen der Körper treten gekrümmte Flächen und ebene Flächen auf. Wir betrachten zunächst die ebenen Flächen genauer.

Grundformen ebener Flächen

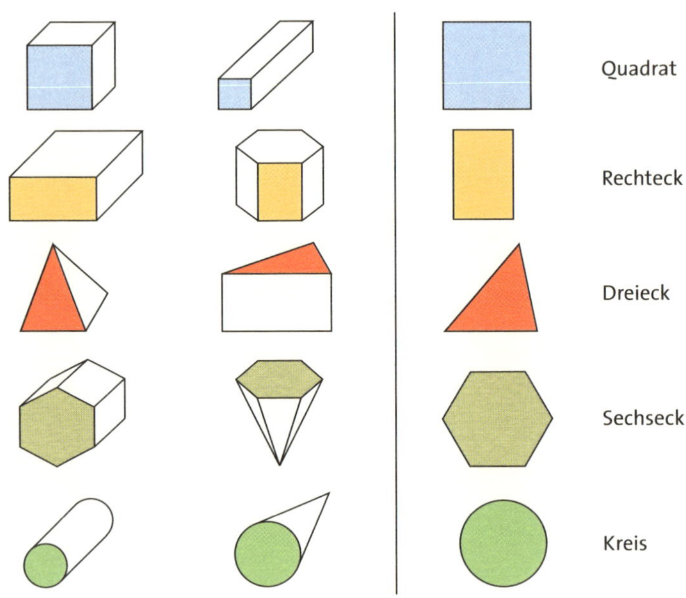

Übungen

1 Körperquiz.

a) Welcher Grundkörper hat nur Quadrate als Begrenzungsflächen?
b) Welche Grundkörper haben Kreise als Begrenzungsflächen?
c) Welche Grundkörper haben Dreiecke als Begrenzungsflächen?
d) Welche Grundkörper haben nur ebene Begrenzungsflächen?
e) Welcher Grundkörper hat nur Dreiecke als Begrenzungsflächen?
f) Welcher Grundkörper hat keine ebenen Begrenzungsflächen?

2 Du siehst hier vier Körper.

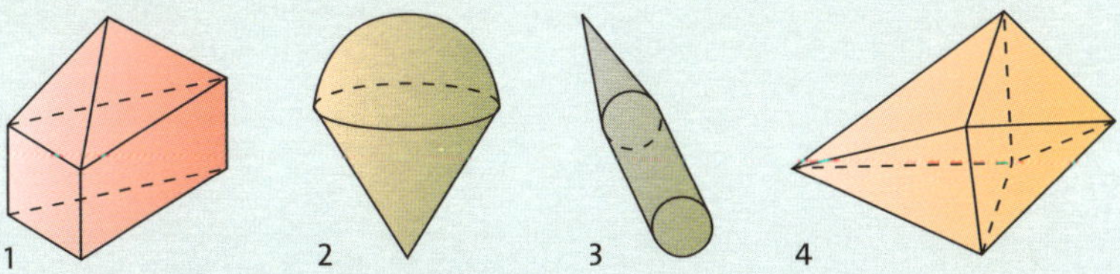

a) Aus welchen Grundkörpern sind sie zusammengesetzt?
b) Wie viele Kanten hat jeder Körper?
c) Wie viele Begrenzungsflächen hat jeder Körper und wie heißen die Begrenzungsflächen?

2 Geometrische Grundbegriffe und Schreibweisen

2.1 Punktmengen

Punkte bezeichnen wir in der Geometrie mit großen Buchstaben und zeichnen sie als kleine Kreuze[1].

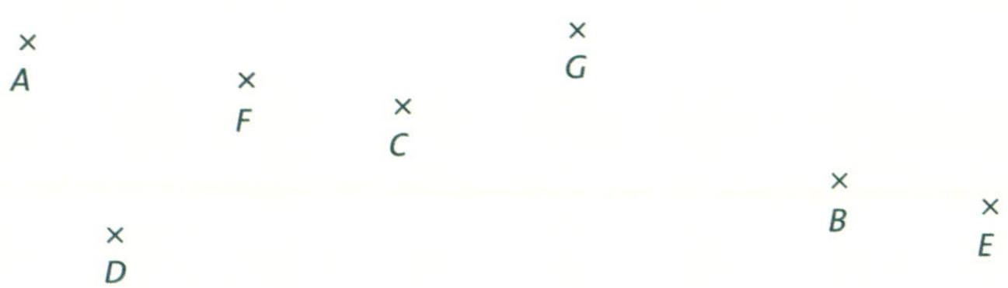

[1] In manchen Büchern werden auch dicke Punkte gezeichnet (z. B. • A, • B).

■ Verbinde die Punkte A und B durch eine gerade Linie. Es entsteht eine **Strecke**, die wir mit $\overline{AB}$ bezeichnen [1].
Ihre Länge, die du mit einem Lineal messen kannst, bezeichnen wir auch mit $\overline{AB}$.

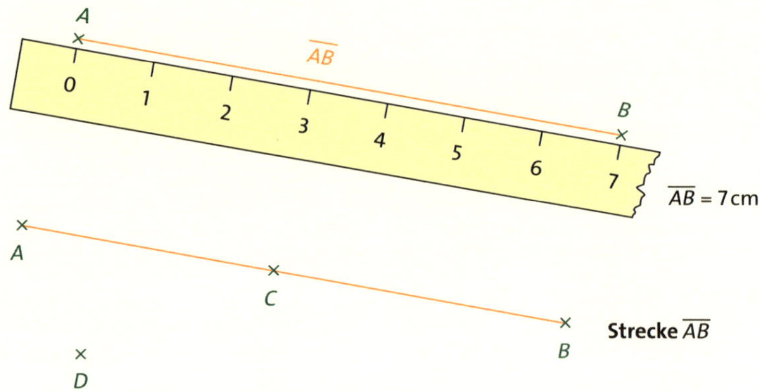

In der Abbildung oben liegt der Punkt C auf der Strecke $\overline{AB}$, der Punkt D nicht. Die Strecke $\overline{AB}$ ist die Menge aller Punkte zwischen A und B einschließlich der Randpunkte A und B. Wir schreiben:

- C liegt auf $\overline{AB}$;
- D liegt nicht auf $\overline{AB}$.

■ Denken wir uns das Zeichenblatt nach allen Seiten beliebig weit fortgesetzt, so entsteht ein unbegrenztes Zeichenblatt, das wir **Ebene** nennen. In einer Ebene kann man die Strecke $\overline{AB}$ über B hinaus beliebig weit geradlinig fortsetzen. Es entsteht eine **Halbgerade** (auch **Strahl** genannt), die wir mit $\overrightarrow{AB}$ bezeichnen [2].

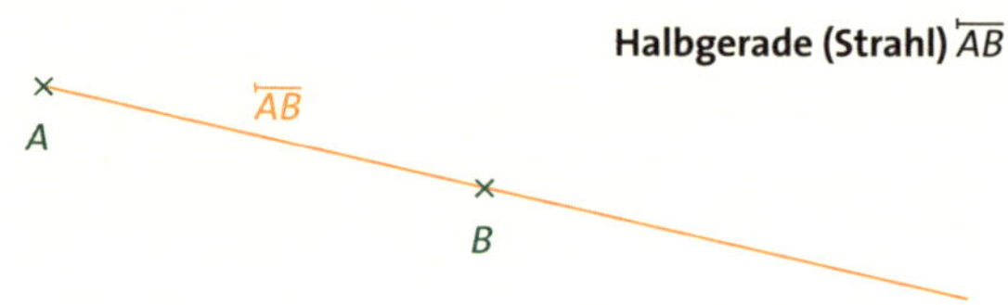

---

1 In manchen Büchern [AB] statt $\overline{AB}$.

2 In manchen Büchern auch [AB (die eckige Klammer steht beim Buchstaben des Endpunktes der Halbgeraden).

■ Verlängert man die Strecke $\overline{AB}$ geradlinig über beide Endpunkte hinaus beliebig weit, so erhält man eine **Gerade**. Diese Gerade wird mit AB bezeichnet (der Strich über den Buchstaben fällt also weg).

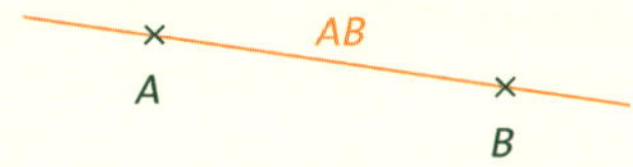

Gerade *AB*

▸ Strecken, Geraden und Halbgeraden werden oft auch durch kleine Buchstaben bezeichnet. Bei Strecken wird der kleine Buchstabe auch zum Angeben der Streckenlänge benutzt.

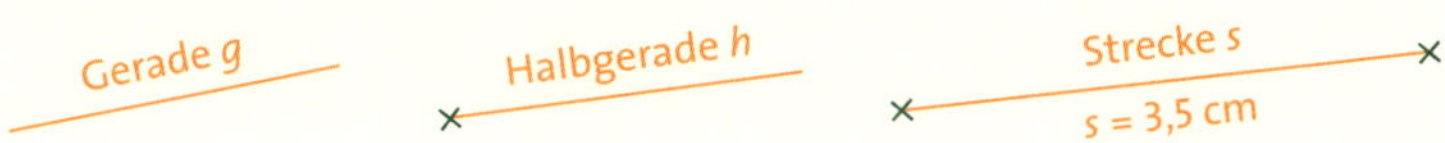

▸ Die Kennzeichnung, ob ein Punkt auf einer Strecke, Halbgeraden oder Geraden liegt, erfolgt auch mit den Zeichen ∈ oder ∉.

Beispiel:

$A \notin \overline{BD}$ (A liegt nicht auf $\overline{BD}$.)
$C \in g$ (C liegt auf g.)
$B \notin \overline{CD}$ (B liegt nicht auf $\overline{CD}$.)
$E \in h$ (E liegt auf h.)

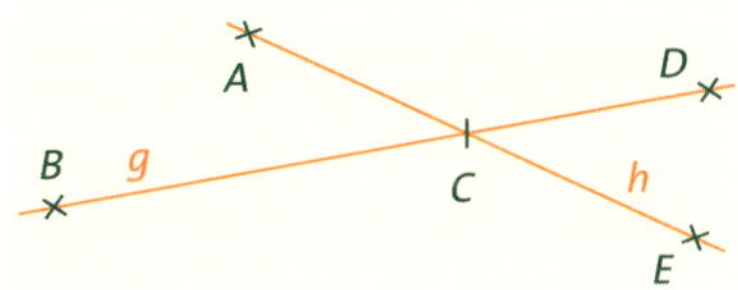

■ Kreuzen sich zwei Linien, so haben sie einen gemeinsamen Punkt, den man **Schnittpunkt** nennt.

Man schreibt: $g \cap h = \{S\}$ (sprich: „g geschnitten h ist S“).

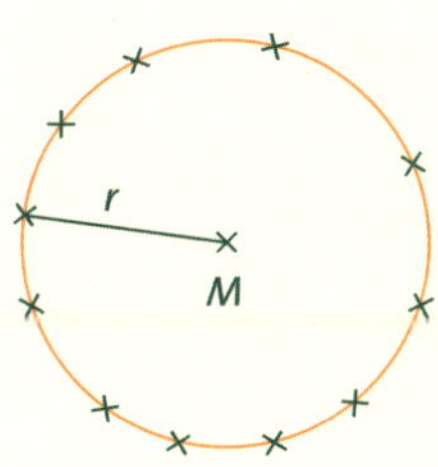

Kreislinie *k* (*M*; *r*)

■ Die **Kreislinie** um den **Mittelpunkt** ***M*** mit dem **Radius** ***r*** ist eine Menge von Punkten. Wir bezeichnen sie mit k (M; r). Der Mittelpunkt M gehört nicht zur Kreislinie k (M; r).
Wie zeichnet man einen Kreis?

▸ Markiere mit einem Kreuz den Mittelpunkt.
▸ Stelle den Zirkel (mit der Stellschraube) genau auf den Radius ein.
▸ Zeichne die Kreislinie, ohne dass der Zirkel sich verstellt.

2.2 Senkrecht und parallel

Die Kanten eines Würfels oder Quaders, die sich in einer Ecke treffen, stehen **aufeinander senkrecht** (sind **zueinander senkrecht**). Wir kennzeichnen zueinander senkrechte Linien in Zeichnungen durch das Zeichen ⊾ und schreiben $\overline{AB} \perp \overline{AE}$. (Sprich: „Strecke $\overline{AB}$ ist senkrecht zu Strecke $\overline{AE}$".)

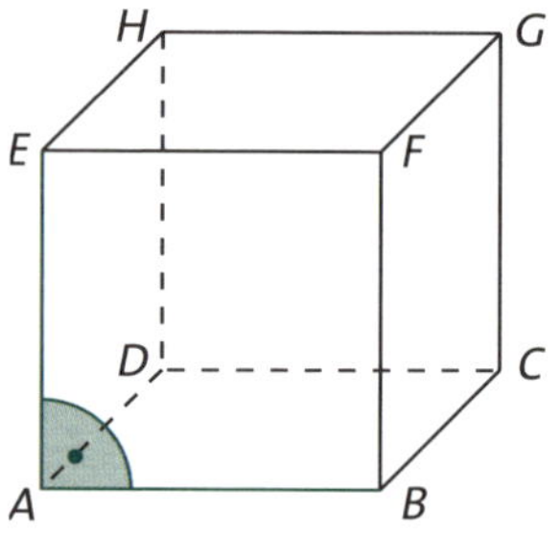

Auch Strecken, Geraden oder Halbgeraden können *zueinander senkrecht* sein:

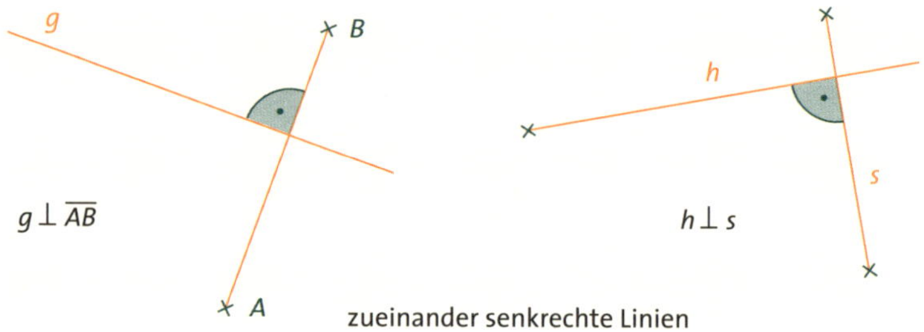

zueinander senkrechte Linien

▸ Zum Überprüfen und zum Zeichnen von Senkrechten kannst du das Geodreieck verwenden.
Und so gehst du vor:

Beim Überprüfen:

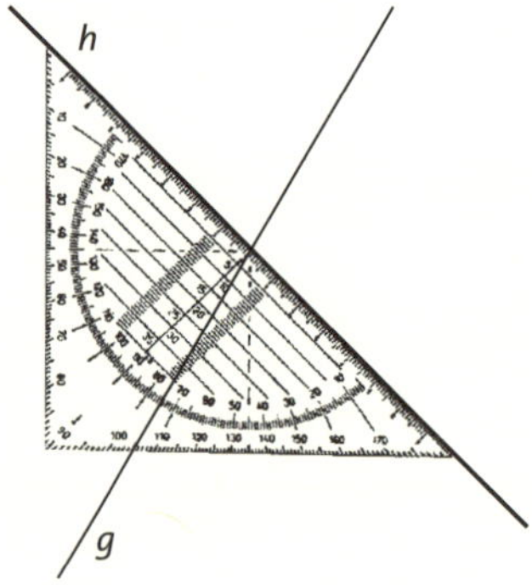

Die Gerade *g* ist *nicht* senkrecht zur Geraden *h*.

Beim Zeichnen:

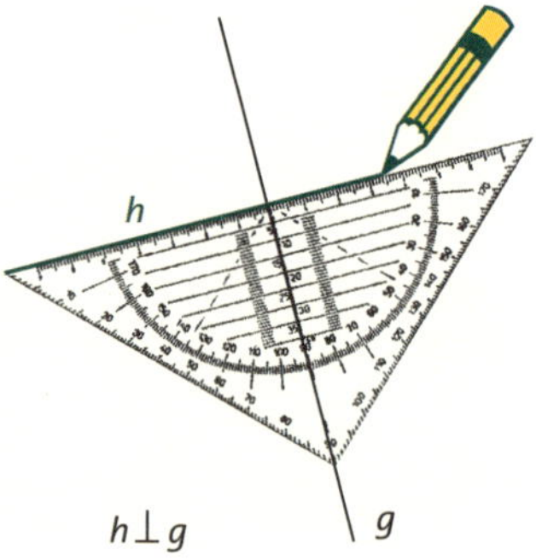

■ Die Kanten eines Würfels oder Quaders, die in gleicher Richtung verlaufen, sind **zueinander parallel**. Wir schreiben $\overline{BC} \parallel \overline{FG}$. (Sprich: „Strecke $\overline{BC}$ ist parallel zu Strecke $\overline{FG}$".)

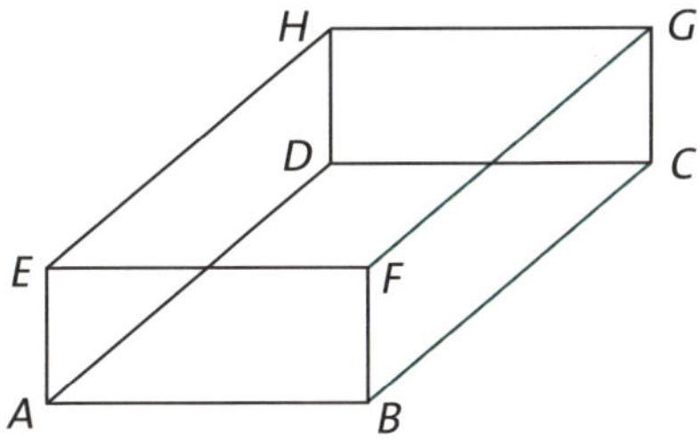

▸ Wenn Strecken, Geraden oder Halbgeraden die gleiche Lage zueinander haben wie die parallelen Kanten des Quaders, so nennt man sie ebenfalls *zueinander parallel.*

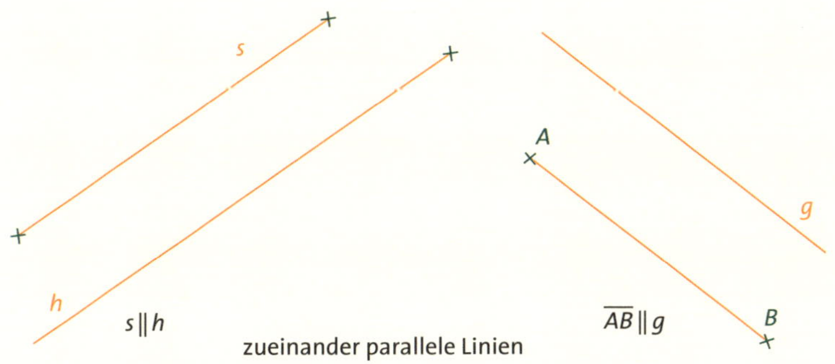

▸ Zum Überprüfen und zum Zeichnen von Parallelen kannst du das Geodreieck verwenden. Dabei benutzt du die Parallelen auf dem Geodreieck. Und so gehst du vor:

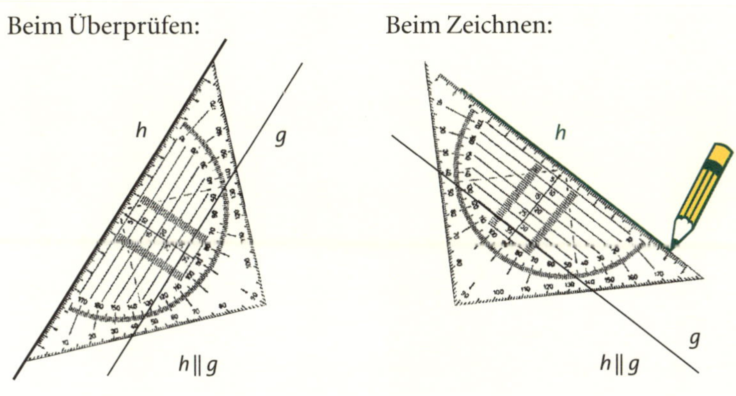

2.3 Das Koordinatensystem

Das **Koordinatensystem** besteht aus dem **Ursprung** (Nullpunkt), der **x-Achse** und der **y-Achse**.

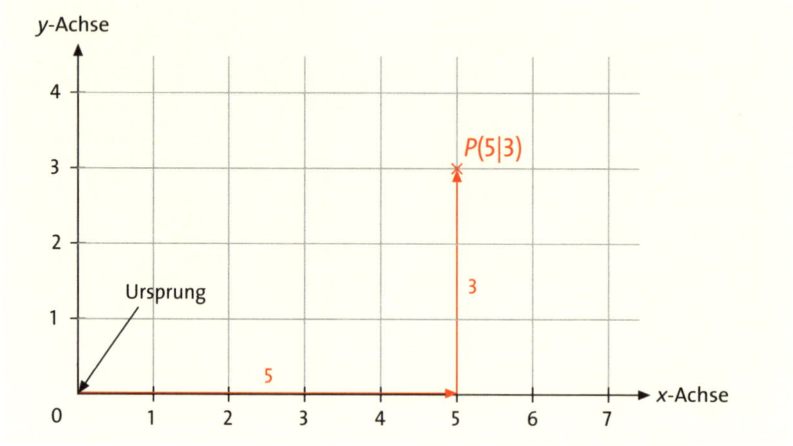

Die Zahlen 5 und 3 geben an, wo sich der Punkt $P(5|3)$ befindet: Vom Nullpunkt musst du zuerst 5 Schritte in Richtung der x-Achse und dann 3 Schritte in Richtung der y-Achse gehen. Deswegen heißt die erste Zahl (hier die 5) **x-Koordinate** und die zweite Zahl (hier die 3) **y-Koordinate**.

▶ **BEACHTE** $P(x|y)$: Zuerst kommt die x-Koordinate, dann die y-Koordinate. Dieselbe Reihenfolge wie im Alphabet!

Übungen

1 Zeichne mit dem Geodreieck.

a) Zeichne durch die Punkte *A*, *B* und *C* je eine zu *g* senkrechte Gerade.

b) Zeichne durch die Punkte *A*, *B* und *C* je eine zu *h* parallele Gerade.

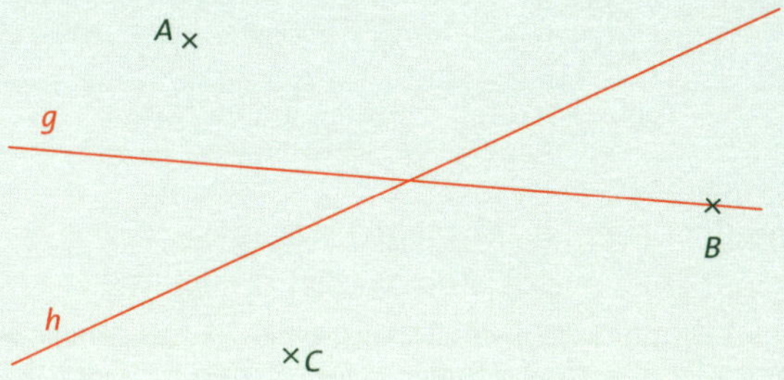

2

a) Gib die Koordinaten aller Punkte an.

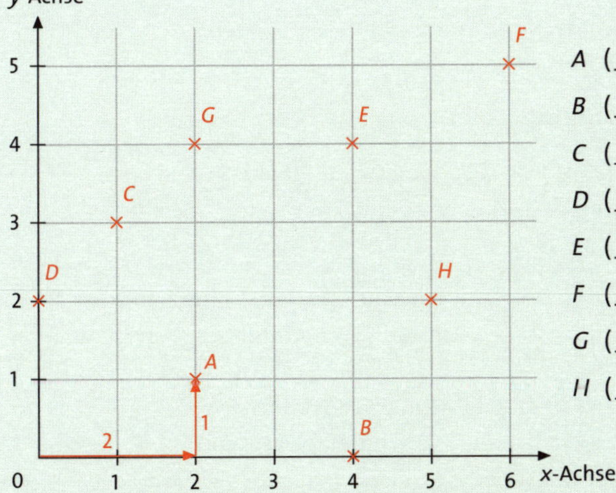

A (2 | 1)
B (4 | ___)
C (___ | 3)
D (___ | ___)
E (___ | ___)
F (___ | ___)
G (___ | ___)
H (___ | ___)

b) Zeichne folgende Punkte in dieses Koordinatensystem ein:
P (3|0), *Q* (0|4), *R* (6|3), *S* (3|5), *T* (1|2) und *Z* (0|0).

c) Die Punkte *R*, *S*, *T* sind 3 Ecken eines Quadrates. Findest du die 4. Ecke?
Tipp: Zwei Kanten des gesuchten Quadrates kannst du mit etwas Nachdenken gleich einzeichnen.

3 Umfang und Flächeninhalt

3.1 Rechteck und Quadrat

Hier gilt: ▸ $a = \overline{AB} = \overline{DC}$

▸ $b = \overline{AD} = \overline{BC}$

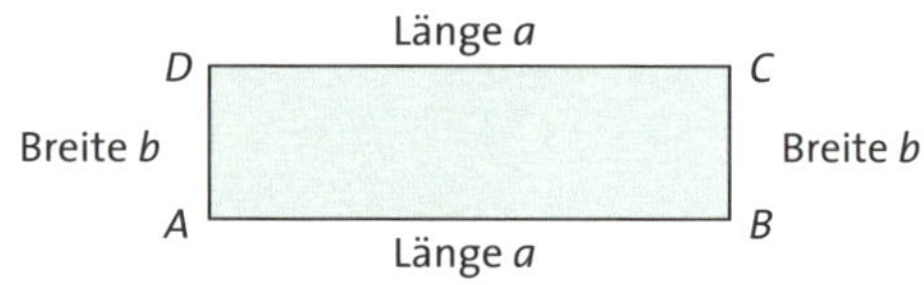

Solche regelmäßigen Vierecke hast du als Begrenzungsflächen z. B. beim Quader kennen gelernt. Sie heißen **Rechtecke**.

> **MERKE** Im Rechteck
> - ▸ sind gegenüberliegende Seiten gleich lang.
> - ▸ sind gegenüberliegende Seiten parallel zueinander.
> - ▸ stehen aneinander stoßende Seiten senkrecht aufeinander.

Die größere Seitenlänge nennen wir **Länge *a***, die kleinere **Breite *b***. Die Ecken eines Rechtecks werden mit großen Buchstaben bezeichnet, z. B. mit *A*, *B*, *C* und *D*.

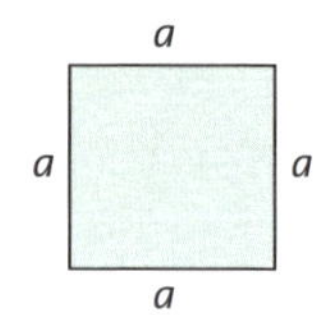

Quadrat

■ Ein Rechteck mit vier gleich langen Seiten heißt **Quadrat**.

3.2 Der Umfang von Rechteck und Quadrat

Der **Umfang** einer ebenen Figur ist der Weg „außen herum", d. h. die Summe aller Seitenlängen.

> **MERKE** Den Umfang eines Rechtecks berechne ich so:
> $u_R = 2 \cdot a + 2 \cdot b$ Umfang = Zweimal Länge plus zweimal Breite.

▸ Manchmal ist es geschickt, so zu rechnen:

$u_R = 2 \cdot (a + b)$ Umfang = (Länge plus Breite) mal 2.

▸ Umfang eines Quadrats:

$u_Q = a + a + a + a = 4 \cdot a$ Umfang = Viermal die Länge einer Seite.

3.3 Flächeneinheiten

Ein Quadrat mit der Seitenlänge 1 cm hat den Flächeninhalt 1 cm^2 (1 Quadratzentimeter).

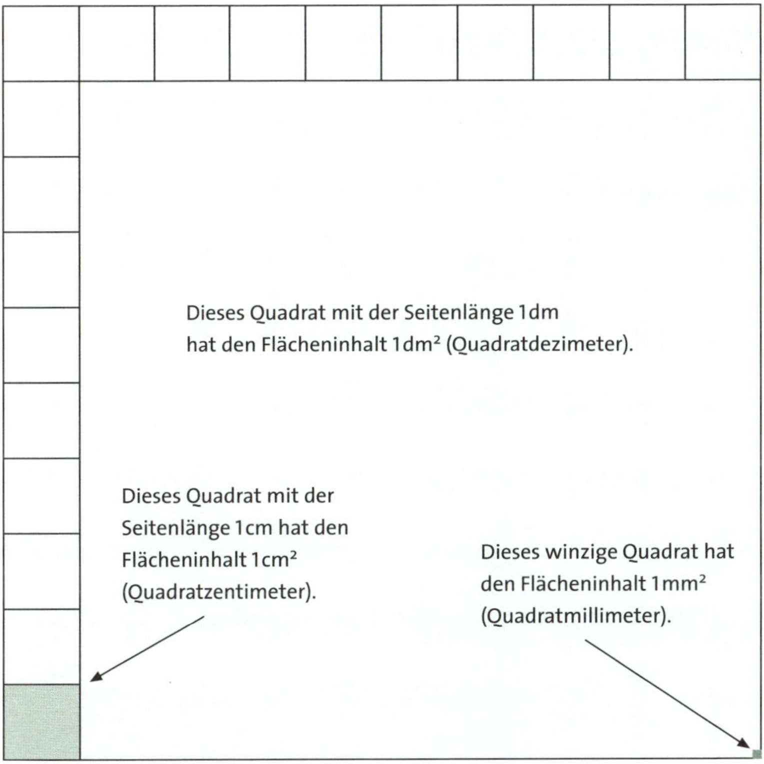

▸ **Messverfahren** für den Flächeninhalt einer Figur:
Wir legen die Figur mit Quadraten zu 1 cm^2 vollständig aus und zählen, wie viele 1-cm^2-Quadrate wir gelegt haben. In das oben abgebildete Quadrat mit der Seitenlänge 1 dm passen $10 \cdot 10 = 100$ Quadrate zu 1 cm^2.

▸ Ergebnis: 1 Quadratdezimeter ist so groß wie 100 Quadratzentimeter.
Kurz: **$1\ dm^2 = 100\ cm^2$**.

▸ Das gilt auch für die anderen Flächeneinheiten: Jeweils 100 Quadrate einer Flächeneinheit füllen das Quadrat der nächstgrößeren Einheit vollständig aus. Es gilt also:

$1\ km^2 = 100\ ha$

$1\ ha = 100\ a$

$1\ a = 100\ m^2$

$1\ m^2 = 100\ dm^2$

$1\ dm^2 = 100\ cm^2$

$1\ cm^2 = 100\ mm^2$

1 ha („1 Hektar“) = $100\ m \cdot 100\ m$

1 a („1 ar“) = $10\ m \cdot 10\ m$

(m^2 steht für „Quadratmeter“)

■ Bei Flächeninhalten gilt: Das 100fache einer Einheit ergibt die nächstgrößere Einheit.
Beim Wechsel in die **nächstgrößere** Einheit musst du deshalb die Maßzahl durch 100 **dividieren**. Beim Wechsel in die *nächstkleinere* Einheit musst du die Maßzahl mit 100 *multiplizieren*.

Beispiele:

a) Wandle in die nächstgrößere Einheit um.

$600\,dm^2 = 6\,m^2$ (: 100) $1\,800\,cm^2 = 18\,dm^2$ (: 100)

Ich dividiere die Maßzahl durch 100.

b) Wandle in die nächstkleinere Einheit um.

$7\,m^2 = 700\,dm^2$ (· 100) $15\,cm^2 = 1\,500\,mm^2$ (· 100)

Ich multipliziere die Maßzahl mit 100.

3.4 Der Flächeninhalt von Rechteck und Quadrat

MERKE Flächeninhalt eines Rechtecks
A_R = Länge · Breite
$A_R = a \cdot b$

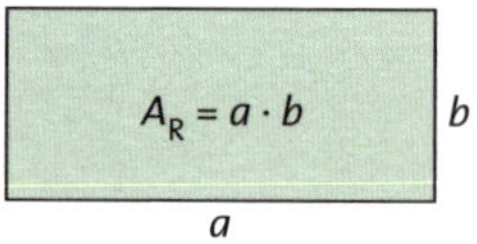

Da das Quadrat ein Rechteck mit vier gleich langen Seiten ist, schreiben wir hier als Flächenformel:
Flächeninhalt eines Quadrats
A_Q = Seite · Seite
$A_Q = a \cdot a = a^2$

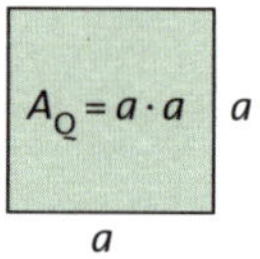

▶ **BEACHTE** Beim Rechnen musst du darauf achten, dass die beiden Seitenlängen dieselbe Einheit haben – wo es nötig ist, musst du entsprechend umwandeln. Achte auf die richtige Einheit beim Ergebnis!

Beispiele: Berechne den Flächeninhalt des Rechtecks.

a) Länge $a = 4\,dm$; Breite $b = 12\,cm$
$A_R = a \cdot b = 4\,dm \cdot 12\,cm = 40\,cm \cdot 12\,cm = 480\,cm^2$

b) Länge $a = 50\,cm$; Breite $b = 50\,cm$ Aha, ein Quadrat!
$A_Q = a \cdot a = 50\,cm \cdot 50\,cm = 2\,500\,cm^2 = 25\,dm^2$

3.5 Der Flächeninhalt zusammengesetzter Figuren

Gesucht ist der Flächeninhalt des Gartens.

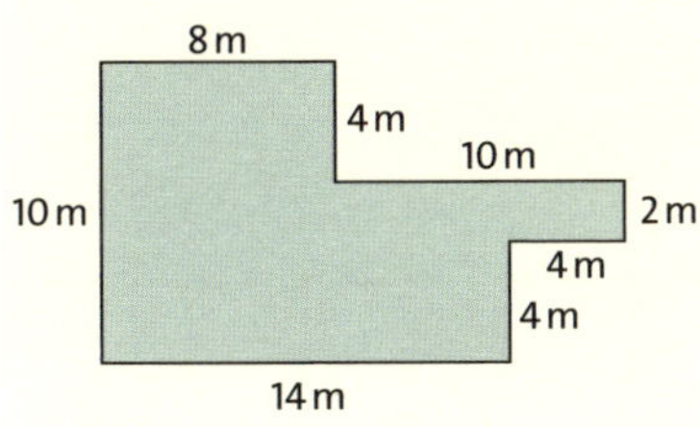

Unser Wissen können wir anwenden, wenn wir das gesamte Flächenstück in Rechtecke zerlegen.

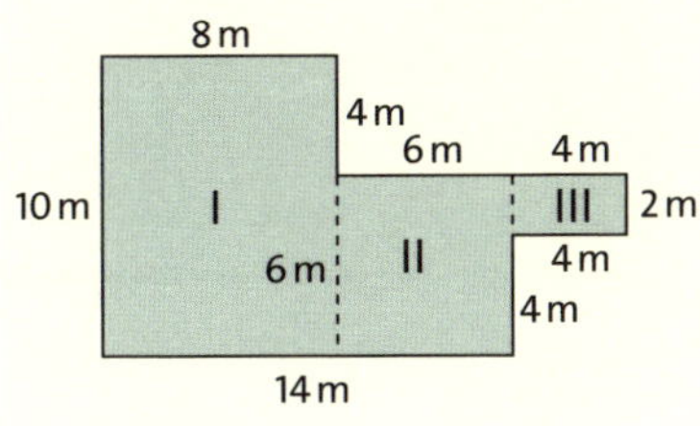

$$\begin{aligned} A &= A_{\text{I}} + A_{\text{II}} + A_{\text{III}} \\ &= 10\,\text{m} \cdot 8\,\text{m} + 6\,\text{m} \cdot 6\,\text{m} + 4\,\text{m} \cdot 2\,\text{m} \\ &= 80\,\text{m}^2 + 36\,\text{m}^2 + 8\,\text{m}^2 \\ &= 124\,\text{m}^2 \end{aligned}$$

TIPP Manchmal ist es geschickt, anders vorzugehen. Man kann das zu berechnende Flächenstück zunächst zu einem Rechteck ergänzen. Von dessen Flächeninhalt subtrahiert man dann die Flächeninhalte der ergänzten Flächenstücke wieder (siehe Übung 3b auf Seite 176).

Übungen

1 Berechne jeweils den Flächeninhalt und den Umfang des Rechtecks.

	a)	b)	c)	d)
Länge *a*	16 cm	25 dm	5 m 4 dm	450 m
Breite *b*	10 cm	75 cm	2 m 25 cm	265 m

2 Wandle jeweils in die kleinste vorkommende Einheit um.

a) 4 a 56 m² b) 36 m² 75 dm² c) 4 m² 20 cm²
d) 12 km² 36 a e) 3 m² 89 dm² f) 6 ha 25 a

3 Bestimme die Flächeninhalte der gezeichneten Figuren.
Die Maße sind jeweils in cm angegeben.

a)

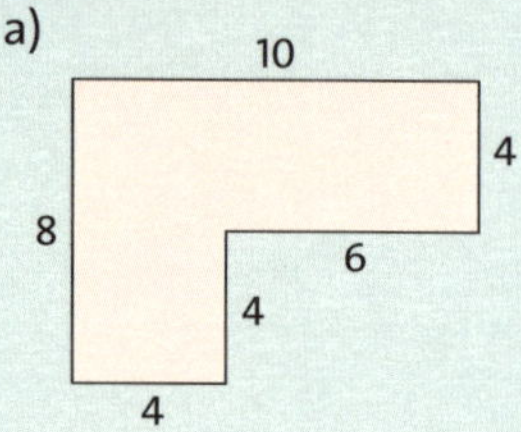

b)

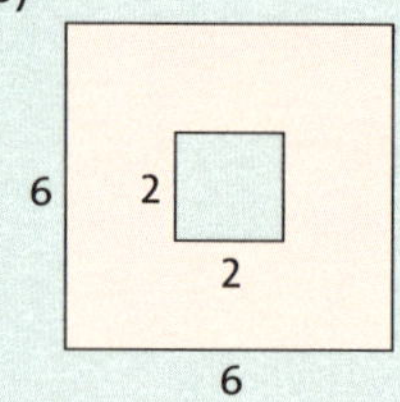

4 Oberfläche und Volumen

4.1 Die Oberfläche von Quader und Würfel

MERKE Ein **Quader** wird von 6 Rechtecken begrenzt. Gegenüberliegende Rechtecke sind dabei gleich groß.

Die Größe eines Quaders wird durch die Länge seiner Kanten bestimmt. Jeder Quader hat 3 verschiedene Kantenlängen.

Beispiel:

Die Kantenlängen des Quaders rechts (du kannst nachmessen!):
Länge a = 4 cm
Breite[1] b = 2,5 cm
Höhe c = 1,6 cm

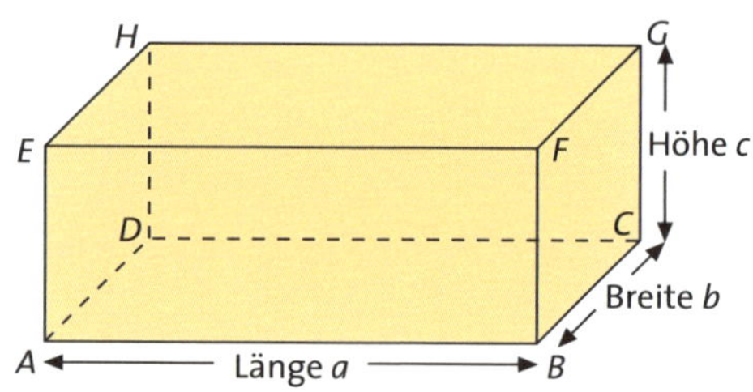

[1] Um bei dieser perspektivischen Darstellung zu erkennen, dass die Breite b = 2,5 cm ist, braucht es einen Trick. Der wird im Abschnitt „Das Schrägbild von Quader und Würfel“ auf Seite 178 erklärt.

▸ Der Würfel ist ein besonderer Quader: alle Kanten sind gleich lang.
Ein Würfel wird deswegen von 6 gleich großen Quadraten begrenzt.

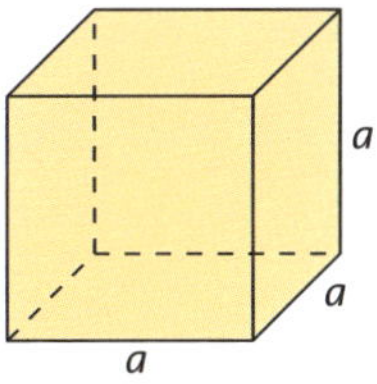

■ Berechnung der Oberflächen:

▸ Die Oberfläche eines Quaders besteht aus 6 Rechtecken, wobei die gegenüberliegenden Rechtecke jeweils gleich sind. Also hat ein Quader 3 verschiedene Rechtecke, jedes kommt 2-mal vor: Grundfläche (oben und unten), vordere Seitenfläche (vorne und hinten) und rechte Seitenfläche (rechts und links).
Die Berechnungsformel für die Quaderoberfläche ist deswegen:

$O_Q = 2 \cdot \text{Grundfläche} + 2 \cdot \text{vordere Seitenfläche} + 2 \cdot \text{rechte Seitenfläche}$

$O_Q = 2 \cdot a \cdot b \quad + 2 \cdot a \cdot c \quad + 2 \cdot b \cdot c$

▸ Die Oberfläche eines Würfels lässt sich leichter berechnen, denn sie besteht ja aus 6 gleich großen Quadraten:

$O_W = 6 \cdot \text{Grundfläche} = 6 \cdot a \cdot a = 6 \cdot a^2$.

4.2 Das Netz von Quader und Würfel

Denken wir uns einen Quader an einigen Kanten aufgeschnitten und auseinander gefaltet, so erhalten wir das **Netz** eines Quaders. Man nennt das Netz auch die **Abwicklung** des Quaders.

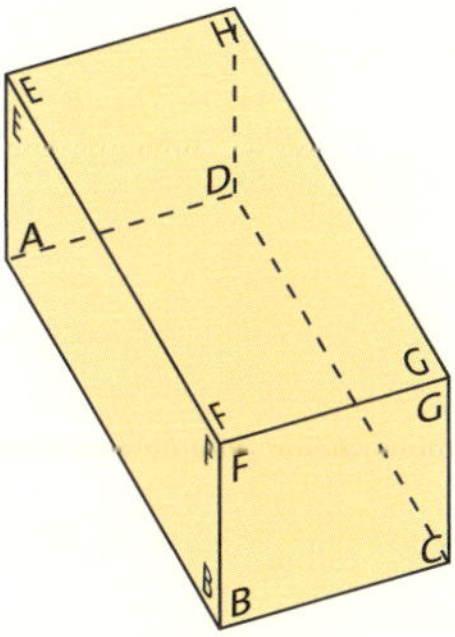

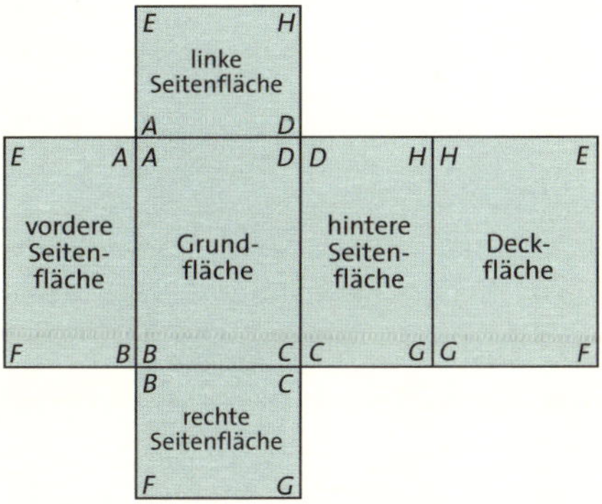

4.3 Das Schrägbild von Quader und Würfel

MERKE Ein Schrägbild ist eine räumliche Darstellung eines Körpers.

Beispiel: Zeichne das Schrägbild eines Quaders mit den Maßen: Länge a = 3 cm, Breite b = 2 cm und Höhe c = 2 cm.

1. Schritt: Zeichne die vordere Seitenfläche des Quaders in der richtigen Größe aus Länge a und Höhe c.

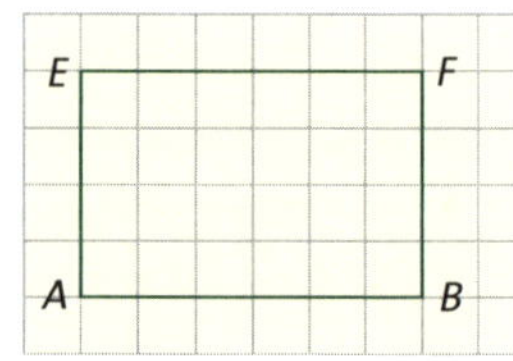

2. Schritt: Zeichne in jeder Ecke für die nach hinten verlaufenden Kanten Diagonallinien im Karopapier. Trage auf dieser Kantenlänge b in halber Länge ab: statt 2 cm nur 1 cm. „Unsichtbare“ Kanten werden dabei gestrichelt gezeichnet.

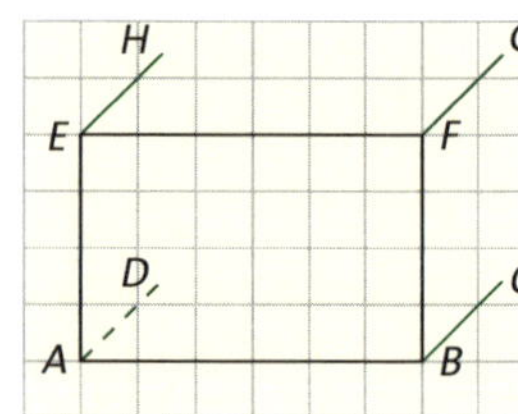

3. Schritt: Verbinde die Endpunkte zu einem Rechteck. Es hat die gleiche Größe wie die Vorderseite. Zeichne „unsichtbare“ Kanten wieder gestrichelt.

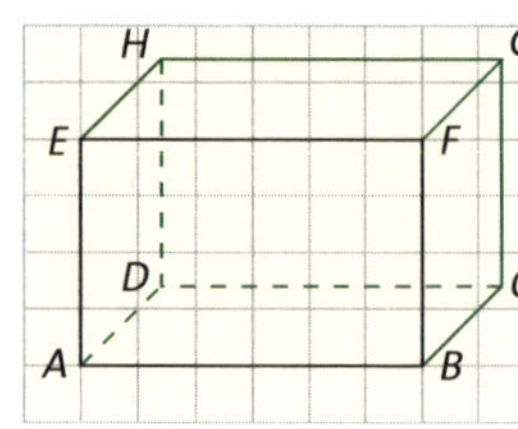

Beim Würfel zeichnest du das Schrägbild entsprechend.

4.4 Volumeneinheiten

Als Vergleichsgröße für den **Rauminhalt** oder das **Volumen** verwendet man Würfel, bei denen die Kantenlänge genau 1 Längeneinheit ist: also 1 mm oder 1 cm oder 1 dm oder …
Diese Würfel heißen deshalb auch Einheitswürfel.

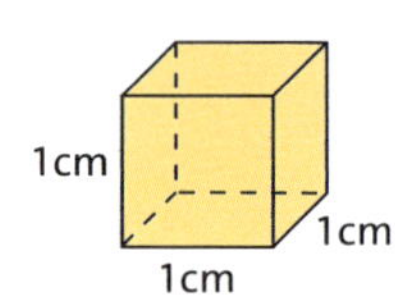

Ein Würfel mit der Kantenlänge 1 cm hat das Volumen 1 cm^3 (1 Kubikzentimeter).

▶ **Messverfahren** für das Volumen (den Rauminhalt) eines Körpers: Einen großen Würfel mit der Kantenlänge 1 dm können wir ganz mit kleinen Würfeln der Kantenlänge 1 cm ausfüllen.
In den Würfel mit der Kantenlänge 1 dm passen $10 \cdot 10 \cdot 10 = 1000$ Würfel mit der Kantenlänge 1 cm.
▶ Für den Rauminhalt des Würfels heißt dies: **1 dm³ = 1 000 cm³**.

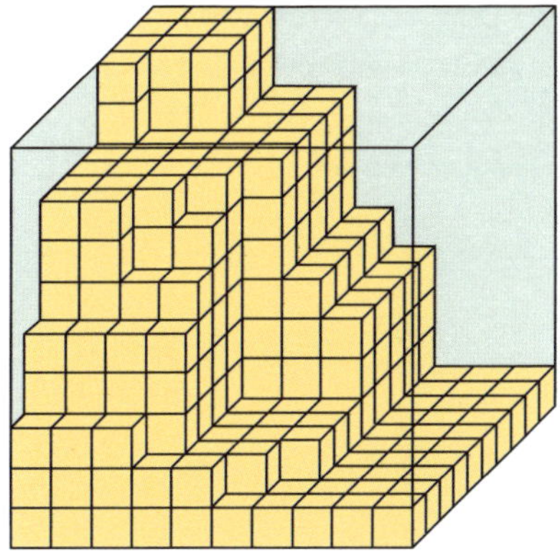

■ Und dies gilt immer: Jeweils 1 000 Würfel einer Volumeneinheit füllen den Würfel der nächstgrößeren Einheit vollständig aus.

$1\,m^3 = 1000\,dm^3$

$1\,dm^3 = 1000\,cm^3$

$1\,cm^3 = 1000\,mm^3$

▶ Bei Rauminhalten (Volumina) gilt: Das 1000fache einer Einheit ergibt die nächstgrößere Einheit.

Ausnahme: $1\,km^3 = 1\,000\,000\,000\,m^3 = 1000 \cdot 1000 \cdot 1000\,m^3$

Beim Wechsel in die **nächstgrößere** Einheit musst du deshalb die Maßzahl durch 1000 **dividieren**. Beim Wechsel in die *nächstkleinere* Einheit musst du die Maßzahl mit 1 000 *multiplizieren*.

Beispiele:

a) Wandle in die nächstgrößere Einheit um.

$8000\,dm^3 = 8\,m^3$ (: 1000) $\quad 17\,000\,cm^3 = 17\,dm^3$ (: 1000)

Ich dividiere die Maßzahl durch 1000.

b) Wandle in die nächstkleinere Einheit um.

$4\,m^3 = 4000\,dm^3$ (· 1000) $\quad 21\,cm^3 = 21\,000\,mm^3$ (· 1000)

Ich multipliziere die Maßzahl mit 1000.

Außerdem werden noch die Einheiten 1 Liter (1 l) und 1 Milliliter (1 ml) verwendet. Für sie gelten:

$1\,l = 1\,dm^3 = 1000\,ml \qquad 1\,ml = 1\,cm^3$

Die Vorsilbe „milli“ bedeutet Tausendstel.

4.5 Das Volumen von Quader und Würfel

Volumen des Quaders:

V_Q = Länge · Breite · Höhe

$V_Q = a \cdot b \cdot c$

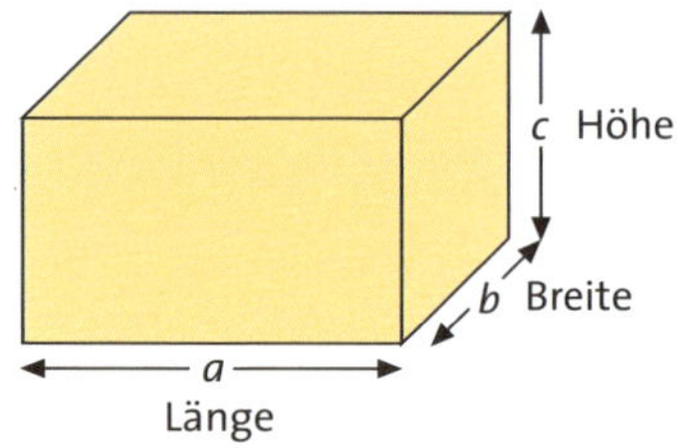

Volumen des Würfels:

V_W = Kante · Kante · Kante

$V_W = a \cdot a \cdot a = a^3$

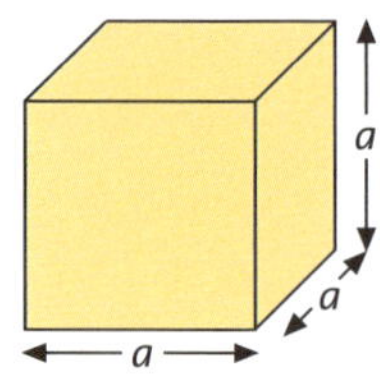

Beispiel:

Berechne das Volumen des Quaders mit $a = 5\,\text{dm}$, $b = 35\,\text{cm}$, $c = 7\,\text{dm}$.

$V_Q = a \cdot b \cdot c$	Ich setzte die Volumenformel an.
$= 5\,\text{dm} \cdot 35\,\text{cm} \cdot 7\,\text{dm}$	
$= 50\,\text{cm} \cdot 35\,\text{cm} \cdot 70\,\text{cm}$	Ich passe die Einheiten an.
$= 50 \cdot 35 \cdot 70\,\text{cm}^3$	Zu cm gehören cm^3.
$= 122\,500\,\text{cm}^3$	Ausrechnen
$= 122\,\text{dm}^3\,500\,\text{cm}^3$	und umformen.

4.6 Das Volumen zusammengesetzter Körper

Gesucht ist das Volumen dieses Körpers:

Zum Berechnen stellt man sich vor, der Körper sei aus zwei Quadern zusammengesetzt, deren Volumen man dann einzeln berechnet.

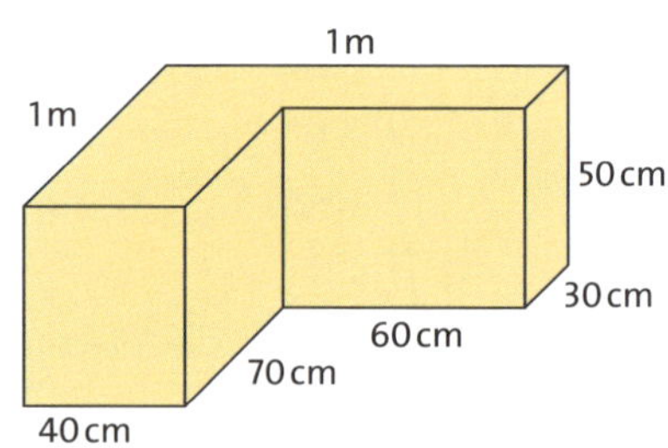

Es gibt mehrere Möglichkeiten, z. B. so:

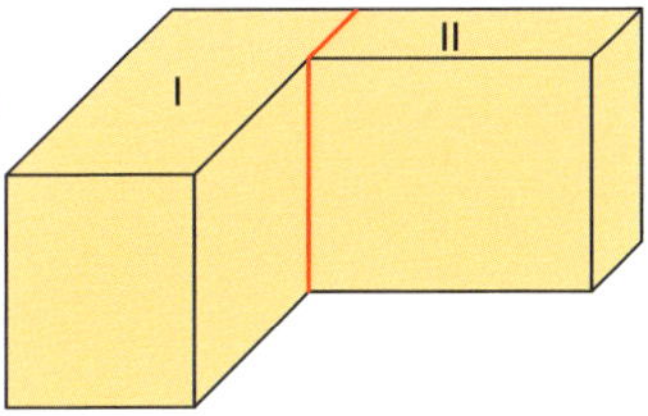

$V = V_I + V_{II}$

$= 1\,m \cdot 40\,cm \cdot 50\,cm \quad + 60\,cm \cdot 30\,cm \cdot 50\,cm$

$= 100 \cdot 40 \cdot 50\,cm^3 \quad + 60 \cdot 30 \cdot 50\,cm^3$

$= 200\,000\,cm^3 \quad + 90\,000\,cm^3$

$= 290\,000\,cm^3$

$= 290\,dm^3$

TIPP Manchmal ist es geschickt, den Körper zunächst zu einem größeren Quader zu ergänzen. Von dessen Volumen subtrahiert man dann die Volumina der ergänzten Stücke wieder.

Beispiel: Man kann den oben gezeigten Körper in Gedanken ergänzen zu einem Quader und dann das Volumen des „hinzuerfundenen" Teils wieder abziehen:

$V = V_{Quader} - V_{hinzuerfunder\ Teil}$

$= 1\,m \cdot 1\,m \cdot 50\,cm \quad - 70\,cm \cdot 60\,cm \cdot 50\,cm$

$= 100 \cdot 100 \cdot 50\,cm^3 \quad - 70 \cdot 60 \cdot 50\,cm^3$

$= 500\,000\,cm^3 \quad - 210\,000\,cm^3$

$= 290\,000\,cm^3$

$= 290\,dm^3$

Übungen

1 Überlege, warum die gezeichneten Figuren keine Netze eines Quaders oder Würfels sind. Zeichne die falsch angehängten Rechtecke an die richtige Stelle.

a) 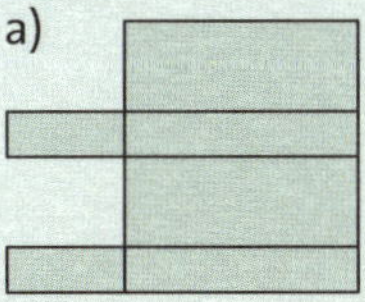
b) 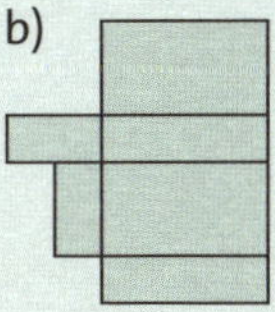
c) 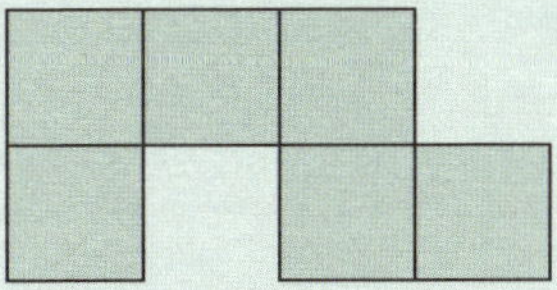

2 Wandle in die kleinste vorkommende Einheit um.

a) $1\,m^3\ 730\,dm^3$
b) $400\,dm^3\ 25\,cm^3$
c) $370\,dm^3\ 40\,cm^3$
d) $75\,dm^3\ 15\,mm^3$
e) $4\,m^3\ 5\,cm^3$
f) $1\,dm^3\ 65\,mm^3$

3 **Berechne jeweils das Volumen und die Oberfläche des Quaders. Schreibe das Endergebnis, wo es sinnvoll ist, auch in gemischten Einheiten.**

	Länge a	Breite b	Höhe c
a)	12 cm	9 cm	15 cm
b)	35 dm	25 dm	18 dm
c)	4 m	25 dm	2 m

4 **Berechne das Volumen des Körpers. Die Maße sind jeweils in cm angegeben.**

a)

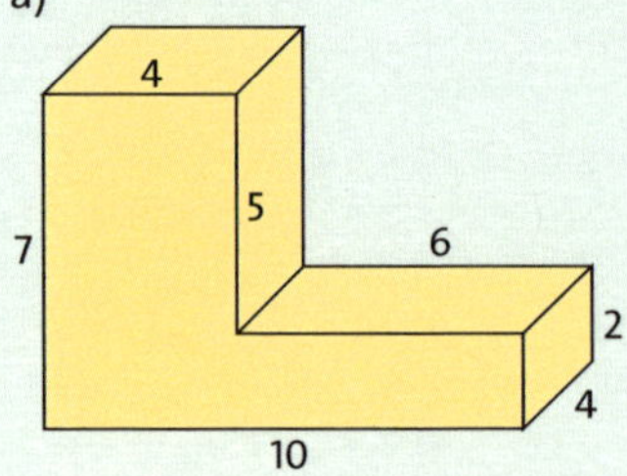

b)

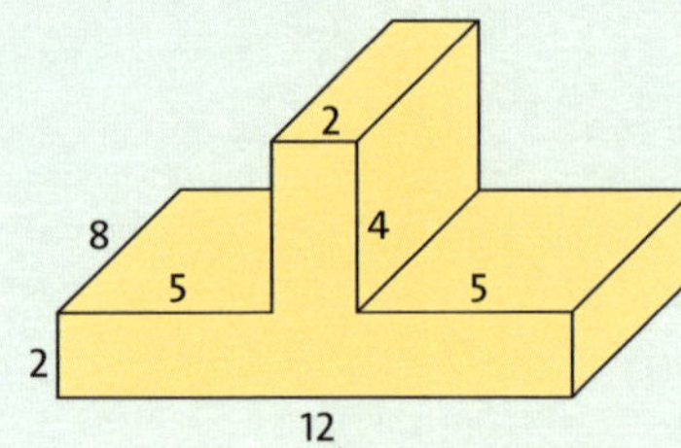

5 Winkel und Winkelmessung

5.1 Drehungen und Winkel

▸ Wird ein Strahl um einen Punkt gedreht, so entsteht ein **Winkel**.

▸ Der Drehpunkt S heißt **Scheitelpunkt**.

▸ Strahl a und Strahl b heißen **Schenkel**.

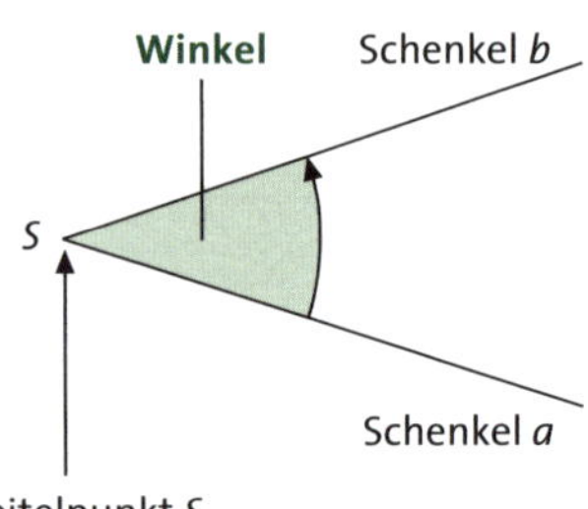

▶ **BEACHTE** Die Drehung erfolgt immer gegen den Uhrzeigersinn.

Je nach Größe der Drehung unterscheidet man verschiedene **Winkelsorten**:

Spitzer Winkel

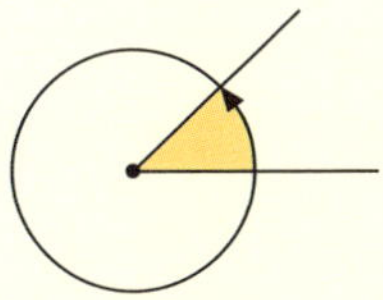

Er entsteht durch weniger als eine Vierteldrehung.

Rechter Winkel

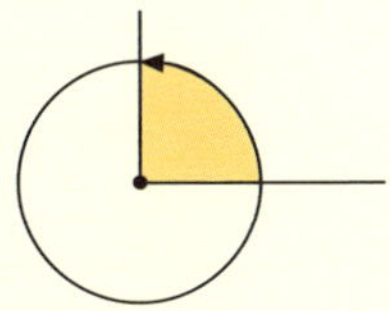

Er entsteht durch eine Vierteldrehung.

Stumpfer Winkel

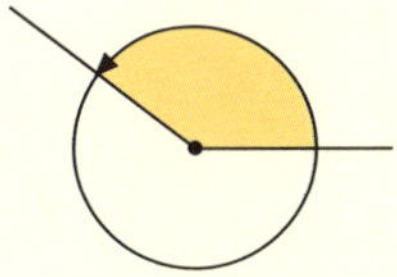

Er entsteht durch mehr als eine Viertel- aber weniger als eine Halbdrehung.

Gestreckter Winkel

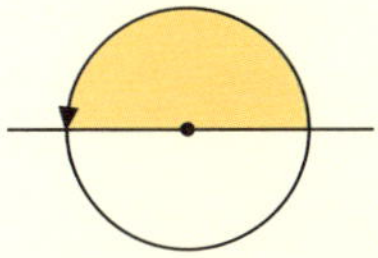

Er entsteht durch eine Halbdrehung.

Überstumpfer Winkel

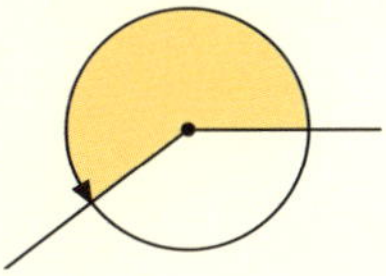

Er entsteht durch mehr als eine Halbdrehung, aber weniger als eine volle Drehung.

Vollwinkel

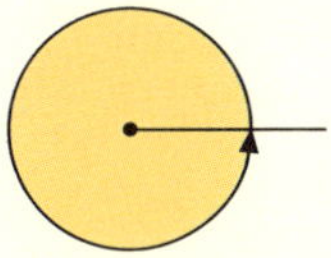

Er entsteht durch eine volle Drehung.

5.2 Bezeichnung von Winkeln

Es gibt verschiedene Arten, einen Winkel zu bezeichnen.

Bezeichnung durch 3 Großbuchstaben

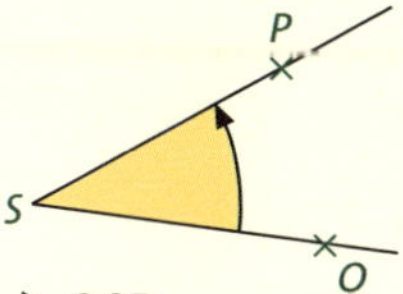

∢ *QSP*

Bezeichnung durch 2 Kleinbuchstaben

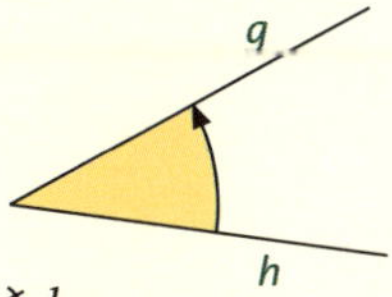

∢ *hg*

Bezeichnung durch einen griechischen Buchstaben

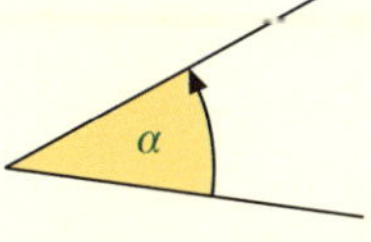

α (sprich: „alpha“)

5.3 Winkel messen

Winkel werden in Grad, Minuten und Sekunden gemessen.

- Der Vollwinkel hat 360 Grad.
- 1 Grad (in Zeichen: 1°) ist der 360. Teil des Vollwinkels.
- Ein rechter Winkel ist der vierte Teil eines Vollwinkels, misst also 90°.
- Ein gestreckter Winkel ist die Hälfte eines Vollwinkels, misst also 180°.
- 1 Minute (in Zeichen: 1') ist der 60. Teil von 1°.
- 1 Sekunde (in Zeichen: 1'') ist der 60. Teil von 1'.

Alte Winkelmesser haben die Form eines Halbkreises, der in 180 Teile zerlegt ist. Unser Winkelmesser ist das **Geodreieck**. Auch hier erkennst du den Halbkreis. Er ist in 180 gleiche Teile zerlegt. Ein Teil markiert deshalb 1°. Und so wird mit dem Geodreieck gemessen:

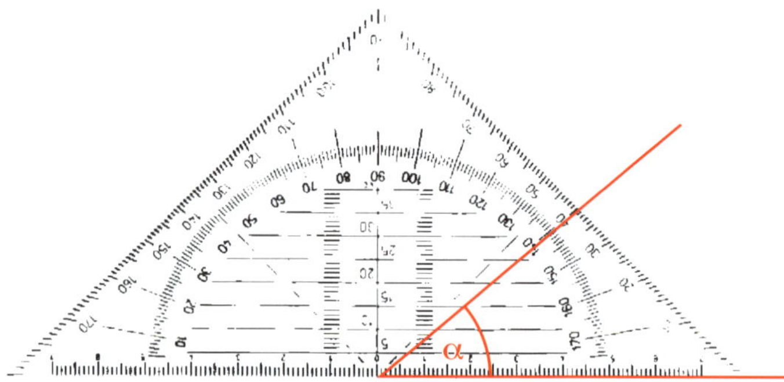

Wie groß ist der Winkel α? Lege das Geodreieck an. Der Nullpunkt kommt auf den Scheitelpunkt. Die beiden Skalen zeigen 40° und 140° an. Welcher Wert gilt? Da α ein spitzer Winkel ist, gilt: $\alpha < 90°$, also: $\alpha = 40°$.

Übungen

1 Markiere den jeweils angegebenen Winkel mit einem Bogen.

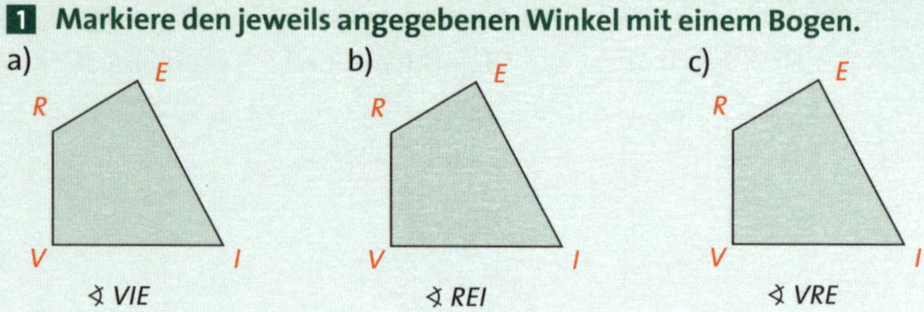

2 Winkel im Dreieck

a) Miss die Winkel im Dreieck *TRI*.

b) Addiere die Winkel.

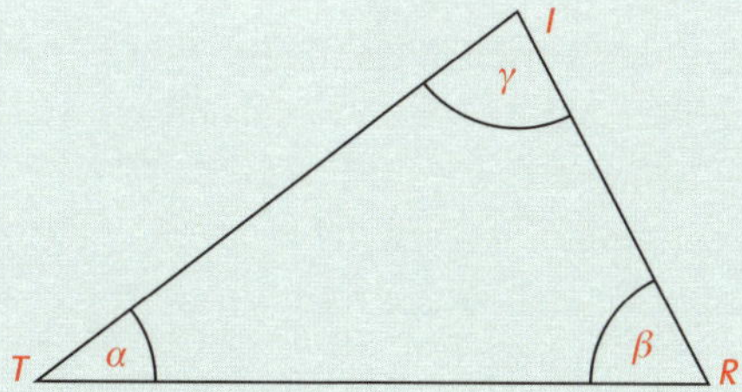

3 $\alpha = 20°30'$; $\beta = 50°20'10''$. **Berechne:**

a) $\alpha + \beta$ b) $\beta - \alpha$ c) $3\alpha - \beta$

6 Abbildungen

Beispiele für Abbildungen:

a) Ein Fotokopierer erzeugt eine Kopie des Originals.

b) In einem Spiegel sehen wir ein spiegelverkehrtes Bild von allem, was davor steht.

Die beiden Beispiele haben Folgendes gemeinsam: Es gibt ein Original (Dokument auf dem Kopierer, Gegenstände vor dem Spiegel). Dieses Original wird **abgebildet** (kopiert bzw. gespiegelt) und wir erhalten ein Bild des Originals (Fotokopie, Spiegelbild).

■ Auch bei einer geometrischen **Abbildung** geht es darum, aus einer Original-Figur eine Bild-Figur zu erzeugen.

Beispiele:

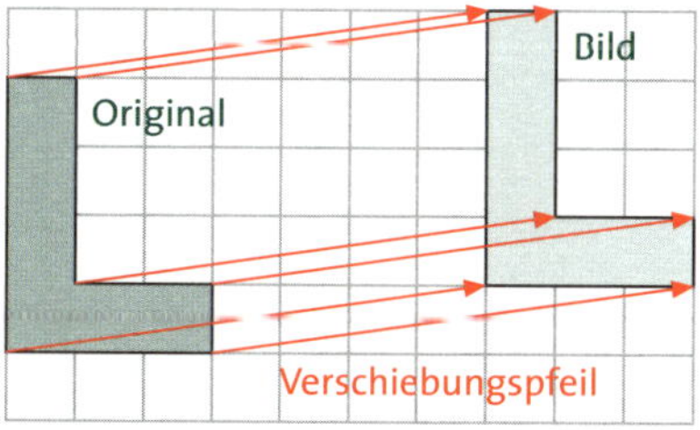

Alle Punkte werden um 3,5 cm nach rechts und 0,5 cm nach oben verschoben.

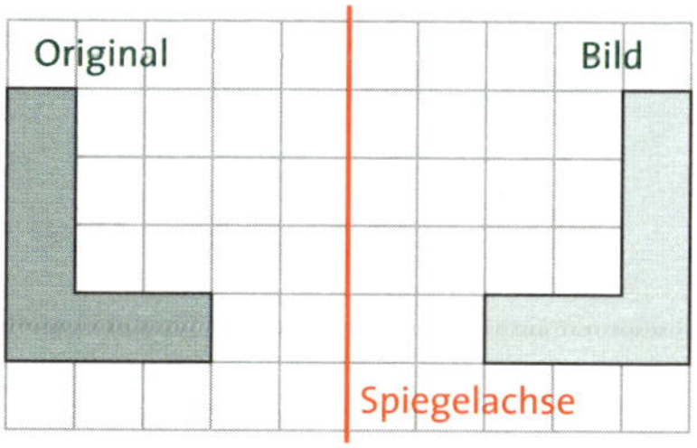

Alle Punkte werden an der Achse gespiegelt. Die Bild-Figur ist spiegelverkehrt.

6.1 Achsenspiegelung

Bei einer **Achsenspiegelung** wird ein Punkt P auf die andere Seite einer **Spiegelachse *a*** abgebildet, und zwar so, dass $\overline{PP'}$ auf a senkrecht steht und von a halbiert wird. Liegt der Punkt auf der Spiegelachse, so stimmt er mit seinem Bildpunkt überein.

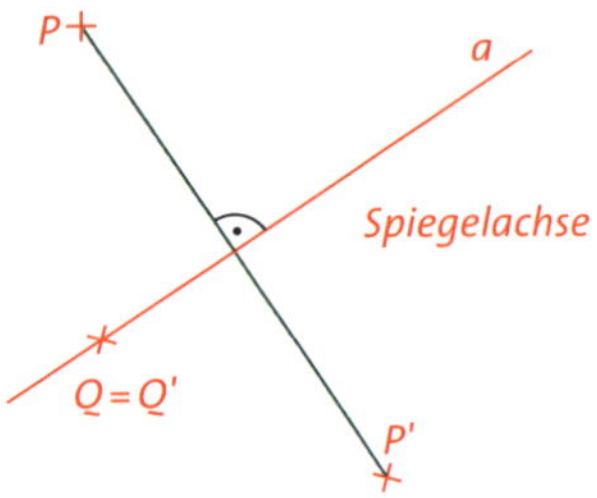

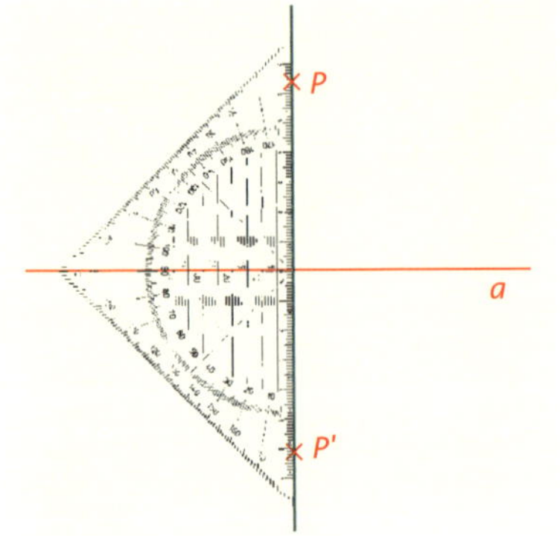

Den Bildpunkt kannst du mit dem Geodreieck konstruieren:
Lege das Geodreieck so an, dass seine Mittellinie auf der Spiegelachse liegt und die lange Kante durch P geht.
P' liegt beim gleichen Skalenwert auf der anderen Seite des Nullpunktes.

Eine Figur, die bei der Achsenspiegelung auf sich abgebildet wird, heißt **achsensymmetrisch**.

Beispiel:

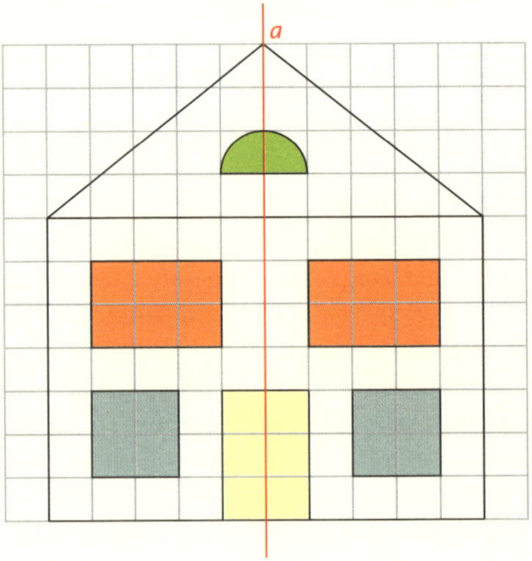

Übungen

1 **Zeichne die Punkte *A* (5|3), *B* (2|4), *C* (1|1), *P* (6|3), *Q* (5|4) in ein Koordinatensystem ein. Verbinde *A*, *B* und *C* zu einem Dreieck. Nun spiegele das Dreieck *ABC* an der Achse durch *P* und *Q*.**

2 **Welche der folgenden Buchstaben sind achsensymmetrisch? Zeichne ggf. die Symmetrieachse(n) ein.**

A B C

H L M

Test

1 **Koordinatensystem**

a) Zeichne ein Koordinatensystem. *x*-Achse und *y*-Achse sollen je 10 cm lang sein. Trage dann folgende Punkte ein:
A (10|0), *B* (8|1), *C* (2|3), *D* (7|4), *E* (0|5),
F (3|5), *G* (6|7), *H* (8|8), *I* (4|9).

b) 4 der Punkte kann man so verbinden, dass ein Quadrat entsteht. Verbinde die Eckpunkte des Quadrates und gib sie an.

c) Verbinde 4 der übrig gebliebenen Punkte so, dass ein Rechteck entsteht. Gib die Eckpunkte des Rechtecks an.

d) Bestimme jeweils Umfang und Flächeninhalt der beiden Figuren.

Test

2 Wandle in eine größere Einheit um.
Verwende gemischte Einheiten wenn möglich.

a) $37\,000\,mm^3$ b) $47\,000\,dm^2$ c) $2\,050\,000\,dm^3$
d) $70\,040\,000\,cm^2$ e) $32\,650\,000\,000\,cm^3$

3 Bestimme den Flächeninhalt der Figur a) und das Volumen des Körpers b). Die Maße sind jeweils in cm angegeben.

a)

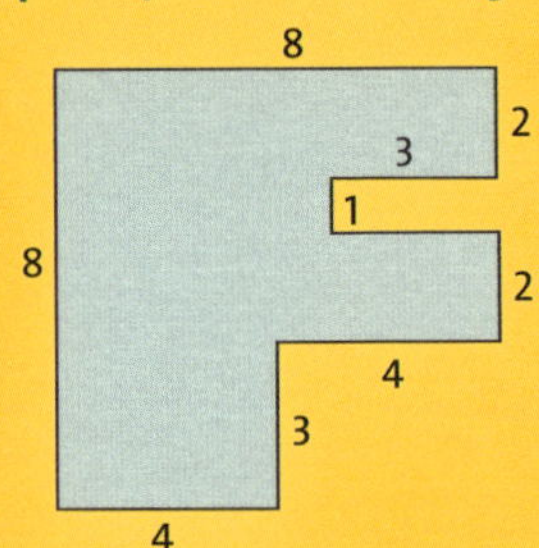

b)

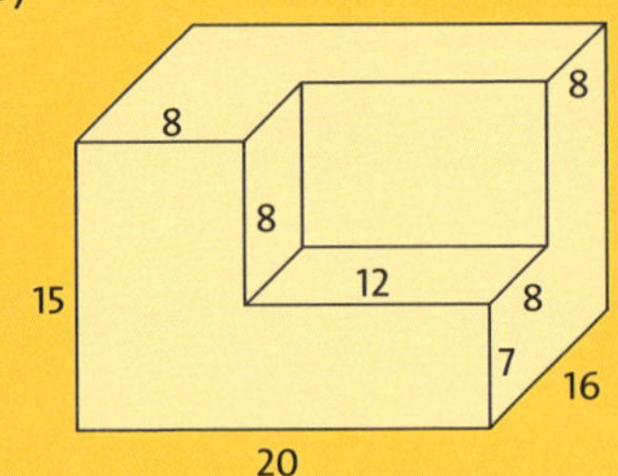

4 Winkel im Viereck

a) Miss die Winkel im Viereck *VIER*.
b) Addiere die Winkel.

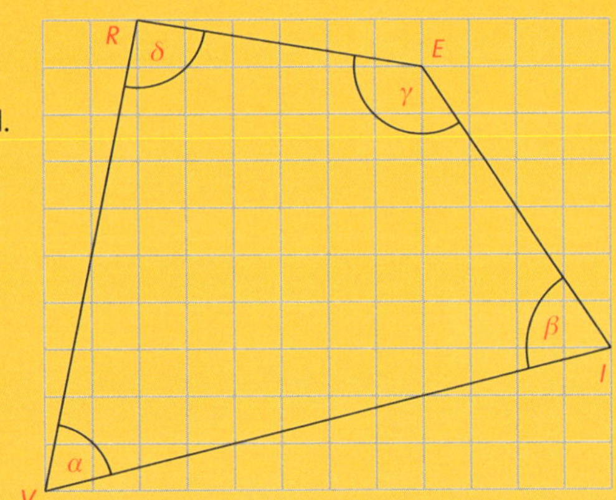

Verzeichnis der Zeichen und Abkürzungen

Bedeutung	Bezeichnungen in diesem Buch	abweichende Bezeichnung in anderen Büchern
Menge der natürlichen Zahlen	$\mathbb{N} = \{1; 2; 3; \ldots\}$	$\mathbb{N} = \{0; 1; 2; \ldots\}$ $\mathbb{N}^* = \{1; 2; 3; \ldots\}$
Menge $\mathbb{N}$ mit der Null	$\mathbb{N}_0 = \{0; 1; 2; \ldots\}$	
Mächtigkeit (Zahl der Elemente) von A	$\lvert A \rvert$	
Menge der (nicht negativen) Bruchzahlen	$\mathbb{Q}_0^+$	$\mathbb{B}$
Teilermenge der Zahl n	$T(n)$	T_n
Vielfachmenge der Zahl n	$V(n)$	V_n
… ist Element von …	$\in$	
… ist nicht Element von …	$\notin$	
… ist Teilmenge von …	$\subset$	$\subseteq, \subseteqq$
… ist nicht Teilmenge von …	$\not\subset$	$\nsubseteq, \nsubseteqq$
leere Menge	$\{\,\}$	$\varnothing$
a ist ungefähr gleich b	$a \approx b$	
a ist Teiler von b	$a \mid b$	
a ist kein Teiler von b	$a \nmid b$	
größter gemeinsamer Teiler	ggT	
kleinstes gemeinsames Vielfaches	kgV	
1,3333…	$1,\overline{3}$	
Strecke von A nach B	$\overline{AB}$	$[AB]$
Länge der Strecke AB	$\overline{AB}$	$\lvert AB \rvert$
Halbgerade, Strahl	$\overleftarrow{AB}$	$[AB, \lvert AB$
Gerade AB	AB	
Punkt A liegt auf g	$A \in g$	
Punkt A liegt nicht auf g	$A \notin g$	
Schnittmenge von g und h	$g \cap h$	
Menge, die Punkt S enthält	$\{S\}$	
Kreislinie um den Mittelpunkt M mit dem Radius r	$k(M; r)$	
g ist senkrecht zu h	$g \perp h$	
g ist parallel zu h	$g \parallel h$	
rechter Winkel	⦜	
Punkt mit $x = 5$ und $y = 3$	$P(5 \mid 3)$	$P(5; 3)$
Umfang	u	
Flächeninhalt	A	
Oberfläche	O	A_O
Volumen, Rauminhalt	V	
Winkel von Schenkel g zu Schenkel h	$\sphericalangle gh$	
Winkel von Schenkel $\overleftarrow{SP}$ zu Schenkel $\overleftarrow{SQ}$	$\sphericalangle PSQ$	
Winkel (Alpha, Beta, Gamma)	α, β, γ	

Lösungen

S. 113 Test

1. a) $W = \{1; 2; 3; 4; 5; 6\}, |W| = 6$ b) $U = \{11; 13; 15; 17; 19\}, |U| = 5$

2. a) $6 \in \mathbb{N}_0$ b) $3 \in \mathbb{N}$ c) $0 \notin \{\ \}$ d) $4 \notin \{1;2;3\}$
   e) $10 \notin \{1;3;5;\ldots\}$

3. a) $\{1; 2\} \subset \mathbb{N}$ b) $\{1; 2; 3\} \not\subset \{2; 3; 4\}$ c) $\{2; 4; 8; 14\} \subset \{2; 4; 6; \ldots\}$

4. a) Die leere Menge .... { },
   die einelementigen Mengen ...... {1}, {7},
   die Menge selbst .... {1; 7}.
   b) entsprechend: { }, {4}, {8}, {4; 8}.
   c) Die leere Menge .... { },
   die einelementigen Mengen ...... {1}, {3}, {9},
   die zweielementigen Mengen ..... {1; 3}, {1; 9}, {3; 9},
   die Menge selbst .... {1; 3; 9}.

S. 116 Übungen

1.

	Milliarden			Millionen			Tausend			H.	Z.	E.
	12.	11.	10.	9.	8.	7.	6.	5.	4.	3.	2.	1.
a)					2	1	5	9	7	3	0	6
b)			1	2	3	4	5	6	7	8	9	0

a) Einundzwanzig Millionen fünfhundertsiebenundneunzigtausenddreihundertsechs
b) Eine Milliarde zweihundertvierunddreißig Millionen fünfhundertsiebenundsechzigtausendachthundertneunzig

2. a) 7350000 b) 2030007005

3. $18 < 19 < 20$; $29 < 30 < 31$; $98 < 99 < 100$; $140 < 141 < 142$;
   $179 < 180 < 181$; $298 < 299 < 300$; $999 < 1\,000 < 1\,001$; $9\,098 < 9\,099 < 9\,100$;
   $9\,999 < 10\,000 < 10\,001$

4. $A = 3; B = 8; C = 13; D = 15; E = 19$

S. 120 Übungen

1. a) $654 + 875 + 981 + 54 = 2\,564$ b) $4\,870 + 873 + 8\,623 + 550 = 14\,916$
   c) $8\,649 - 7\,533 = 1\,116$ d) $9\,572 - 1\,629 = 7\,943$

2. a) Der Subtrahend ist 5. b) Der Minuend ist 75.
c) Der 2. Summand ist 31. d) Der Wert der Summe ist 162.
e) Der 1. Summand ist 45. f) Der Minuend a ist 99.
g) Der Wert der Differenz b ist 28. h) Der 2. Summand c ist 55.

3. a) $[(187 - 133) + (248 - 123)] - 75 = [54 + 125] - 75 = 179 - 75 = 104$
b) $(652 + 873) - [(98 + 112) - (600 - 531)]$
$= 1525 - [210 - 69] = 1525 - 141 = 1384$

4. a) $4000 + 8750 = 12750$ b) $75 + 87 + 128 = 290$
c) $7563 - 6158 = 1405$ d) $1723 - 673 = 1050$

5. $(54 + 24) - [172 - (38 + 75)] = 78 - [172 - 113] = 78 - 59 = 19$

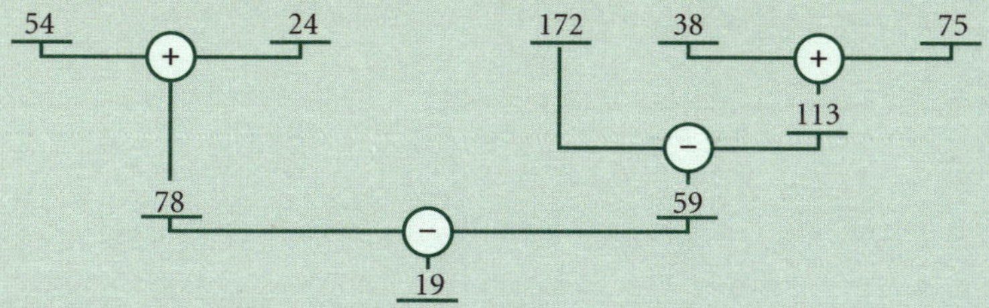

S. 125 f. Übungen

1. a) $245 \cdot 15$
245
1225
3675

b) $11^4 = 11^2 \cdot 11^2 = 121 \cdot 121$
121
242
121
14641

c) $500 : 14 = 35$ R 10
42
80
70
10

2. a) $144 : (6 \cdot 4) = 144 : 24 = 6$ b) $(4000 : 250) \cdot 125 = 16 \cdot 125 = 2000$

3. a) $763 : 763 = 1$ b) $0 : 78 = 0$ c) $873 : 1 = 873$

4. a) $(38 \cdot 26) \cdot 175 = 988 \cdot 175 = 172900$
b) $(195 \cdot 60) : 390 = 11700 : 390 = 30$
c) $(476 : 7) \cdot 4^5 = 68 \cdot 1024 = 69632$

5. a) Der Dividend ist 200. b) Der 2. Faktor ist 17.
c) Der Wert des Quotienten ist 25. d) Der 1. Faktor ist 7.
e) Der Wert des Produkts ist 306. f) Der Divisor ist 24.

S. 128 Übungen

1. a) $51 \cdot 5 = (50 + 1) \cdot 5 = 50 \cdot 5 + 1 \cdot 5 = 250 + 5 = 255$
b) $99 \cdot 7 = (100 - 1) \cdot 7 = 100 \cdot 7 - 1 \cdot 7 = 700 - 7 = 693$
c) $306 : 3 = (300 + 6) : 3 = 300 : 3 + 6 : 3 = 100 + 2 = 102$

2. a) $7 \cdot (2 + 4 \cdot 2) = 7 \cdot (2 + 8) = 7 \cdot 10 = 70$
   b) $6 \cdot 7 - 32 : 4^2 = 42 - 32 : 16 = 42 - 2 = 40$

3. a) $(1024 : 16) + (627 - 384) = 64 + 243 = 307$
   b) $[574 - (253 + 138)] \cdot 11 = [574 - 391] \cdot 11 = 183 \cdot 11 = 2013$

4. $(13 \cdot 17) + (279 : 31) = 221 + 9 = 230$

S. 131 Übungen

1. a) $T(6) = \{1; 2; 3; 6\}$
   b) $T(16) = \{1; 2; 4; 8; 16\}$
   c) $T(34) = \{1; 2; 17; 34\}$

2. a) $V(6) = \{6; 12; 18; \ldots\}$
   b) $V(16) = \{16; 32; 48; \ldots\}$
   c) $V(21) = \{21; 42; 63; \ldots\}$

3. a) 9 ist Teiler von 18. Deswegen: ggT (9; 18) = 9
   b) $9 = 3^2$ und $12 = 2^2 \cdot 3$. Deswegen: ggT (9; 12) = 3
   c) $12 = 2^2 \cdot 3$ und $16 = 2^4$. Deswegen: ggT (12; 16) = $2^2 = 4$
   d) 8 ist Teiler von 24. Deswegen: kgV (8; 24) = 24
   e) $12 = 2^2 \cdot 3$ und $20 = 2^2 \cdot 5$. Deswegen: kgV (12; 20) = $2^2 \cdot 3 \cdot 5 = 60$
   f) $6 = 2 \cdot 3$ und $8 = 2^3$. Deswegen: kgV (6; 8) = $2^3 \cdot 3 = 24$

S. 132 Test

1.

	Billionen			Milliarden			Millionen			Tausend			H.	Z.	E.
	15.	14.	13.	12.	11.	10.	9.	8.	7.	6.	5.	4.	3.	2.	1.
a)						2	0	3	0	0	0	7	0	0	5
b)		4	0	0	0	8	0	7	2	0	1	2	4	0	7
c)				9	0	9	0	9	9	0	0	0	0	0	0

2.

	Zahl	gerundet auf		
		Hunderter	Tausender	Zehntausender
a)	123456	123500	123000	120000
b)	256 825	256 800	257 000	260000
c)	345789	345800	346000	350000

3. a) $87 - (125 - 55) = 87 - 70 = 17$
   b) $65 - [158 - (90 + 33)] = 65 - [158 - 123] = 65 - 35 = 30$

4. $750 - (199 + 301) = 750 - 500 = 250$

5. a) $10^3 = 10 \cdot 10 \cdot 10 = 1000$
   b) $5^5 = 5 \cdot 5 \cdot 5 \cdot 5 \cdot 5 = 3125$
   c) $11^4 = 11 \cdot 11 \cdot 11 \cdot 11 = 14641$
   d) $1000^2 = 1000 \cdot 1000 = 1000000$

6. a) $100 \cdot [510 : (17 \cdot 2)] = 100 \cdot [510 : 34] = 100 \cdot 15 = 1500$
   b) $7^2 \cdot (16 \cdot 9) \cdot (24 \cdot 5) = 49 \cdot 144 \cdot 120 = 7056 \cdot 120 = 846720$

7. $(10^4 \cdot 15) : (200 \cdot 75) = (10000 \cdot 15) : 15000 = 150000 : 15000 = 10$

8. a) 11; 13; 17; 19; 23; 29 b) 97

9. a) $200 = 2^3 \cdot 5^2$ b) $72 = 2^3 \cdot 3^2$ c) $135 = 3^3 \cdot 5$

S. 139 Test

1. a) 18 m 75 cm 8 mm + 6 m 24 cm 1 mm = 24 m 99 cm 9 mm
   b) 8 km 55 m + 12 km 950 m = 20 km 1 005 m = 21 km 5 m
   c) 8 kg 972 g + 42 kg 75 g = 50 kg 1047 g = 51 kg 47 g
   d) 77 t 850 kg + 145 t 500 kg = 222 t 1 350 kg = 223 t 350 kg
   e) 66 € 15 Ct – 32 € 95 Ct = 33 € 20 Ct
   f) 17 € 88 Ct – 9 € 79 Ct = 8 € 9 Ct
   g) 45 min 16 s – 38 min 45 s = 44 min 76 s – 38 min 45 s = 6 min 31 s
   h) 12 h 37 min 8 s – 9 h 55 min 43 s
   = 11 h 96 min 68 s – 9 h 55 min 43 s = 2 h 41 min 25 s

2. a) 12 Euro 80 Cent · 8 = 96 Euro 640 Cent = 102 Euro 40 Cent
   b) 16 m 35 cm · 4 = 64 m 140 cm = 65 m 40 cm
   c) 22 kg 250 g · 6 = 132 kg 1 500 g = 133 kg 500 g
   d) 6 h 18 min : 9 = 378 min : 9 = 42 min
   e) 30 t 336 kg : 30 = 30 336 kg : 30 = 1 011,2 kg = 1 t 11 kg 200 g
   f) 1 200 Euro : 32 = 120 000 Cent : 32 = 3 750 Cent = 37 Euro 50 Cent
   g) 480 m : 32 m = 15
   h) 826 kg : 14 kg = 59
   i) 3 m 50 cm : 14 cm = 350 cm : 14 cm = 25
   j) $8\,m \cdot 12\,m = 96\,m^2$
   k) 645 km : 15 h = 43 km/h

3. 645 cm : 30 cm = 21 Rest 15 cm
   Man kann 21 Stücke zu 30 cm von der Holzlatte absägen.

4. 24 h : 90 min = 1 440 min : 90 min = 16
   Der Satellit macht an einem Tag 16 Umrundungen.

5. **Gegeben:** VP (Verkaufspreis) = 984 €; V (Verlust) = 132 €;
   GK (Geschäftskosten) = 43 €
   Gesucht: EK (Einkaufspreis)
   Lösung: EK = VP + V – GK = 984 € + 132 € – 43 € = 1073 €
   Antwort: Der Einkaufspreis betrug 1073 €.

6. **Gegeben:**
Gesamttank: 75 l
Preis für 1 l Benzin: 1,05 €
Preis für nachgetanktes Benzin: 73,50 €
Gesucht: Benzinvolumen vor dem Auftanken.
Lösung: Volumen des nachgetankten Benzins in Litern:
73,50 € : 1,05 € = 7350 Cent : 105 Cent = 70
Benzinvolumen vor dem Auftanken: 75 l – 70 l = 5 l
Antwort: Vor dem Tanken waren noch 5 l Benzin im Tank.

7. Grundpreis: 6 € 45 Ct · 12 = 77 € 40 Ct
Verbrauchskosten: 4000 · 16 Ct = 640 €
Gesamt: 77 € 40 Ct + 640 € = 717 € 40 Ct
Die jährliche Stromrechnung beträgt 717,40 €.

S. 142 Übungen

1. 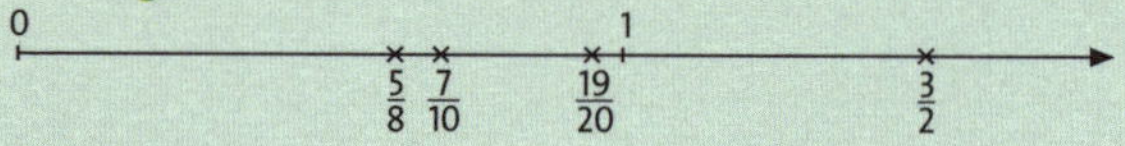

2. a) $\frac{120}{180} = \frac{12}{18} = \frac{2}{3}$ b) $\frac{60}{90} = \frac{6}{9} = \frac{2}{3}$
c) $\frac{60}{84} = \frac{30}{42} = \frac{10}{14} = \frac{5}{7}$ d) $\frac{126}{210} = \frac{63}{105} = \frac{21}{35} = \frac{3}{5}$

3. a) $\frac{6}{10} = \frac{18}{30}$ b) $\frac{15}{16} = \frac{45}{48}$ c) $\frac{2}{3} = \frac{40}{60}$ d) $\frac{1}{2} = \frac{20}{40}$

4. a) $\frac{2}{9} < \frac{7}{9} < \frac{11}{9}$ (gleicher Nenner)
b) $\frac{8}{3} = \frac{40}{15}$ und $\frac{20}{7} = \frac{40}{14}$; $\frac{40}{15} < \frac{40}{14}$, deshalb gilt auch $\frac{8}{3} < \frac{20}{7}$.
c) $\frac{14}{25} = \frac{84}{150}$ und $\frac{21}{30} = \frac{105}{150}$ und $\frac{4}{15} = \frac{40}{150}$; $\frac{40}{150} < \frac{84}{150} < \frac{105}{150}$, deshalb gilt auch $\frac{4}{15} < \frac{14}{25} < \frac{21}{30}$.
d) $\frac{2}{3} = \frac{40}{60}$ und $\frac{3}{4} = \frac{45}{60}$ und $\frac{4}{5} = \frac{48}{60}$; $\frac{40}{60} < \frac{45}{60} < \frac{48}{60}$, deshalb gilt auch $\frac{2}{3} < \frac{3}{4} < \frac{4}{5}$.

5. a) $\frac{1}{50} = \frac{2}{100} = 2\,\%$ b) $\frac{3}{25} = \frac{12}{100} = 12\,\%$ c) $\frac{100}{400} = \frac{25}{100} = 25\,\%$ d) $\frac{3}{2} = \frac{150}{100} = 150\,\%$

S. 144 Übungen

1. a) $\frac{7}{50} + \frac{18}{25} = \frac{7}{50} + \frac{18 \cdot 2}{25 \cdot 2} = \frac{7}{50} + \frac{36}{50} = \frac{43}{50}$ b) $\frac{3}{5} + \frac{1}{6} = \frac{3 \cdot 6}{5 \cdot 6} + \frac{1 \cdot 5}{6 \cdot 5} = \frac{18}{30} + \frac{5}{30} = \frac{23}{30}$
c) $\frac{11}{25} - \frac{4}{15} = \frac{11 \cdot 3}{25 \cdot 3} - \frac{4 \cdot 5}{15 \cdot 5} = \frac{33}{75} - \frac{20}{75} = \frac{13}{75}$ d) $\frac{29}{33} - \frac{21}{44} = \frac{29 \cdot 4}{33 \cdot 4} - \frac{21 \cdot 3}{44 \cdot 3} = \frac{116}{132} - \frac{63}{132} = \frac{53}{132}$

2. a) $\frac{7}{2} = 7 : 2 = 3 + 1 : 2 = 3 + \frac{1}{2} = 3\frac{1}{2}$ b) $\frac{11}{4} = 11 : 4 = 2 + 3 : 4 = 2 + \frac{3}{4} = 2\frac{3}{4}$
c) $\frac{23}{6} = 23 : 6 = 3 + 5 : 6 = 3 + \frac{5}{6} = 3\frac{5}{6}$ d) $\frac{45}{8} = 45 : 8 = 5 + 5 : 8 = 5 + \frac{5}{8} = 5\frac{5}{8}$

3. a) $6\frac{1}{5} = \frac{6}{1} + \frac{1}{5} = \frac{6 \cdot 5}{1 \cdot 5} + \frac{1}{5} = \frac{30}{5} + \frac{1}{5} = \frac{31}{5}$ b) $1\frac{4}{7} = \frac{1}{1} + \frac{4}{7} = \frac{1 \cdot 7}{1 \cdot 7} + \frac{4}{7} = \frac{7}{7} + \frac{4}{7} = \frac{11}{7}$
c) $9\frac{1}{3} = \frac{9}{1} + \frac{1}{3} = \frac{9 \cdot 3}{1 \cdot 3} + \frac{1}{3} = \frac{27}{3} + \frac{1}{3} = \frac{28}{3}$ d) $4\frac{1}{5} = \frac{4}{1} + \frac{1}{5} = \frac{4 \cdot 5}{1 \cdot 5} + \frac{1}{5} = \frac{20}{5} + \frac{1}{5} = \frac{21}{5}$

4. a) $4\frac{3}{4} + 6\frac{3}{4} = 10\frac{6}{4} = 11\frac{2}{4} = 11\frac{1}{2}$

b) $3\frac{7}{12} + 4\frac{5}{18} = 3\frac{21}{36} + 4\frac{10}{36} = 7\frac{31}{36}$

c) $26\frac{8}{15} - 5\frac{3}{10} = 26\frac{16}{30} - 5\frac{9}{30} = 21\frac{7}{30}$

d) $12\frac{3}{16} - 7\frac{1}{20} = 12\frac{15}{80} - 7\frac{4}{80} = 5\frac{11}{80}$

S. 147 f. Übungen

1. a) $\frac{4}{5} \cdot \frac{7}{9} = \frac{4 \cdot 7}{5 \cdot 9} = \frac{28}{45}$

b) $\frac{6}{7} \cdot \frac{4}{15} = \frac{6 \cdot 4}{7 \cdot 15} = \frac{2 \cdot 4}{7 \cdot 5} = \frac{8}{35}$

c) $3 \cdot \frac{2}{10} = \frac{3 \cdot 2}{10} = \frac{6}{10} = \frac{3}{5}$

d) $\frac{2}{3}$ von $18 = \frac{2}{3} \cdot 18 = \frac{2 \cdot 18}{3} = \frac{2 \cdot 6}{1} = 12$

2. a) $2\frac{1}{2} \cdot \frac{4}{5} = \frac{5}{2} \cdot \frac{4}{5} = \frac{5 \cdot 4}{2 \cdot 5} = \frac{1 \cdot 4}{2 \cdot 1} = \frac{1 \cdot 2}{1 \cdot 1} = \frac{2}{1} = 2$

b) $9\frac{3}{10} \cdot 1\frac{2}{3} = \frac{93}{10} \cdot \frac{5}{3} = \frac{93 \cdot 5}{10 \cdot 3} = \frac{93 \cdot 1}{2 \cdot 3} = \frac{31 \cdot 1}{2 \cdot 1} = \frac{31}{2} = 15\frac{1}{2}$

c) $\left(\frac{9}{10}\right)^3 = \frac{9 \cdot 9 \cdot 9}{10 \cdot 10 \cdot 10} = \frac{729}{1000}$

d) $3\frac{3}{5} \cdot \left(\frac{5}{9}\right)^2 = \frac{18}{5} \cdot \left(\frac{5}{9}\right)^2 = \frac{18 \cdot 5 \cdot 5}{5 \cdot 9 \cdot 9} = \frac{2 \cdot 5 \cdot 5}{5 \cdot 1 \cdot 9} = \frac{2 \cdot 1 \cdot 5}{1 \cdot 1 \cdot 9} = \frac{10}{9} = 1\frac{1}{9}$

3. a) $\frac{3}{4} : \frac{2}{5} = \frac{3}{4} \cdot \frac{5}{2} = \frac{3 \cdot 5}{4 \cdot 2} = \frac{15}{8} = 1\frac{7}{8}$

b) $\frac{1}{10} : \frac{2}{25} = \frac{1}{10} \cdot \frac{25}{2} = \frac{1 \cdot 25}{10 \cdot 2} = \frac{1 \cdot 5}{2 \cdot 2} = \frac{5}{4} = 1\frac{1}{4}$

c) $2\frac{1}{2} : 5\frac{1}{4} = \frac{5}{2} : \frac{21}{14} = \frac{5}{2} \cdot \frac{4}{21} = \frac{5 \cdot 4}{2 \cdot 21} = \frac{5 \cdot 2}{1 \cdot 21} = \frac{10}{21}$

d) $26\frac{2}{15} : 2\frac{37}{55} = \frac{392}{15} : \frac{147}{55} = \frac{392}{15} \cdot \frac{55}{147} = \frac{392 \cdot 55}{15 \cdot 147} = \frac{8 \cdot 11}{3 \cdot 3} = \frac{88}{9} = 9\frac{7}{9}$

4. a) $\dfrac{\frac{8}{11}}{\frac{1}{2}} = \frac{8}{11} : \frac{1}{2} = \frac{8}{11} \cdot \frac{2}{1} = \frac{16}{11} = 1\frac{5}{11}$

b) $\dfrac{5\frac{29}{32}}{\frac{27}{48}} = 5\frac{29}{32} : \frac{27}{48} = \frac{189}{32} \cdot \frac{48}{27} = \frac{189 \cdot 48}{32 \cdot 27} = \frac{7 \cdot 3}{2 \cdot 1} = \frac{21}{2} = 10\frac{1}{2}$

c) $\dfrac{7\frac{1}{2}}{3\frac{4}{7}} = 7\frac{1}{2} : 3\frac{4}{7} = \frac{15}{2} : \frac{25}{7} = \frac{15}{2} \cdot \frac{7}{25} = \frac{15 \cdot 7}{2 \cdot 25} = \frac{3 \cdot 7}{2 \cdot 5} = \frac{21}{10} = 2\frac{1}{10}$

S. 149 Übung

a) $\left(\frac{2}{3} + \frac{3}{4}\right) \cdot \frac{1}{6} = \left(\frac{8}{12} + \frac{9}{12}\right) \cdot \frac{1}{6} = \frac{17}{12} \cdot \frac{1}{6} = \frac{17}{72}$

b) $\frac{1}{12} : \left(\frac{3}{4} - \frac{1}{12}\right) = \frac{1}{12} : \left(\frac{9}{12} - \frac{1}{12}\right) = \frac{1}{12} : \frac{8}{12} = \frac{1}{12} \cdot \frac{12}{8} = \frac{1}{8}$

c) $\left(1\frac{5}{9} - \frac{3}{4}\right) \cdot \frac{2}{7} = \left(\frac{56}{36} - \frac{27}{36}\right) \cdot \frac{2}{7} = \frac{29}{36} \cdot \frac{2}{7} = \frac{29}{126}$

d) $\frac{1}{3} + \frac{7}{9} : \frac{14}{15} = \frac{1}{3} + \frac{7}{9} \cdot \frac{15}{14} = \frac{1}{3} + \frac{5}{3 \cdot 2} = \frac{2}{6} + \frac{5}{6} = \frac{7}{6} = 1\frac{1}{6}$

e) $4\frac{5}{18} - 1\frac{3}{4} \cdot \frac{4}{15} + \frac{17}{90} = 4\frac{5}{18} - \frac{7 \cdot 4}{4 \cdot 15} + \frac{17}{90} = 4\frac{5}{18} - \frac{7}{15} + \frac{17}{90} = 4\frac{25}{90} - \frac{42}{90} + \frac{17}{90}$

$= 3\frac{115}{90} - \frac{42}{90} + \frac{17}{90} = 3\frac{90}{90} = 4$

S. 149 Test

1.

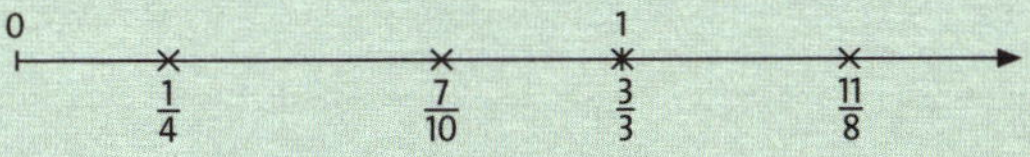

2. a) $\frac{3}{10} + \frac{4}{7} = \frac{3 \cdot 7}{10 \cdot 7} + \frac{4 \cdot 10}{7 \cdot 10} = \frac{21}{70} + \frac{40}{70} = \frac{61}{70}$

b) $\frac{8}{15} + \frac{7}{20} = \frac{8 \cdot 4}{15 \cdot 4} + \frac{7 \cdot 3}{20 \cdot 3} = \frac{32}{60} + \frac{21}{60} = \frac{53}{60}$

c) $\frac{4}{5} - \frac{3}{20} = \frac{4 \cdot 4}{5 \cdot 4} - \frac{3}{20} = \frac{16}{20} - \frac{3}{20} = \frac{13}{20}$

d) $\frac{7}{15} - \frac{1}{4} = \frac{7 \cdot 4}{15 \cdot 4} - \frac{1 \cdot 15}{4 \cdot 15} = \frac{28}{60} - \frac{15}{60} = \frac{13}{60}$

e) $5\frac{1}{4} - 2\frac{3}{4} = 4\frac{5}{4} - 2\frac{3}{4} = 2\frac{2}{4} = 2\frac{1}{2}$

f) $6\frac{3}{10} - 4\frac{7}{10} = 5\frac{13}{10} - 4\frac{7}{10} = 1\frac{6}{10} = 1\frac{3}{5}$

g) $10\frac{4}{7} + 3\frac{5}{14} + 9\frac{9}{28} = 10\frac{16}{28} + 3\frac{10}{28} + 9\frac{9}{28} = 22\frac{35}{28} = 23\frac{7}{28} = 23\frac{1}{4}$

3. a) $\frac{4}{5}$ von $\frac{3}{4} = \frac{4}{5} \cdot \frac{3}{4} = \frac{4 \cdot 3}{5 \cdot 4} = \frac{3}{5}$

b) $\frac{3}{10}$ von $\frac{1}{2} = \frac{3}{10} \cdot \frac{1}{2} = \frac{3 \cdot 1}{10 \cdot 2} = \frac{3}{20}$

c) 50 % von $\frac{2}{3} = \frac{50}{100} \cdot \frac{2}{3} = \frac{1}{2} \cdot \frac{2}{3} = \frac{1}{3}$

4. a) $9\frac{3}{4} \cdot 5 = \frac{39}{4} \cdot 5 = \frac{39 \cdot 5}{4} = \frac{195}{4} = 48\frac{3}{4}$

b) $3\frac{4}{15} \cdot 3\frac{3}{14} = \frac{49}{15} \cdot \frac{45}{14} = \frac{49 \cdot 45}{15 \cdot 14} = \frac{49 \cdot 3}{1 \cdot 14} = \frac{7 \cdot 3}{1 \cdot 2} = \frac{21}{2} = 10\frac{1}{2}$

c) $\left(\frac{2}{3}\right)^2 \cdot \left(\frac{3}{8}\right)^2 = \frac{2 \cdot 2 \cdot 3 \cdot 3}{3 \cdot 3 \cdot 8 \cdot 8} = \frac{2 \cdot 2 \cdot 1 \cdot 1}{1 \cdot 1 \cdot 8 \cdot 8} = \frac{1 \cdot 1 \cdot 1 \cdot 1}{1 \cdot 1 \cdot 4 \cdot 4} = \frac{1}{16}$

d) $\frac{7}{8} : \frac{14}{5} = \frac{7}{8} \cdot \frac{5}{14} = \frac{7 \cdot 5}{8 \cdot 14} = \frac{1 \cdot 5}{8 \cdot 2} = \frac{5}{16}$

e) $\frac{3}{10} : \frac{9}{25} = \frac{3}{10} \cdot \frac{25}{9} = \frac{3 \cdot 25}{10 \cdot 9} = \frac{1 \cdot 5}{2 \cdot 3} = \frac{5}{6}$

f) $4\frac{7}{20} : 29 = \frac{87}{20} : \frac{29}{1} = \frac{87}{20} \cdot \frac{1}{29} = \frac{87 \cdot 1}{20 \cdot 29} = \frac{3 \cdot 1}{20 \cdot 1} = \frac{3}{20}$

g) $100\frac{4}{7} : 32 = \frac{704}{7} : \frac{32}{1} = \frac{704}{7} \cdot \frac{1}{32} = \frac{704 \cdot 1}{7 \cdot 32} = \frac{22 \cdot 1}{7 \cdot 1} = \frac{22}{7} = 3\frac{1}{7}$

5. a) $\frac{15}{\frac{8}{25}} = 15 : \frac{8}{25} = 15 \cdot \frac{25}{8} = \frac{15 \cdot 25}{8} = \frac{375}{8} = 46\frac{7}{8}$

b) $\frac{36}{9\frac{1}{3}} = 36 : 9\frac{1}{3} = 36 : \frac{28}{3} = 36 \cdot \frac{3}{28} = \frac{36 \cdot 3}{28} = \frac{9 \cdot 3}{7} = \frac{27}{7} = 3\frac{6}{7}$

c) $\frac{\frac{3}{4}}{1\frac{1}{4} - \frac{1}{2}} = \frac{3}{4} : \left(1\frac{1}{4} - \frac{1}{2}\right) = \frac{3}{4} : \left(\frac{5}{4} - \frac{2}{4}\right) = \frac{3}{4} : \frac{3}{4} = \frac{3}{4} \cdot \frac{4}{3} = 1$

6. $5\frac{1}{2} + 3\frac{3}{8} : 4\frac{1}{2} - \left(3\frac{1}{18} \cdot 1\frac{4}{5} + \frac{1}{2}\right) = 5\frac{1}{2} + \frac{27}{8} : \frac{9}{2} - \left(\frac{55 \cdot 9}{18 \cdot 5} + \frac{1}{2}\right) = 5\frac{1}{2} + \frac{27 \cdot 2}{8 \cdot 9} - \left(\frac{11 \cdot 1}{2 \cdot 1} + \frac{1}{2}\right)$

$= 5\frac{1}{2} + \frac{3 \cdot 1}{4 \cdot 1} - \left(\frac{11}{2} + \frac{1}{2}\right) = 5\frac{1}{2} + \frac{3}{4} - \frac{12}{2} = 5\frac{2}{4} + \frac{3}{4} - 6 = 5\frac{5}{4} - 6 = 6\frac{1}{4} - 6 = \frac{1}{4}$

S. 156 Übungen

1.

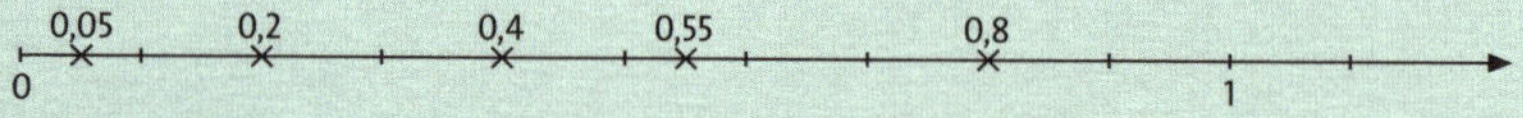

2. a) $0{,}23 < 2{,}01 < 2{,}11 < 2{,}2$

b) $0{,}017 < 0{,}071 < 0{,}170 < 0{,}701$

3. a) $0{,}4 \cdot 10 = 4$

b) $2{,}3 \cdot 10 = 23$

c) $40{,}9 : 10 = 4{,}09$

d) $384 : 100 = 3{,}84$

4. a)

$$\begin{array}{r} 0{,}73 \cdot 1{,}5 \\ \hline 73 \\ 365 \\ \hline 1{,}095 \end{array}$$

b)

$$\begin{array}{r} 4{,}56 \cdot 1{,}2 \\ \hline 456 \\ 912 \\ \hline 5{,}472 \end{array}$$

c) $0{,}05 : 0{,}8 = 0{,}50 : 8 = 0{,}0625$

$$\begin{array}{r} 48 \\ \hline 20 \\ 16 \\ \hline 40 \\ 40 \\ \hline 0 \end{array}$$

d) $1{,}96 : 1{,}4 = 19{,}6 : 14 = 1{,}4$

$$\begin{array}{r} 14 \\ \hline 56 \\ 56 \\ \hline 0 \end{array}$$

5. a) $7 : 3 = 2{,}\overline{3}$ b) $1 : 11 = 0{,}\overline{09}$ c) $4 : 20 = 0{,}2$ d) $0{,}8 : 1{,}2 = 0{,}\overline{6}$

S. 156 Test

1. a) $14{,}8 - (11{,}2 - 3{,}75) - 1{,}9 = 14{,}8 - 7{,}45 - 1{,}9 = 7{,}35 - 1{,}9 = 5{,}45$
   b) $(0{,}5 + 1{,}13) + (11{,}0 - 2{,}7) - 4{,}5 = 1{,}63 + 8{,}3 - 4{,}5 = 9{,}93 - 4{,}5 = 5{,}43$
   c) $5 \cdot 1{,}4 - 0{,}7 : 0{,}14 = 7 - 5 = 2$
   d) $(1\frac{1}{4} + 0{,}25) : 0{,}48 = (1{,}25 + 0{,}25) : 0{,}48 = 1{,}5 : 0{,}48 = 3{,}125$

2. a) $0{,}\overline{3} \approx 0{,}333$ b) $0{,}\overline{6} \approx 0{,}667$ c) $2{,}\overline{57} \approx 2{,}576$ d) $7{,}\overline{17} \approx 7{,}172$

3. a) $0{,}\overline{4} = 4 \cdot 0{,}\overline{1} = 4 \cdot \frac{1}{9} = \frac{4}{9}$ b) $0{,}0\overline{4} = 0{,}\overline{4} : 10 = \frac{4}{9} : 10 = \frac{4}{90} = \frac{2}{45}$
   c) $1{,}0\overline{4} = 1\frac{2}{45}$ d) $0{,}\overline{15} = 15 \cdot 0{,}\overline{01} = \frac{15}{99} = \frac{5}{33}$

4. a) $231 : 5{,}5 = 42$ Der Sieger legte 42 km pro Stunde zurück.
   b) $10€ - (6 \cdot 0{,}55€ + 3 \cdot 1{,}44€) = 10€ - (3{,}30€ + 4{,}32€)$
   $= 10€ - 7{,}62€ = 2{,}38€$ Sie bekommt 2,38 € zurück.

S. 159 Test

1. a) Durchschnitt = $(11 \cdot 1 + 17 \cdot 2 + 20 \cdot 3 + 14 \cdot 4 + 20 \cdot 5 + 18 \cdot 6) : 100 = 3{,}69$
   b)

Augenzahl	1	2	3	4	5	6
rel. Häufigk.	0,11	0,17	0,20	0,14	0,20	0,18

   c)

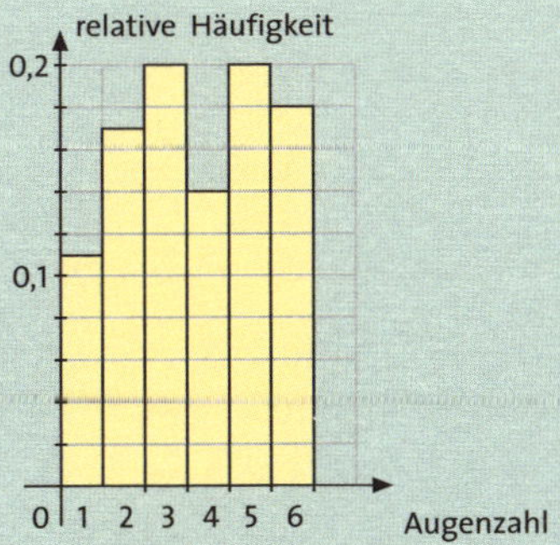

2. a)

Uhrzeit	0:00	6:00	12:00	18:00	24:00
Temperatur in °C	5,1	4,0	8,5	10,4	7,3

b)

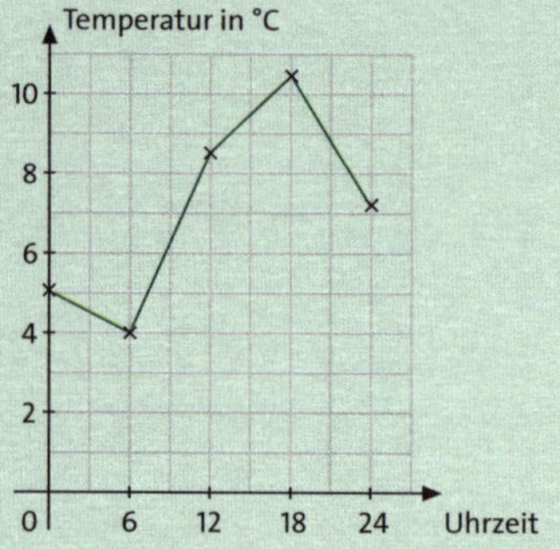

S. 161 f. Test

1. a)

x	2	3	4	5	6
y	3	4,5	6	7,5	9

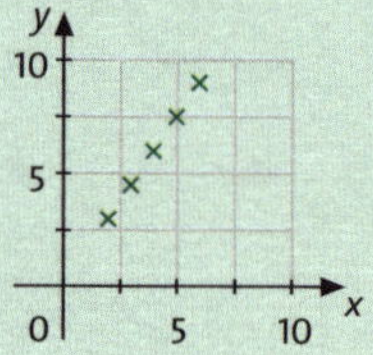

b)

x	0	2	4	6	10
y	0	1	2	3	5

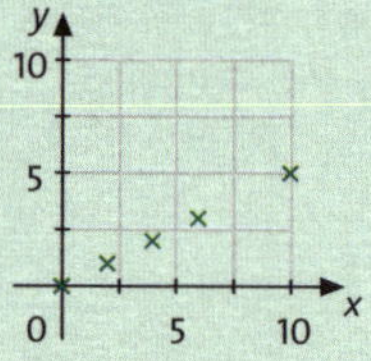

2. a) proportional zueinander
   b) nicht proportional
   c) proportional zueinander

3. Man erwartet, dass die Anzahl der Kühe und die Menge der gelieferten Milch proportional zueinander sind.

:3 | 12 Kühe ≙ 9000 l | :3
·2 | 4 Kühe ≙ 3000 l | ·2
 | 8 Kühe ≙ 6000 l |

Bei 8 Kühen erwartet man 6000 l Milch.

4. Weg und Zeit sind proportional zueinander.

(:20) $20\,km \mathrel{\hat{=}} 60\,min$ (:20)

$1\,km \mathrel{\hat{=}} 3\,min$

(·55) $55\,km \mathrel{\hat{=}} 165\,min$ (·55)

165 min = 120 min + 45 min = 2 h 45 min

Der Radler braucht 2 h 45 min für die Umrundung des Starnberger Sees.

5.

Zeit in min	4	8	10	20	60
Wasserstand in cm	6	12	15	30	90

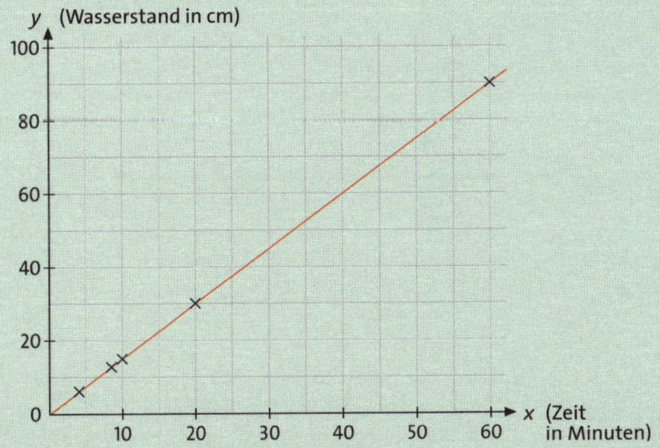

S. 165 Übungen

1. **a)** Würfel **b)** Zylinder, Kegel

c) Pyramide, Prisma mit Dreiecksflächen

d) Würfel, Quader, Prisma, Pyramide

e) Pyramide mit Dreieck als Grundfläche **f)** Kugel

2. **Körper 1** ist aus einem Prisma und einer Pyramide zusammengesetzt. Er hat 12 Kanten und 7 Begrenzungsflächen, nämlich 3 Rechtecke und 4 Dreiecke.
Körper 2 ist aus einem Kegel und einer Halbkugel zusammengesetzt. Er hat 1 Kante und 2 Begrenzungsflächen, nämlich die halbe Kugeloberfläche und die Mantelfläche des Kegels.
Körper 3 ist aus einem Kegel und einem Zylinder zusammengesetzt. Er hat 2 Kanten und 3 Begrenzungsflächen, nämlich eine Kreisfläche, eine Mantelfläche des Zylinders und eine Mantelfläche des Kegels.
Körper 4 ist aus zwei Pyramiden zusammengesetzt. Er hat 12 Kanten und 8 Dreiecke als Begrenzungsflächen.

S. 171 Übungen

1. a) orange Geraden b) grüne Geraden

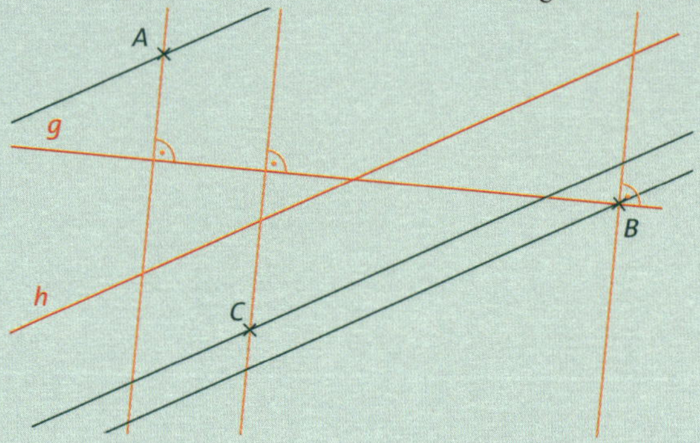

2. a) $A(2|1)$, $B(4|0)$, $C(1|3)$, $D(0|2)$, $E(4|4)$, $F(6|5)$, $G(2|4)$, $H(5|2)$

b)

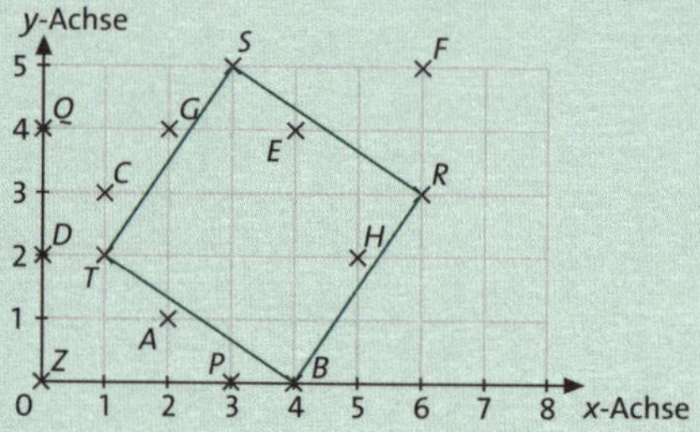

c) $B(4|0)$

S. 175 f. Übungen

1. a) $A_R = a \cdot b = 16\,\text{cm} \cdot 10\,\text{cm} = 160\,\text{cm}^2 = 1\,\text{dm}^2\ 60\,\text{cm}^2$
   $u_R = 2 \cdot (a + b) = 2 \cdot 26\,\text{cm} = 52\,\text{cm}$

   b) $A_R = a \cdot b = 25\,\text{dm} \cdot 75\,\text{cm} = 250\,\text{cm} \cdot 75\,\text{cm}$
   $= 18\,750\,\text{cm}^2 = 1\,\text{m}^2\ 87\,\text{dm}^2\ 50\,\text{cm}^2$
   $u_R = 2 \cdot (a + b) = 2 \cdot (250\,\text{cm} + 75\,\text{cm}) = 650\,\text{cm}$

   c) $A_R = a \cdot b = 5\,\text{m}\ 4\,\text{dm} \cdot 2\,\text{m}\ 25\,\text{cm}$
   $= 540\,\text{cm} \cdot 225\,\text{cm} = 121\,500\,\text{cm}^2 = 12\,\text{m}^2\ 15\,\text{dm}^2$
   $u_R = 2 \cdot (a + b) = 2 \cdot (5{,}4\,\text{m} + 2{,}25\,\text{m}) = 15{,}3\,\text{m}$

   d) $A_R = a \cdot b = 450\,\text{m} \cdot 265\,\text{m} = 119\,250\,\text{m}^2 = 11\,\text{ha}\ 92\,\text{a}\ 50\,\text{m}^2$
   $u_R = 2 \cdot (a + b) = 2 \cdot (450\,\text{m} + 265\,\text{m}) = 1430\,\text{m}$

2. a) $4\,\text{a}\ 56\,\text{m}^2 = 456\,\text{m}^2$ b) $36\,\text{m}^2\ 75\,\text{dm}^2 = 3\,675\,\text{dm}^2$
   c) $4\,\text{m}^2\ 20\,\text{cm}^2 = 40\,020\,\text{cm}^2$ d) $12\,\text{km}^2\ 36\,\text{a} = 120\,036\,\text{a}$
   e) $3\,\text{m}^2\ 89\,\text{dm}^2 = 389\,\text{dm}^2$ f) $6\,\text{ha}\ 25\,\text{a} = 625\,\text{a}$

3. **a)** $A = A_I + A_{II}$
$= 10\,cm \cdot 4\,cm + 4\,cm \cdot 4\,cm$
$= 40\,cm^2 + 16\,cm^2 = 56\,cm^2$

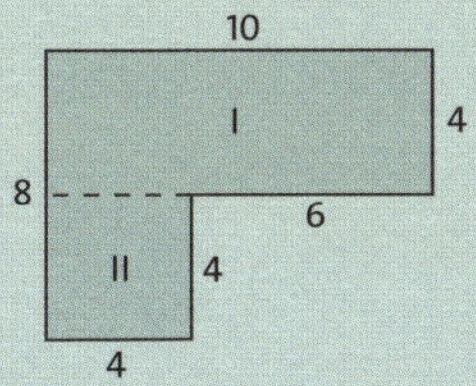

Oder erst zum Rechteck ergänzen:
$A = 10\,cm \cdot 8\,cm - 4\,cm \cdot 6\,cm$
$= 80\,cm^2 - 24\,cm^2 = 56\,cm^2$

b) $A = A_{Quadrat} - A_I$
$= 6\,cm \cdot 6\,cm - 2\,cm \cdot 2\,cm$
$= 36\,cm^2 - 4\,cm^2 = 32\,cm^2$

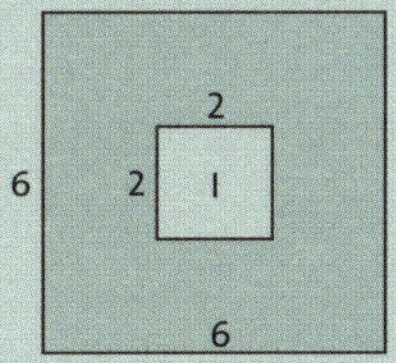

S. 181 f. Übungen

1. Die Pfeile geben an, wie die Rechtecke richtig platziert werden müssen.

a) 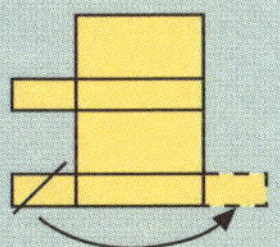
b) 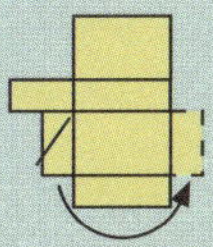
c) 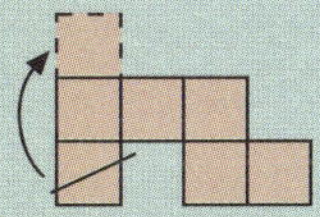

2. **a)** $1\,m^3\ 730\,dm^3 = 1000\,dm^3 + 730\,dm^3 = 1730\,dm^3$
b) $400\,dm^3\ 25\,cm^3 = 400\,000\,cm^3 + 25\,cm^3 = 400\,025\,cm^3$
c) $370\,dm^3\ 40\,cm^3 = 370\,040\,cm^3$
d) $75\,dm^3\ 15\,mm^3 = 75\,000\,015\,mm^3$
e) $4\,m^3\ 5\,cm^3 = 4\,000\,005\,cm^3$
f) $1\,dm^3\ 65\,mm^3 = 1\,000\,065\,mm^3$

3. **a)** $V_Q = a \cdot b \cdot c = 12\,cm \cdot 9\,cm \cdot 15\,cm$
$= 12 \cdot 9 \cdot 15\ cm^3 = 1620\ cm^3 = 1\ dm^3\ 620\,cm^3$
$O_Q = 2 \cdot (a \cdot b + a \cdot c + b \cdot c)$
$= 2 \cdot (12 \cdot 9 + 12 \cdot 15 + 9 \cdot 15)\ cm^2 = 846\,cm^2 = 8\,dm^2\ 46\,cm^2$

b) $V_Q = a \cdot b \cdot c = 35\,dm \cdot 25\,dm \cdot 18\,dm$
$= 35 \cdot 25 \cdot 18\,dm^3 = 15\,750\,dm^3 = 15\,m^3\ 750\,dm^3$
$O_Q = 2 \cdot (a \cdot b + a \cdot c + b \cdot c)$
$= 2 \cdot (35 \cdot 25 + 35 \cdot 18 + 25 \cdot 18)\ dm^2 = 3\,910\ dm^2 = 39\,m^2\ 10\,dm^2$

c) $V_Q = a \cdot b \cdot c = 4\,m \cdot 25\,dm \cdot 2\,m = 40\,dm \cdot 25\,dm \cdot 20\,dm$
$= 40 \cdot 25 \cdot 20\ dm^3 = 20\,000\ dm^3 = 20\,m^3$
$O_Q = 2 \cdot (a \cdot b + a \cdot c + b \cdot c)$
$= 2 \cdot (40 \cdot 25 + 40 \cdot 20 + 25 \cdot 20)\ dm^2 = 4600\,dm^2 = 46\,m^2$

4. a) $V_{\text{Körper}} = V_{\text{I}} + V_{\text{II}}$
$= 10\,\text{cm} \cdot 4\,\text{cm} \cdot 2\,\text{cm} + 4\,\text{cm} \cdot 4\,\text{cm} \cdot 5\,\text{cm}$
$= 80\,\text{cm}^3 + 80\,\text{cm}^3 = 160\,\text{cm}^3$
Oder zunächst zum Quader ergänzen:
$V_{\text{Körper}}$
$= 10\,\text{cm} \cdot 4\,\text{cm} \cdot 7\,\text{cm} - 6\,\text{cm} \cdot 4\,\text{cm} \cdot 5\,\text{cm}$
$= 280\,\text{cm}^3 - 120\,\text{cm}^3 = 160\,\text{cm}^3$

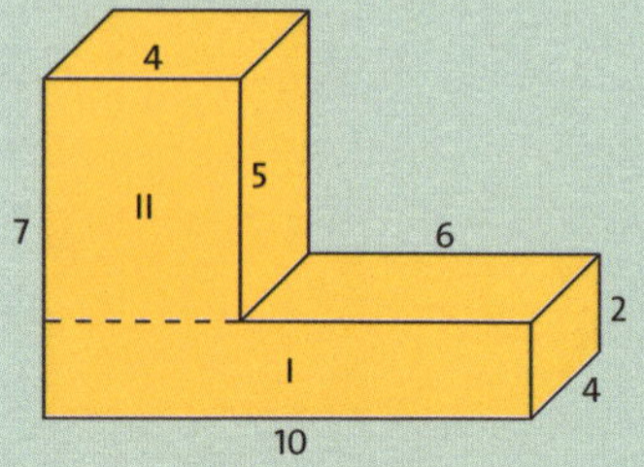

b) $V_{\text{Körper}} = V_{\text{I}} + V_{\text{II}}$
$= 12\,\text{cm} \cdot 8\,\text{cm} \cdot 2\,\text{cm} + 2\,\text{cm} \cdot 8\,\text{cm} \cdot 4\,\text{cm}$
$= 192\,\text{cm}^3 + 64\,\text{cm}^3 = 256\,\text{cm}^3$

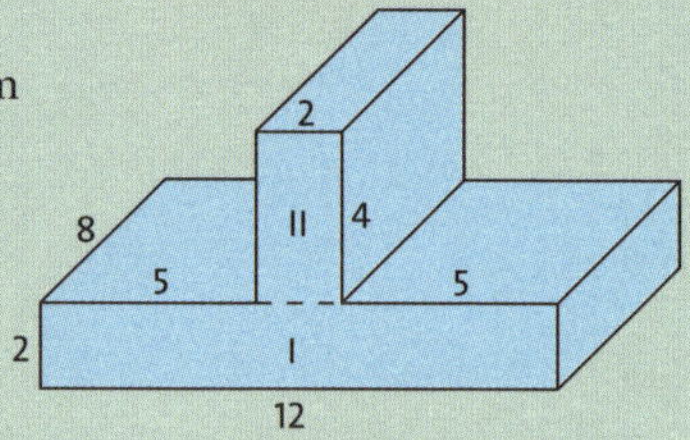

S. 184 f. Übungen

1. Die Drehung bei Winkeln verläuft stets *entgegen dem Uhrzeigersinn!*

a)

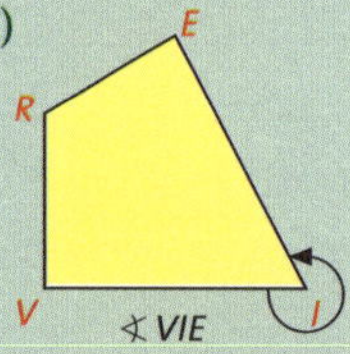

b)

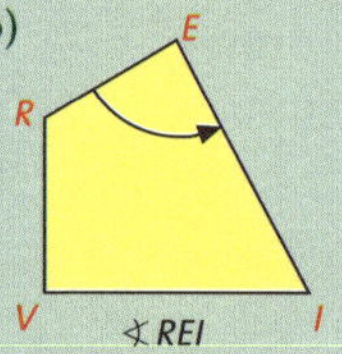

c)

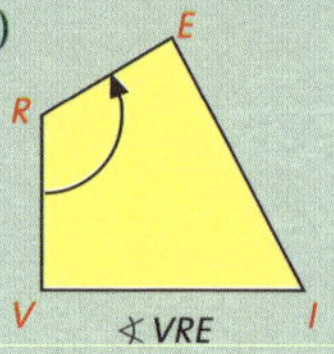

2. a) $\alpha = 38°;\ \beta = 62°;\ \gamma = 80°$ b) $\alpha + \beta + \gamma = 180°$

3. a) $\alpha + \beta = 20°30' + 50°20'10'' = 70°50'10''$
b) $\beta - \alpha = 50°20'10'' - 20°30' = 49°80'10'' - 20°30' = 29°50'10''$
c) $3\alpha - \beta = 3 \cdot 20°30' - 50°20'10'' = 61°30' - 50°20'10'' = 11°9'\,50''$

S. 187 Übungen

1.

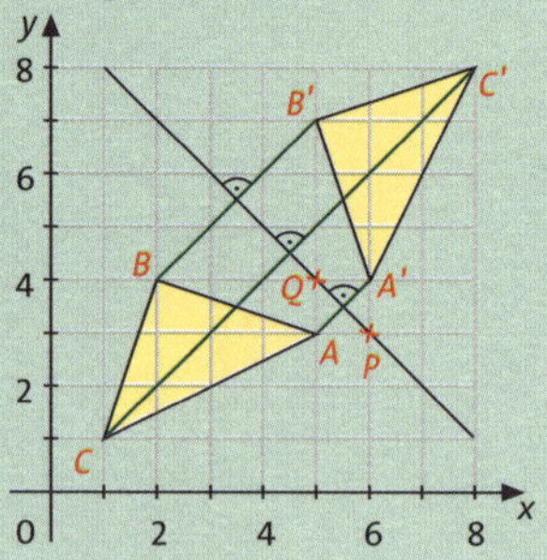

2.

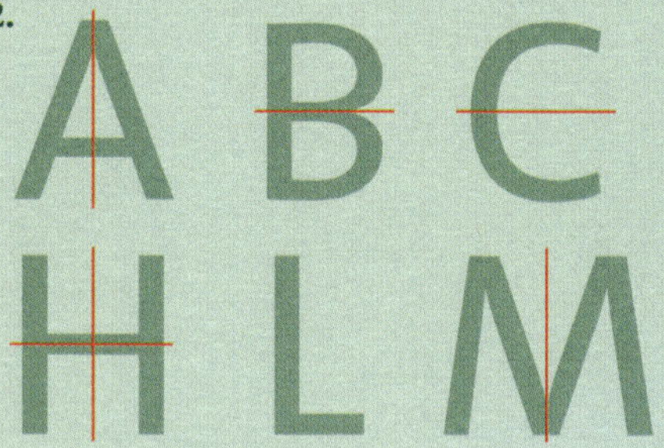

S. 187 f. Test

1. **a)**

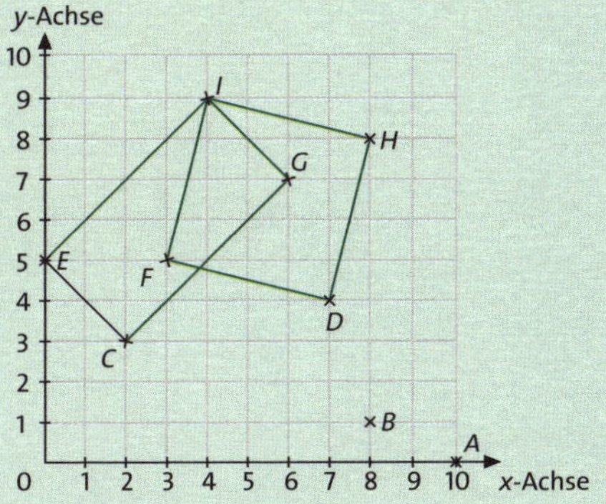

b) Eckpunkte des Quadrates: *D, H, I, F*

c) Eckpunkte des Rechtecks: *C, G, I, E*

d) Quadrat: $u = 4 \cdot 41\,\text{mm} = 164\,\text{mm}$

Rechteck: $u = 57\,\text{mm} + 28\,\text{mm} + 57\,\text{mm} + 28\,\text{mm} = 170\,\text{mm} = 17\,\text{cm}$

2. **a)** $37\,000\,\text{mm}^3 = 37\,\text{cm}^3$ **b)** $47\,000\,\text{dm}^2 = 470\,\text{m}^2 = 4\,\text{a}\;70\,\text{m}^2$

c) $2\,050\,000\,\text{dm}^3 = 2\,050\,\text{m}^3$ **d)** $70\,040\,000\,\text{cm}^2 = 7\,004\,\text{m}^2 = 70\,\text{a}\;4\,\text{m}^2$

e) $32\,650\,000\,000\,\text{cm}^3 = 32\,650\,000\,\text{dm}^3 = 32\,650\,\text{m}^3$

3. **a)** $A = A_{\text{Quadrat}} - (A_{\text{I}} + A_{\text{II}})$

$= 8\,\text{cm} \cdot 8\,\text{cm} - (3\,\text{cm} \cdot 4\,\text{cm} + 1\,\text{cm} \cdot 3\,\text{cm})$

$= 64\,\text{cm}^2 - 15\,\text{cm}^2 = 49\,\text{cm}^2$

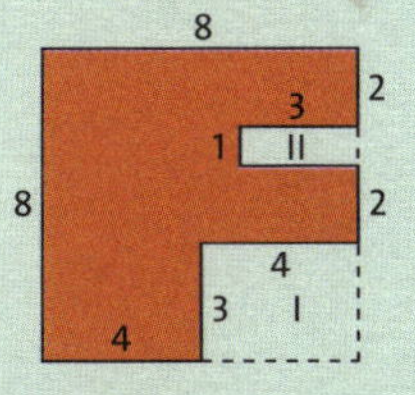

b) $V_{\text{Körper}} = V_{\text{Quader}} - V_{\text{I}}$

$= 20\,\text{cm} \cdot 16\,\text{cm} \cdot 15\,\text{cm} - 12\,\text{cm} \cdot 8\,\text{cm} \cdot 8\,\text{cm}$

$= 4\,800\,\text{cm}^3 - 768\,\text{cm}^3 = 4\,032\,\text{cm}^3$

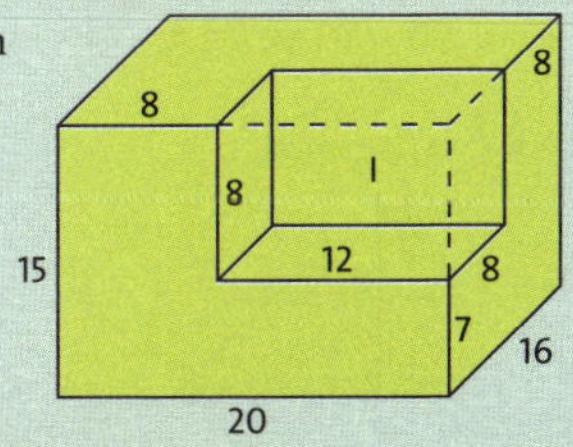

4. **a)** $\alpha = 65°$; $\beta = 70°$; $\gamma = 133°$; $\delta = 92°$

b) $\alpha + \beta + \gamma + \delta = 360°$

Englisch

5./6. Klasse

Inhaltsverzeichnis

Wortarten

Verben

Der Satz

Wortarten *(Word classes)*

1 Nomen *(Nouns)*

1.1 Regelmäßiger Plural *(Regular plural)*

Beispiel:

1 The **streets** of our **towns** are full of **cars.**
Die Straßen unserer Städte sind voller Autos.

2 I had two **sandwiches** for lunch.
Ich hatte zwei belegte Brote zum Mittagessen.

3 A lot of **families** live in our street, but there are no **babies.**
In unserer Straße wohnen viele Familien, aber es gibt keine Babys.

4 You'll find **knives** in the **boxes** at the entrance.
Messer finden Sie in den Kästen am Eingang.

5 Most cars have **radios.**
Die meisten Autos haben Radios.

6 Please buy a few **potatoes.**
Kaufe bitte ein paar Kartoffeln.

- Bei den weitaus meisten Nomen bilden wir den Plural mit *-s* [1].

- Bei dem Anhängen von *-s* gibt es folgende Schreibregeln:

Endet der Singular auf *-ch, -s, -sh* oder *-x*, wird *-es* angehängt.
Beispiele sind:

-ch	*-s*
church – churches	*class – classes*
match – matches (Streichholz)	*boss – bosses*
sandwich – sandwiches [2]	*bus – buses*
watch – watches (Armbanduhr)	*glass – glasses*
	kiss – kisses

-sh	*-x*
brush – brushes (Bürste)	*box – boxes* [4]
bush – bushes (Strauch)	*fox – foxes* (Fuchs)

Endet der Singular auf *-y* nach einem Konsonanten, entfällt das *-y* und *-ies* wird angehängt [3]. Andere Beispiele sind:

baby – babies [3]	*ferry – ferries* (Fähre)
city – cities	*lady – ladies*
country – countries	*lorry – lorries*
family – families [3]	

Endet der Singular auf *-f* bzw. *-fe*, wird *f* zu *v* und *-es* angehängt [4]. Andere Beispiele sind:

-f	*-fe*
leaf – leaves (Blatt)	*knife – knives* [4]
shelf – shelves (Brett)	*life – lives*
thief – thieves (Dieb)	*wife – wives* (Ehefrau)
wolf – wolves	

▶ **BEACHTE** aber diese Ausnahmen:
handkerchief – handkerchiefs (Taschentuch)
roof – roofs (Dach)
scarf – scarfs (Schal)

Endet der Singular auf *-o*, bilden wir den Plural mit *-s* bzw. *-es* [5]. Am wichtigsten sind:

-s	*-es*
photo – photos	*potato – potatoes* [6]
radio – radios [5]	*tomato – tomatoes*
video – videos	

1.2 Unregelmäßiger Plural *(Irregular plural)*

Beispiel:

1 How many **children** live here?
Wie viele Kinder wohnen hier?

2 **Men** still get more money than **women.**
Männer bekommen immer noch mehr Geld als Frauen.

3 You should clean your **teeth** regularly.
Du sollst deine Zähne regelmäßig putzen.

4 Ben caught two **fish** today.
Heute fing Ben zwei Fische.

■ Eine kleine Zahl von Nomen hat einen unregelmäßigen Plural.
Am wichtigsten sind:

child – children [1]
man – men [2]
woman – women [2]
foot – feet
goose – geese (Gans)
tooth – teeth [3]
mouse – mice

▶ **BEACHTE**

Der Plural von der Maus, die du am Computer benutzt, ist: *(computer) mouse – (computer) mouses*

■ Einige Nomen haben die gleiche Form in Singular und im Plural.
Am wichtigsten sind:

deer – deer (Hirsch)
fish – fish [4]
fruit – fruit
sheep – sheep

1.3 Zählbare und nichtzählbare Nomen *(Countable and uncountable nouns)*

Beispiel:

1 Kate always has **a roll** for breakfast.
Kate isst immer ein Brötchen zum Frühstück.

2 I'd like **four apples** and **six bananas,** please.
Ich hätte gerne vier Äpfel und sechs Bananen.

3 We need **some butter** and **some cheese.**
Wir brauchen etwas Butter und Käse.

4 Please buy **two packets of butter** and **eight slices of cheese.**
Kaufe bitte zwei Pakete *Butter und acht Scheiben Käse.*

5 Have you washed your **hair** this week? **It's** dirty.
Hast du deine Haare diese Woche gewaschen? Sie sind dreckig.

6 Where **are** my **glasses?**
Wo ist meine Brille?

7 He only has **two pairs of trousers.**
Er hat nur zwei Hosen.

■ Nomen wie ***rolls, apples*** und ***bananas*** sind zählbar. Sie haben eine Pluralform und können daher mit ***a/an*** [1] und Zahlwörtern [2] benutzt werden.

■ Nomen wie ***butter*** und ***cheese*** sind dagegen nichtzählbar. Sie haben keine Pluralform und können deswegen nicht ohne weiteres mit ***a/an*** oder Zahlwörtern gebraucht werden [3].

■ Wollen wir nichtzählbare Nomen im Plural dennoch benutzen, dann müssen wir ein geeignetes zählbares Nomen – z. B. *packets of* oder *slices of* – hinzufügen [4].
Die folgenden zählbaren Begriffe kannst du benutzen, um nichtzählbare Nomen zählbar zu machen:

a ***bar*** *of*	*chocolate*	ein Riegel/eine Tafel Schokolade
a ***bottle*** *of*	*mineral water*	eine Flasche Mineralwasser
a ***can*** *of*	*coke*	eine Dose Cola
a ***cup*** *of*	*coffee*	eine Tasse Kaffee

*a **glass** of*	*milk*	ein Glas Milch
*a **kilo** of*	*ham*	ein Kilo Schinken
*a **litre** of*	*apple juice*	ein Liter Apfelsaft
*a **packet** of*	*tea*	ein Päckchen Tee
*a **pound** of*	*meat*	ein Pfund Fleisch
*a **slice** of*	*bread*	eine Scheibe Brot
*a **tin** of*	*paint*	eine Dose Farbe
*a **tube** of*	*toothpaste*	eine Tube Zahnpasta

■ Die folgenden Nomen sind im Englischen – anders als im Deutschen – nichtzählbar. Daher stehen die dazugehörigen Verben und Pronomen immer im Singular [5]:

advice	Rat, Ratschläge
damage	Schaden, Schäden
furniture	Möbel
hair	Haar(e)
homework	Hausaufgabe(n)
housework	Hausarbeit(en)
information	Information(en)
news	Nachrichten

▶ **BEACHTE**, dass wir ***people*** (Menschen) und ***police*** nur **im Plural** benutzen:

***People are** sometimes hard to understand.*
Menschen sind manchmal schwer zu verstehen.

***The police are** here. **They** want to speak to the boss.*
Die Polizei ist hier. Sie will mit dem Chef sprechen.

■ Dinge, die aus zwei Teilen bestehen, wie ***glasses***, können wir im Englischen nur im Plural benutzen [6].
Wollen wir solche ‚Paarwörter' im Singular mit *a/an* oder mit einem Zahlwort im Plural benutzen, müssen wir *a pair of … bzw. two/three/… pairs of* hinzufügen [7].

Am wichtigsten sind:

glasses	Brille
headphones	Kopfhörer
jeans	Jeans
leggings	Leggings
pants	BE: Unterhose; AE: Hose
scissors	Schere
shorts	kurze Hose, ‚Shorts‘
tights	Strumpfhose
trousers	Hose

Übungen

1 Bilde den Plural der Nomen. Schreibe auf einen Zettel.

At school:	Food and drink:	People:
1 chair	6 apple	11 child
2 class	7 glass	12 family
3 desk	8 knife	13 man
4 shelf	9 potato	14 wife
5 table	10 sandwich	15 woman

2 Suche die zehn nichtzählbaren Nomen heraus. Schreibe auf einen Zettel.

bike	computer	information
boy	cow	mouse
bread	furniture	news
butter	glass	pet
cat	goldfish	tooth
chocolate	hair	water
money	homework	

1.4 Das Stützwort *one/ones (The prop word one/ones)*

Beispiel:

1 Do you want **the blue shirt** or **the yellow one?**
Willst du das blaue Hemd oder das gelbe?

2 I'd like three **white candles** and two **red ones,** please.
Ich möchte drei weisse Kerzen und zwei rote, bitte.

■ Möchten wir ein zählbares Nomen nicht wiederholen, ersetzen wir es durch *one* (Singular) [1] bzw. *ones* (Plural) [2].

▶ **BEACHTE** Anders als im Deutschen kann ein **Adjektiv** – *yellow* [1], *red* [2] – **nicht allein** stehen.

1.5 Der Genitiv *(The genitive)*

's-Genitiv

Beispiel:

1 **Cathy's room** is too small.
Cathys Zimmer ist zu klein.

2 Do you sell **children's clothes?**
Verkaufen Sie Kinderkleidung?

3 This is **Tiger's cushion.**
Dies ist Tigers Kissen.

4 The **girls'** and the **boys' team** both won.
Die Mädchen- und die Jungenmannschaft haben beide gewonnen.

■ Bei Personen [1] [2] [4] und Tieren mit Namen [3] benutzen wir den 's-Genitiv.

■ Ist das Nomen im Singular oder endet der Plural nicht auf *-s*, dann hängen wir einfach *-'s* an [1] – [3].

■ Endet der Plural auf *-s*, dann hängen wir einfach ein Apostroph (') an [4].

▶ **BEACHTE** diese Besonderheiten:

▶ Haben wir das **dazugehörige Nomen schon genannt,** steht der **'s-Genitiv** meist allein:

▷ *Who does this book belong to?*	▷ *It is **Cathy's.***
▷ Wem gehört dieses Buch?	▷ Es ist Cathys.

▶ Bei **Geschäften** lassen wir **das Nomen** grundsätzlich weg:

*I saw Tim **at the baker's.*** Ich haben Ben beim Bäcker gesehen.	NICHT ~~baker's shop~~
*We always buy our meat **at the butcher's.*** Wir kaufen unser Fleisch immer beim Metzger.	NICHT ~~butcher's shop~~

■ Bei diesen Zeitangaben benutzen wir auch den 's-Genitiv:

an ***hour's*** wait	eine Wartezeit von einer Stunde
last year's calendar	der Kalender vom letzten Jahr
tonight's TV programme	das Fernsehprogramm für heute Abend
today's newspaper	die heutige Zeitung
this week's weather	das Wetter von dieser Woche

of-Genitiv

Beispiel:

1 **The price of the flat** was too high.
Der Preis der Wohnung war zu hoch.

2 The children were playing in **the middle of the road.**
Die Kinder spielten mitten auf der Straße.

■ Bei Sachen benutzen wir den *of*-Genitiv [1] [2].

2 Die Artikel *(The articles)*

2.1 Der bestimmte Artikel *the (The definite article the)*

Beispiel:

1 **The boys** in our road are nice.
Die Jungen in unserer Straße sind nett.

2 **The apples** and **the oranges** are bad.
Die Äpfel und die Orangen sind faul.

Form

- Die Form des bestimmten Artikels *the* bleibt immer dieselbe.

- Die Aussprache ändert sich wie folgt:

▸ Beginnt das Wort unmittelbar nach dem Artikel mit einem **ausgesprochenen Konsonanten** (*b, c, d, f* usw.), dann wird das **e** in *the* wie das **e** in ‚Schule' ausgesprochen [D@] [1].

▸ Beginnt das Wort direkt nach dem Artikel mit einem **ausgesprochen Vokal** (*a, e, i* usw.), dann wird das *e* in *the* wie das *ie* in ‚Biene' ausgesprochen [DI:] [2].

Gebrauch

- Reden wir nur über **bestimmte** Personen oder Sachen, benutzen wir den **bestimmten Artikel**. Reden wir über **alle** Personen oder Sachen **ohne Ausnahme**, dann lassen wir den bestimmten Artikel weg.

▸ *Cats are nice animals.* Katzen sind nette Tiere.	**Alle Katzen ohne Ausnahme** sind nett, also kein ***the.***
▸ *The cats I know are nice.* Die Katzen, die ich kenne, sind nett.	**Nur diese Katzen** sind nett, also benutzen wir ***the.***

Abweichungen zwischen Englisch und Deutsch

■ Ohne *the*

▸ *The nearest supermarket is* ***in Park Street.*** Der nächste Supermarkt ist in der Parkstraße.	Straßennamen
▸ *Frank often goes* ***by train.*** Frank fährt oft mit dem Zug. ▸ *It's quicker* ***by bus.*** Es ist schneller mit dem Bus.	Verkehrsmittel
▸ *My mother is* ***in hospital.*** Meine Mutter liegt im Krankenhaus. ▸ *His father is* ***in prison.*** Sein Vater ist im Gefängnis. ▸ *Tim and Frank are* ***at school.*** Tim und Frank sind in der Schule.	die meisten öffentlichen Gebäude

▶ **BEACHTE**

I saw Cathy ***in town*** *today.* Ich sah Cathy heute in der Stadt.	Kein ***the*** mit ***town*** als Ortsangabe!

▸ *What do you have* ***for breakfast?*** Was isst du zum Frühstück? ▸ *I must go shopping* ***after lunch.*** Nach dem Mittagessen muss ich einkaufen gehen.	Mahlzeiten
▸ ***Most people*** *are friendly.* Die meisten Menschen sind freundlich.	***Most*** im Sinne von ‚die meisten'

■ Mit *the*

▸ *I often listen to* ***the*** *radio.* Ich höre oft Radio.	Radio

▶ **BEACHTE**

I often ***watch*** *TV.* Ich sehe oft fern.	Kein ***the*** mit *TV!*

▸ *Chiara can play* ***the violin.*** Musikinstrumente
Chiara kann Geige spielen.
▸ *Are you learning to play* ***the guitar?***
Lernst du Gitarre spielen?

2.2 Der unbestimmter Artikel *a/an (The indefinite article a/an)*

Beispiel:

1 Cathy has **a cat.**
Cathy hat eine Katze.
2 Tim wants **an apple.**
Tim will einen Apfel.
3 I waited for **an hour.**
Ich wartete eine Stunde.
4 German schools don't have **a uniform.**
An deutschen Schulen gibt es keine Uniform.

Form

- Die Form des unbestimmten Artikel ist immer entweder *a* oder *an*.

- Die Schreibweise ändert sich wie folgt:

▸ Beginnt das Wort unmittelbar nach dem unbestimmten Artikel mit einem Konsonanten, dann benutzen wir *a* [1]. Beginnt aber das Wort mit einem ausgesprochenen Vokal, benutzen wir *an* [2].

▸ **BEACHTE** **Entscheidend** ist, wie wir den **Anfangslaut** des Wortes aussprechen, also nicht, wie wir ihn schreiben. Das Wort ***hour*** z. B. wird ohne ***h*** gesprochen, also gilt der Wortanfang als Vokal [3] [4].

Gebrauch

- Der unbestimmte Artikel *a/an* bedeutet so viel wie ‚eins'. Daher können wir ihn nur mit zählbaren Nomen im Singular benutzen [1] – [4].

2.3 Abweichungen zwischen Englisch und Deutsch

■ Anders als im Deutschen verwenden wir im Englischen den **unbestimmten Artikel** *(a/an)* in folgenden Fällen:

▸ *She's* ***an engineer*** *and he's* ***a nurse.*** Sie ist Ingenieurin und er ist Krankenpfleger.	bei Berufsangaben
▸ *Cathy has* ***a cold.*** Cathy ist erkältet. ▸ *I have* ***a stomach ache.*** Ich habe Bauchweh. ▸ *Tim has* ***a sore throat*** *today.* Tim hat heute Halsschmerzen.	bei leichteren Krankheiten

▶ **BEACHTE**

He has ***earache/toothache.*** Er hat Ohrenschmerzen/Zahnschmerzen.	Kein ***a*** mit Ohren-/Zahnschmerzen!

▸ *Is Anna* ***an Austrian*** *or* ***a German?*** Ist Anna Österreicherin oder Deutsche? ▸ *Ali is* ***a Muslim.*** Ali ist Muslim.	bei Nationalitäten und Religionen
▸ *These apples cost $2* ***a bag.*** Diese Äpfel kosten $2 pro Tüte. ▸ *We have English three times* ***a week.*** Wir haben dreimal die Woche Englisch.	bei Mengen- und Zeitangaben

▶ **BEACHTE** die folgenden Wendungen:

I am ***in a hurry.***	Ich bin in Eile.
Cathy is having ***a shower/wash.***	Cathy duscht/wäscht sich gerade.
Can she ***ride a bike?***	Kann sie Fahrrad fahren?
They often go ***for a walk.***	Sie gehen oft spazieren.
What ***a pity!***	Wie schade!
I had to wait ***for a long time.***	Ich musste lange warten.
The bus left ***at a quarter*** *to one.*	Der Bus fuhr um Viertel vor eins.

3 Pronomen *(Pronouns)*

3.1 Die Personalpronomen *(Personal pronouns)*

Subjektform *(Subject form)*

Beispiel:

1 **Tim** likes sport. **He** is a good basketball player.
Tim mag Sport. Er ist ein guter Basketballspieler.

2 **Cathy** likes sport, too. **She** is a good swimmer.
Auch Cathy mag Sport. Sie ist eine gute Schwimmerin.

3 Look at that **cow. It** can hardly walk.
Schau dir die Kuh an. Sie kann kaum laufen.

4 **Tim and Frank** aren't here. **They** are ill.
Tim und Frank sind nicht hier. Sie sind krank.

Objektform *(Object form)*

Beispiel:

5 This car nearly hit **me.**
Dieses Auto hat mich fast angefahren.

6 **Cathy:** Where's Mary? **Tim:** No idea. I haven't seen **her** today.
Cathy: *Wo ist Mary?* **Tim:** *Keine Ahnung. Ich habe sie heute nicht gesehen.*

7 Can you lend **me** your English book? I'll bring **it** back tomorrow.
Kannst du mir dein Englischbuch ausleihen? Ich bringe es morgen zurück.

■ Wir benutzen Personalpronomen wie *I*, *you*, *we* usw., um eine eintönige Wiederholung von Namen und Nomen zu vermeiden.

■ Hier ist eine Liste der englischen Personalpronomen mit ihren deutschen Bedeutungen. Wie du siehst, gibt es im Englischen keine höfliche ‚Sie-Form'.

Subjektform		Objektform (wem?, wen? oder was?)	
I	ich	*me*	mich/mir [5]
you	du/Sie	*you*	dich/dir, Sie/Ihnen
he	er [1]	*him*	ihn/ihm
she	sie [2]	*her*	sie/ihr [6]
it	es [3]	*it*	ihn/ihm, sie/ihr, es/ihm [7]
we	wir	*us*	uns/uns
you	ihr/Sie	*you*	euch/Sie, euch/Ihnen
they	sie [4]	*them*	sie/ihnen

▶ **BEACHTE** Anders als im Deutschen verwenden wir ***he*** (er) und ***she*** (sie) nur für **Personen** und **Tiere mit Namen.** Für **Sachen** und andere Tiere benutzen wir immer ***it*** (es).

Übungen

1 Ersetze die Namen durch das richtige Subjektpronomen. Schreibe auf einen Zettel.

Beispiel:

▶ Tim is good at volleyball. ▷ He is good at volleyball.

1 Frank always walks to school.
2 The Greens are watching TV at the moment.
3 Cathy has a dancing lesson this afternoon.
4 The Rover is in the garage.
5 Cathy and Tim are brother and sister.
6 Mrs Green works at the supermarket.

2 Ersetze die Namen durch das richtige Objektpronomen. Schreibe auf einen Zettel.

Beispiel:

▶ Everybody likes Cathy and Tim. ▷ Everybody likes them.

1 The dog is running after Cathy.
2 They are visiting Mr and Mrs Brown today.
3 The police stopped the Toyota in Church Road.
4 We saw Mary in town this morning.
5 Our neighbour teaches Tim English.

3.2 Possessivbegleiter *(Possessive adjectives)*

Beispiel:

1 Have you seen **my** new bike?
Hast du mein neues Rad gesehen?

2 Where is **your** English book, Tim?
Wo ist dein Englischbuch, Tim?

3 Cathy lost **her** mobile yesterday.
Cathy hat gestern ihr Handy verloren.

4 The horse loves **its** owner.
Das Pferd liebt seinen Besitzer.

5 Tiger is **our** cat.
Tiger ist unsere Katze.

6 The Greens often work in **their** garden.
Die Greens arbeiten oft in ihrem Garten.

■ Possessivbegleiter sagen uns, wem irgendetwas gehört.

■ Im Englischen wie im Deutschen stehen Possessivbegleiter unmittelbar vor dem dazugehörigen Nomen.

■ Hier ist eine Liste der Possessivbegleiter:

I	***my***	[1]	we	***our***	[5]
you	***your***	[2]	you	***your***	
he	***his***		*they*	***their***	[6]
she	***her***	[3]			
it	***its***	[4]			

▶ BEACHTE die **Schreibweise** von ***its*** [4] und ***their*** [6]. ***Its*** wird manchmal mit ***it's*** – also der Kurzform von ***it is*** – verwechselt und ***their*** mit ***there*** („da'/,dort').

3.3 Possessivpronomen *(possessive pronouns)*

Beispiel:

1 That coat is **mine**, not **yours.**
Dieser Mantel ist meiner, nicht deiner.

2 Is this **your** book, Tim? – No, it's **his.**
Ist dies dein Buch, Tim? – Nein, es ist seins.

3 The Greens' garden is much bigger than **ours.**
Der Garten der Greens ist viel größer als unserer.

4 Tiger is nicer than **their** cat. **Theirs** is nasty.
Tiger ist netter als ihre Katze. Ihre ist böse.

■ Possessivpronomen wie *mine, hers* usw. stehen allein, also ohne Nomen.

■ Wir benutzen Possessivpronomen statt eines schon erwähnten Possessivbegleiters + Nomen, um eintönige Wiederholungen zu vermeiden.

■ Hier ist eine Liste der Possessivpronomen:

I	***mine*** [1]	*we*	***ours*** [3]
you	***yours*** [1]	*you*	***yours***
he	***his*** [2]	*they*	***theirs*** [4]
she	***hers***		
it	–		

3.4 Demonstrativpronomen *(Demonstrative pronouns)*

Beispiel:

1 **This bike** (here) belongs to Cathy.
Dieses Rad (hier) gehört Cathy.

2 **These CDs** (here) are cheaper.
Diese CDs (hier) sind billiger.

3 **That woman** (over there) is a teacher.
Jene Frau (dort drüben) ist Lehrerin.

4 **Those girls** (over there) are in my class.
Jene Mädchen (dort drüben) sind in meiner Klasse.

■ *This* (Singular) [1] und *these* (Plural) [2] benutzen wir bei Personen und Dingen, die **in unserer Nähe** sind.

■ *That* (Singular) [3] und *those* (Plural) [4] dagegen benutzen wir bei weiter entfernten Personen und Dingen.

Übungen

1 Trage die fehlenden Possessivbegleiter ein. Schreibe auf einen Zettel.

1 Cathy is going dancing with ____ friend Frank tonight.
2 Tim likes Crazy Wizards. He's listening to ____ new CD.
3 Frank wants ____ sister to help him.
4 That poor cow has hurt ____ leg.
5 I hurt ____ arm in the volleyball game.
6 What is ____ name?

2 Schreibe die fehlenden Demonstrativpronomen auf einen Zettel.

1 ____ books (here) all belong to me.
2 ____ plant (here) needs some water.
3 ____ black dog (over there) is Luna.
4 ____ jeans (over there) are quite cheap.
5 We must wait at ____ bus-stop (over there) for the 371.
6 ____ DVD (here) belongs to Frank.

4 Adjektive *(Adjectives)*

4.1 Was ist ein Adjektiv? *(What is an adjective?)*

Beispiel:

1 Tiger is a **nice cat.**
Tiger ist eine nette Katze.

2 Cathy has bought a **new pullover.**
Cathy hat einen neuen Pulli gekauft.

3 I saw a **bad accident** today.
Heute sah ich einen schlimmen Unfall.

4 The test **wasn't difficult.**
Der Test war nicht schwierig.

5 These apples **taste wonderful.**
Diese Äpfel schmecken wunderbar.

■ **Adjektive** beschreiben **Menschen**, **Tiere** [1], **Sachen** [2] und **Ereignisse** [3].

■ Genau wie im Deutschen stehen Adjektive entweder unmittelbar vor dem betroffenen Nomen [1] – [3] oder unmittelbar nach ***be*** [4].

■ Es gibt einige **Verben der sinnlichen Wahrnehmung,** die wie Nomen von Adjektiven näher bestimmt werden [5].
Am **wichtigsten** sind:

look	aussehen	*Mum **looks tired.***	Mama sieht müde aus.
smell	duften, riechen	*The cake **smells good.***	Der Kuchen duftet gut.
sound	klingen	*Tiger **sounds frightened.***	Tiger klingt ängstlich.
taste	schmecken	*The fish **tastes awful.***	Der Fisch schmeckt schrecklich.

4.2 Die Steigerung von Adjektiven *(The comparison of adjectives)*

Beispiel:

1 Cathy: Bonzo is really **fast,** isn't he?
Bonzo ist echt schnell, nicht?
Tom: What? Lucky is **faster.** He is **the fastest dog** in the park.
Was? Lucky ist schneller. Er ist der schnellste Hund im Park.

2 Kevin is **the silliest boy** in our street.
Kevin ist der albernste Junge in unserer Straße.

3 Tim: That was **the most difficult** test I've ever done.
Das war der schwierigste Test, den ich je gemacht habe.
Sue: Really? I found the last test **more difficult.**
Wirklich? Ich fand den letzen Test schwieriger.

4 Cathy is **good,** but Elli is **better.** She's **the best girl** in the class.
Cathy ist gut, aber Elli ist besser. Sie ist das beste Mädchen in der Klasse.

■ Im Englischen gibt es zwei Steigerungen, eine auf *-er/-est* [1] [2] und eine mit *more/most* [3].

■ Mit *-er/-est* werden die folgenden Arten von Adjektiven gesteigert: alle einsilbigen Adjektive, z. B.:

big	*bigger*	*biggest*
clean	*cleaner*	*cleanest*
fast	*faster*	*fastest*
loud	*louder*	*loudest*
nice	*nicer*	*nicest*
old	*older*	*oldest*

alle zweisilbigen Adjektive, die auf *-y* enden, z. B.:

angry	*angrier*	*angriest*	wütend, verärgert
early	*earlier*	*earliest*	früh
happy	*happier*	*happiest*	froh
hungry	*hungrier*	*hungriest*	hungrig
pretty	*prettier*	*prettiest*	hübsch
silly	*sillier*	*silliest*	dumm
thirsty	*thirstier*	*thirstiest*	durstig

▶ **BEACHTE** Beim Anhängen von *-er/-est* wird das *-y* zum *-i* [2].

■ Wir gebrauchen *more/most* mit …
… **zweisilbigen** Adjektiven, die **nicht** auf *-y* enden, z. B.:

boring	***more** boring*	***most** boring*	langweilig
careful	***more** careful*	***most** careful*	vorsichtig
famous	***more** famous*	***most** famous*	berühmt
helpful	***more** helpful*	***most** helpful*	hilfsbereit
nervous	***more** nervous*	***most** nervous*	nervös

… allen Adjektiven **mit mehr als zwei Silben** [3], z. B.:

beautiful	***more** beautiful*	***most** beautiful*	schön
dangerous	***more** dangerous*	***most** dangerous*	gefährlich
difficult	***more** difficult*	***most** difficult*	schwierig
exciting	***more** exciting*	***most** exciting*	spannend
expensive	***more** expensive*	***most** expensive*	teuer
interesting	***more** interesting*	***most** interesting*	interessant

■ Diese Adjektive werden **unregelmäßig gesteigert** [4]:

bad	*worse*	*worst*
good	*better*	*best*
much	*more*	*most*
far	*farther/further*	*farthest/furthest*

4.3 Vergleichssätze *(Comparisons in sentences)*

Beispiel:

1 Bonzo is **as fast as** Lucky.
Bonzo ist so schnell wie Lucky.

2 Tim is **taller than** Cathy.
Tim ist größer als Cathy.

3 Cathy is **not as tall as** her brother.
Cathy ist nicht so groß wie ihr Bruder.

■ Wir vergleichen Tiere, Personen usw. in Sätzen, wie folgt:

kein Unterschied	***as** fast/... **as***	so schnell/... wie
positiver Unterschied	*taller/... **than***	größer/... als
negativer Unterschied	***not as** tall/... **as***	nicht so groß/... wie

5 Adverbien *(Adverbs)*

5.1 Adverbien der Art und Weise *(Adverbs of manner)*

Beispiel:

1 The red car was going **slowly.**
Das rote Auto fuhr langsam.

2 The blue car was going **fast.**
Das blaue Auto fuhr schnell.

3 The blue car **easily** won the race.
Das blaue Auto hat das Rennen leicht gewonnen.

4 Frank behaved **terribly** at school today.
Frank benahm sich heute fürchterlich in der Schule.

■ Wir benutzen **Adverbien**, um **Verben** näher zu beschreiben.
Ein Adverb sagt also, **wie** jemand irgendeine Tätigkeit ausführt [1] – [4].

■ Hat das Verb **kein Objekt**, steht das Adverb **unmittelbar nach** dem Verb [1] [2] [4]. Hat aber das Verb **ein Objekt**, dann steht das Adverb **unmittelbar vor** dem Verb [3].

TIPP Im Englischen ist ein **Verb + Objekt** wie ein verliebtes Paar – nichts darf dazwischen!

■ **Adverbien** bilden wir mit wenigen Ausnahmen, indem wir an das entsprechende Adjektiv ein *-ly* anfügen:

Adjektiv	Adverb	
careful	*carefully*	vorsichtig
dangerous	*dangerously*	gefährlich
quick	*quickly*	schnell
slow	*slowly*	langsam

▶ **BEACHTE** diese **Schreibregeln** beim Anhängen von *-ly:*

Bei Adjektiven, die auf *-y* enden, wird das *-y* zum *-i* [3], z. B.:

angry	*angrily*	verärgert
easy	*easily*	einfach
lucky	*luckily*	zum Glück
pretty	*prettily*	hübsch

Endet das Adjektiv auf *-le*, entfällt das *-e* [4], z. B.:

possible	*possibly*	wahrscheinlich
probable	*probably*	möglich
simple	*simply*	einfach
terrible	*terribly*	fürchterlich

■ Diese Adjektive haben als Adverb eine **unregelmäßige** Form:

Adjektiv	Adverb	
fast	*fast*	schnell
good	*well*	gut
hard	*hard*	schwierig
high	*high*	hoch

5.2 Die Steigerung von Adverbien *(The comparison of adverbs)*

Beispiel:

1 Mary dances **more beautifully** than Tom.
Mary tanzt schöner als Tom.

2 Lucky can run **faster** than Bonzo.
Lucky kann schneller laufen als Bonzo.

3 Frank sings **worse** than me.
Frank singt schlechter als ich.

■ Adverbien auf *-ly* steigern wir mit *more/most* [1].

■ Adverbien, die die gleiche Form wie das Adjektiv haben, steigern wir mit *-er/-est* [2].

■ Die Adverbien ***well*** und ***badly*** sind unregelmäßig [3]:

well	*better*	*best*	***badly***	*worse*	*worst*

5.3 Vergleichssätze *(Comparisons in sentences)*

Beispiel:

1 Bonzo runs **as fast as** Lucky.
Bonzo läuft so schnell wie Lucky.

2 Tim does **not** work **as hard as** Cathy.
Tim arbeitet nicht so hart wie Cathy.

3 Women drive **more safely than** men.
Frauen fahren sicherer als Männer.

4 Cathy speaks German **less well than** Elli.
Cathy spricht weniger gut Deutsch als Elli.

■ Wollen wir Tiere, Personen usw. in Sätzen vergleichen, haben wir folgende Möglichkeiten:

as … as	[1]	genauso … wie
not as … as	[2]	nicht so … wie
more/less … than	[3] [4]	mehr/weniger … als

6 Mengenangaben *(Quantifiers)*

6.1 Some, any und ihre Zusammensetzungen *(Some, any and their compounds)*

Beispiel:

1 I bought **some potatoes** today.
Ich habe heute einige Kartoffeln gekauft.

2 I didn't buy **any apples.**
Ich habe keine Äpfel gekauft.

3 Did you buy **any tomatoes?**
Hast du Tomaten gekauft?

4 May I have **some sugar,** please?
Darf ich etwas Zucker haben, bitte?

5 Would you like **some fries,** Cathy?
Hättest du gerne Pommes frites, Cathy?

6 Jill: There's **somebody** in the garden.
Tom: I can't see **anybody.**
Jill: Es ist jemand im Garten.
Tom: Ich kann niemanden sehen.

7 Tiger is **somewhere** here, but I can't see her **anywhere.**
Tiger ist irgendwo hier, aber ich kann sie nirgendwo sehen.

8 Bob: Do you know **anything** about animals?
Bill: I know **something** about them.
Bob: Weißt du irgendetwas über Tiere?
Bill: Ich weiß ein bisschen darüber.

■ Wenn wir über eine unbestimmte Menge reden wollen, benutzen wir *some* oder *any* (‚einige'/‚etwas'). Diese beiden Wörter haben genau dieselbe Bedeutung, werden aber unterschiedlich benutzt.

■ Im Grunde gebrauchen wir *some* in bejahten Aussagen [1] und *any* in *verneinten Aussagen* [2] und *Fragen* [3].

■ Ist jedoch eine Frage eigentlich eine höfliche Bitte [4] oder ein höfliches Angebot [5], benutzen wir ebenfalls *some*.

■ Wir benutzen die Zusammensetzungen von some und any – also *somebody/anybody, someone/anyone, something/anything, somewhere/anywhere* – in genau derselben Art und Weise [6] – [8].

▶ **BEACHTE** Im Englischen benutzen wir ***some*** bzw. ***any*** auch, wenn wir im Deutschen ‚einige'/‚etwas' meist weglassen:

> *I must buy **some bread.***
> Ich muss Brot kaufen.

6.2 *much/many/a lot of, plenty of*

Beispiel:

1 We don't have **many rolls.**
Wir haben nicht viele Brötchen.

2 How **many tomatoes** do we need?
Wie viele Tomaten brauchen wir?

3 We don't eat **much meat.**
Wir essen nicht viel Fleisch.

4 Why did you buy so **much bread?**
Warum hast du so viel Brot gekauft?

5 We have **a lot of apples** and **a lot of oranges**, too.
Wir haben viele Äpfel und auch viele Orangen.

6 Don't eat **so much cake.** There's **too much sugar** in it.
Iss nicht so viel Kuchen. Es ist zu viel Zucker darin.

7 We have **plenty of bread** and **rolls,** too.
Wir haben massenweise Brot und auch Brötchen.

■ Wir gebrauchen *many* mit zählbaren Nomen und *much* mit nichtzählbaren Nomen in verneinten Aussagen [1] [3] und Fragen [2] [4].

■ In bejahten Aussagen benutzen wir *a lot of* mit zählbaren sowie nichtzählbaren Nomen [5].

▶ **BEACHTE** Häufig können wir *much* bzw. *many* durch *a lot of* ersetzen, nicht aber nach ***as, so, too, how*** und ***very*** [6].

■ Wollen wir ‚mehr als genug' ausdrücken, ersetzen wir *a lot of* durch *plenty of* [7].

6.3 *(a) few, (a) little*

Beispiel:

1 Would you like **a little bread** with your soup?
Hättest du gerne ein bisschen Brot zu deiner Suppe?

2 Can I have **a few chips,** please?
Kann ich ein paar Pommes frites haben, bitte?

3 Frank has **little time** for school.
Frank hat wenig Zeit für die Schule.

4 **Few players** in the team are as good as Tim.
Wenige Spieler in der Mannschaft sind so gut wie Tim.

■ Wir gebrauchen ***a little*** (ein wenig) und ***little*** (wenig) mit **nichtzählbaren** [1] [3] und ***a few*** (ein paar) und ***few*** (wenige) mit **zählbaren** [2] [4] Nomen.

■ Diese Regel gilt für **alle Satzarten**, also für bejahte und verneinte Aussagen und Fragen.

Test

**1 Verwende *the* nur dann, wenn es nötig ist.
Schreibe auf einen Zettel.**

1 Frank doesn't live in ____[1] Victoria Street. He lives in ____[2] big house next to ____[3] supermarket at ____[4] end of ____[5] London Street.

2 A lot of ____[1] boys at my school like playing ____[2] football best, but ____[3] most of ____[4] girls think that ____[5] basketball or ____[6] volleyball is more fun.

3 **Sam:** Do you go to ____[1] school by ____[2] bus or by ____[3] bike?
Liz: Well, I go by ____[4] taxi. You see, ____[5] taxi belongs to my dad.

4 Let's go to ____[1] town today. Jan says that ____[2] new Brad Pitt movie is really good.

2 Übersetze die unterstrichenen Teile der Sätze ins Englische.

1 Mrs Coe ist Taxifahrerin.
2 Ben hat Zahnschmerzen und er ist erkältet.
3 Nicht jetzt, Jan. Ich bin in Eile.
4 Wie schade! Der Fernseher ist kaputt.
5 Er musste lange Zeit auf den Krankenwagen warten.
6 Tim will Popstar werden, wenn er erwachsen ist.

**3 Setze die richtige Steigerungsform der Adjektive in die Sätze ein.
Schreibe auf einen Zettel.**

1 Tim is ____ (lazy) than his sister Cathy. She is much ____ (good) at school.
2 Of course designer jeans are ____ (expensive), but they are ____ (cool), too.
3 We must take an ____ (early) bus to school tomorrow.
4 That was the ____ (boring) film I have ever seen – and it was also the ____ (long).
5 Ted Pryce is the ____ (bad) pupil at our school.
6 I think this cake smells ____ (good) than that one.

Test

4 Setze die Adverbform der Adjektive in die Sätze ein. Schreibe auf einen Zettel.

1 Mr Bell drives ____ (fast), but he drives ____ (careful), too.
2 Frank doesn't work very ____ (hard) at school.
3 We can ____ (easy) get to the station in ten minutes.
4 Ted Pryce behaves ____ (bad) in lessons.
5 Cola is ____ (certain) the most popular drink among young people.
6 You should go to the dentist's ____ (regular).

5 Wähle die richtige Mengenangabe a) oder b). Schreibe auf einen Zettel.

1 Cathy has **a)** any **b)** some books about cats.
2 Do you have **a)** any **b)** some homework today?
3 Tim hasn't seen **a)** any **b)** some cowboy films.
4 Would you like **a)** any **b)** some more tea?
5 I left my phone **a)** anywhere **b)** somewhere at school.
6 Do you know **a)** anything **b)** something about animals?

6 Wähle die richtige Mengenangabe a) oder b). Schreibe auf einen Zettel.

1 I don't have **a)** many **b)** much time today.
2 How **a)** many **b)** much Harry Potter books have you read, Cathy?
3 Frank's new bike cost **a)** a lot of **b)** many money.
4 Why did you buy so **a)** many **b)** much bread? We still have **a)** many **b)** plenty of rolls.
5 Can I have **a)** a few **b)** a little sugar, please?
6 There are only **a)** a few **b)** a little cars in our street.

Verben *(Verbs)*

1 *be*

1.1 Das *simple present* von *be* *(The simple present of be)*

Beispiel:

1 Kate: I **am**/I'**m** 12 years old.
Kate: Ich bin 12 Jahre alt.

2 Kate's friend Mary **is** 12, too.
Kates Freundin Mary ist auch 12.

3 They **are**/They'**re** in the same class.
Sie sind in derselben Klasse.

Langform	Kurzform		
I ***am***	*I'****m***	ich bin	[1]
you ***are***	*you'****re***	du bist, Sie sind	
he ***is***	*he'****s***	er ist	
she ***is***	*she'****s***	sie ist	[2]
it ***is***	*it'****s***	er/sie/es ist	
we ***are***	*we'****re***	wir sind	
you ***are***	*you'****re***	ihr seid, Sie sind	
they ***are***	*they'****re***	sie sind	[3]

■ In den Beispielsätzen [1] – [3] stehen Formen von *be* allein. Es ist also ein Vollverb.

■ Im modernen Englisch benutzen wir grundsätzlich die Kurzform in Unterhaltungen und privaten Briefen, E-Mails usw.

1.2 Die Verneinung des *simple present* von *be* *(The negative form of the simple present of be)*

Beispiel:

1 Kate: I **am not**/I'm **not** thirteen yet.
Kate: Ich bin noch nicht dreizehn.

2 Mary **is not/isn't** Ann's best friend. You mean Kate.
Mary ist nicht Anns beste Freundin. Du meinst Kate.

3 Kate and Mary **are not/aren't** in the basketball team.
Kate und Mary sind nicht in der Basketballmannschaft.

Langform	Kurzform	
*I **am not***	*I'**m not***	[1]
*you **are not***	*you'**re not/aren't***	
*he **is not***	*he'**s not/isn't***	
*she **is not***	*she'**s not/isn't***	[2]
*it **is not***	*it'**s not/isn't***	
*we **are not***	*we'**re not/aren't***	
*you **are not***	*you'**re not/aren't***	
*they **are not***	*they'**re not/aren't***	[3]

■ Um eine Form der Gegenwart von ***be*** zu verneinen, setzen wir **not/n't** unmittelbar dahinter, genau wie bei **‚sein'** im Deutschen [1] – [3].

TIPP Im modernen Englisch benutzen wir meist die Kurzform ***isn't/aren't*** mit **Personalpronomen.**
Die Langformen ***is not/are not*** klingen eher steif und unfreundlich.

1.3 Die Fragebildung mit dem *simple present* von *be* *(Forming questions with the simple present of be)*

Beispiel:

1 **Are you** in the football team, Ben?
Bist du in der Fußballmannschaft, Ben?

2 **Is Ben** in Kate's class?
Ist Ben in Kates Klasse?

3 **Are Ben and Joshua** brothers?
Sind Ben und Joshua Brüder?

■ **Fragen** bilden wir genau wie bei ‚sein' im Deutschen, also indem wir das **Subjekt** mit der **Verbform** tauschen [1] – [3].

1.4 Die Befehlsform von *be (The imperative of be)*

Beispiel:

1 Please **be** quiet, Ben. Kate's on the phone.
Sei bitte ruhig, Ben. Kate telefoniert.

2 **Don't be** late for your music lesson, Mary.
Komme nicht zu spät zu deiner Musikstunde, Mary.

■ Bei **Bitten** und **Befehlen** stellen wir einfach ***be*** [1] bzw. ***don't be*** [2] an den Anfang des Satzes.

1.5 *There* und eine Form von *be (There und a form of be)*

Beispiel:

1 **There is** some apple juice in the fridge.
Es ist etwas Apfelsaft im Kühlschrank.

2 **There was** a bad accident here yesterday.
Gestern gab es hier einen schlimmen Unfall.

3 Do you think **there is** water on the moon?
Glaubst du, dass es auf dem Mond Wasser gibt?

■ Mit ***there*** + einer Form von ***be*** sagen wir, dass irgendetwas vorhanden ist [1] oder passiert ist [2] oder existiert [3].

2 do

2.1 Das *simple present* von *do* (*The simple present of do*)

Beispiel:

1 Ben: I always **do** my homework at once.
Ben: Ich mache meine Hausaufgaben immer sofort.

2 Mrs Green normally **does** her shopping on Fridays.
Normalerweise erledigt Frau Green ihre Einkäufe freitags.

3 Our neighbours **do** a lot of gardening in the summer.
Unsere Nachbarn machen im Sommer viel Gartenarbeit.

I	*do*	ich mache/erledige	[1]
you	*do*	du machst/erledigst Sie machen/erledigen	
he	*does*	er macht/erledigt	
she	*does*	sie macht/erledigt	[2]
it	*does*	er/sie/es macht/erledigt	
we	*do*	wir machen/erledigen	
you	*do*	ihr macht/erledigt Sie machen/erledigen	
they	*do*	sie machen/erledigen	[3]

- In den Beispielsätzen [1] – [3] steht *do* allein. Es ist also ein Vollverb.

- Als Vollverb bedeutet *do* ‚machen' [1] oder ‚erledigen' [2].

TIPP *make/do*
Oft werden *make* und *do* verwechselt.
Merke dir daher die folgenden Bedeutungen:

*Please **do** your homework first.*
Mach bitte zuerst deine Hausaufgaben.
‚machen' im Sinne von: etwas erledigen

*Frank **makes** wounderful cakes.*
Frank macht wunderbaren Kuchen.
‚machen' im Sinne von: etwas herstellen

2.2 Die Verneinung des *simple present* von *do* *(The negative form of the simple present of do)*

Beispiel:

1 Kate: I **do not/don't do** the cooking during the week.
Kate: Während der Woche koche ich nicht.

2 Ben often **does not/doesn't do** his homework on time.
Oft macht Ben seine Hausaufgaben nicht rechtzeitig.

3 The boys **do not/don't do** the shopping at all.
Die Jungen erledigen überhaupt keine Einkäufe.

TIPP Wenn wir ***do*** als **Vollverb** benutzen, bilden wir die **Verneinung** und **Fragen** ebenfalls mit ***do*.** Daher kommt ***do*** natürlich **zweimal** im Satz vor, einmals als **Hilfsverb** und einmal als **Vollverb.**

Langform	Kurzform	
*I **do not***	*I **don't***	[1]
*you **do not***	*you **don't***	
*he **does not***	*he **doesn't***	[2]
*she **does not***	*she **doesn't***	
*it **does not***	*it **doesn't***	
*we **do not***	*we **don't***	
*you **do not***	*you **don't***	
*they **do not***	*they **don't***	[3]

■ Um das *simple present* von *do* als Vollverb zu verneinen, setzen wir *do not/does not* bzw. *don't/doesn't* als Hilfsverb unmittelbar vor den Infinitiv [1] – [3].

■ Wir benutzen grundsätzlich die Kurzform in der gesprochenen Sprache, also in Unterhaltungen, und in privaten Briefen, E-Mails usw.

2.3 Die Fragebildung mit dem *simple present* von *do* *(Forming questions with the simple present of do)*

Beispiel:

1 **Do** you **do** the shopping at the weekend, Ben?
Erledigst du die Einkäufe am Wochenende, Ben?

2 **Does** Mary **do** the cooking on Sundays?
Kocht Mary sonntags?

3 **Do** the Greens **do** a lot of gardening?
Machen die Greens viel Gartenarbeit?

■ Fragen bilden wir mit *do/does* als Hilfsverb genau wie bei allen anderen Vollverben außer *be* (→ ***be***) [1] – [3]

TIPP Genau wie bei der Verneinung (→ 2.2, S. 242) kommt auch hier ***do*** zwei Mal vor, einmal als **Hilfsverb**, um die Frage zu bilden, und einmal als **Vollverb**.

2.4 Die Befehlsform von *do (The imperative of do)*

Beispiel:

1 **Do** the shopping, please, Ben.
Mach bitte die Einkäufe, Ben.

2 **Don't do** your homework during lessons, Mary.
Mach deine Hausaufgabe nicht während des Unterrichts, Mary.

■ Bei Bitten und Befehlen stellen wir einfach *do* [1] bzw. *don't do* [2] an den Anfang des Satzes.

3 *have*

3.1 Das *simple present* von *have [got]* *(The simple present of have [got])*

Beispiel:

1 **Tom:** I **have (got)** a new bike.
Tom: Ich habe ein neues Fahrrad.

2 **Mary:** I always **have** breakfast before I go to school.
Mary: Ich frühstücke immer, bevor ich zur Schule gehe.

3 Kate **has (got)** a dog.
Kate hat einen Hund.

4 Ben just **has** a cup of coffee before he goes to school.
Ben trinkt nur eine Tasse Kaffee, bevor er zur Schule geht.

5 The Greens **have (got)** a big garden.
Die Greens haben einen großen Garten.

■ Das *simple present* von *have (got)* bilden wir wie folgt:

Langform	Kurzform	
*I **have** (got)*	*I've (got)*	ich habe
*you **have** (got)*	*you've (got)*	du hast, Sie haben
*he **has** (got)*	*he's (got)*	er hat
*she **has** (got)*	*she's (got)*	sie hat
*it **has** (got)*	*it's (got)*	es hat
*we **have** (got)*	*we've (got)*	wir haben
*you **have** (got)*	*you've (got)*	ihr habt, Sie haben
*they **have** (got)*	*they've (got)*	sie haben

■ Bedeutet *have* ‚haben' oder ‚besitzen' [1] [3] [5], können wir *got* hinzufügen. Hat *have* eine andere deutsche Bedeutung, dann steht es allein [2] [4].

■ Wir benutzen grundsätzlich die Kurzform in der gesprochenen Sprache, also in Unterhaltungen, und in privaten Briefen, E-Mails usw.

3.2 Die Verneinung des *simple present* von *have got* und *have* *(The negative form of the simple present of have got and have)*

have got

Beispiel:

1 Ben: I **have not got/haven't got** a new bike.
Ben: Ich habe kein neues Fahrrad.

2 Mary **has not got/hasn't got** a dog.
Mary hat keinen Hund.

3 They **have not got/haven't got** a big garden.
Sie haben keinen großen Garten.

■ Um *have got* zu verneinen, stellen wir *not/n't* unmittelbar hinter *have/has*. Das Wörtchen *got* bleibt dabei unverändert:

Langform	Kurzform
I have not got	*I haven't got*
you have not got	*you haven't got*
he has not got	*he hasn't got*
she has not got	*she hasn't got*
it has not got	*it hasn't got*
we have not got	*we haven't got*
you have not got	*you haven't got*
they have not got	*they haven't got*

have

Beispiel:

1 Ben: I **do not have/don't have** breakfast before I go to school.
Ben: Ich frühstücke nicht, bevor ich zur Schule gehe.

2 Tom **does not have/doesn't have** coffee for breakfast.
He has a glass of milk.
Tom trinkt keinen Kaffee zum Frühstück.
Er trinkt ein Glas Milch.

3 The Greens **do not have/don't have** a big garden.
Die Greens haben keinen großen Garten.

■ Steht *have* allein – also ohne *got* –, dann bilden wir die Verneinung mit *do/does*, wie bei anderen Vollverben:

Langform	Kurzform
I do not have	*I don't have* [1]
you do not have	*you don't have*
he does not have	*he doesn't have* [2]
she does not have	*she doesn't have*
it does not have	*it doesn't have*
we do not have	*we don't have*
you do not have	*you don't have*
they do not have	*they don't have* [3]

■ Wir benutzen grundsätzlich die Kurzform in der gesprochenen Sprache, also in Unterhaltungen, und in privaten Briefen, E-Mails usw.

▶ **BEACHTE**, dass die **Kurzformen** von ***he/she/it is*** und ***he/she/it has*** dieselben sind: ***he's, she's, it's.*** Die Bedeutung der Kurzform ist jedoch leicht zu erkennen.

3.3 Die Fragestellung mit dem *simple present* von *have got/have* *(Forming questions with the simple present of have got/have)*

have got

Beispiel:

1 **Have** you **got** a dog, Kate?
Hast du einen Hund, Kate?

2 **Has** Mary **got** a sister?
Hat Mary eine Schwester?

3 **Have** the Greens **got** any children?
Haben die Greens Kinder?

■ Bei *have got* bilden wir Fragen durch den Austausch von Subjekt und *have/has*, genau wie bei ‚haben' im Deutschen [1] – [3].

have

Beispiel:

1 **Do** you **have** a dog, Kate?
Hast du einen Hund, Kate?

2 **Does** Mary **have** a sister?
Hat Mary eine Schwester?

3 **Do** the Greens **have** any children?
Haben die Greens Kinder?

■ Steht *have* allein – also ohne *got* –, bilden wir Fragen mit *do/does* genau wie bei allen anderen Vollverben [1] – [3].

4 Modale Hilfsverben *(Modal auxiliary verbs)*

4.1 Allgemeine Merkmale *(General features)*

■ Wir benutzen modale Hilfsverben wie *can* und *must* mit einem Vollverb ohne *to*:

*You **can watch** TV now.*
Du kannst jetzt fernsehen.

*Ben **must come** home at once.*
Ben muss sofort nach Hause kommen.

▶ **BEACHTE** Anders als im Deutschen ist es im Englischen nicht möglich, ein modales Hilfsverb **ohne Vollverb** zu benutzen:

*Gemma **can speak** Spanish.*
Gemma kann Spanisch (sprechen).

*Mary **must go** to the doctor's today.*
Mary muss heute zum Arzt (gehen).

■ Modale Hilfsverben haben bei allen Personen die gleiche Form. Anders als bei Vollverben und bei den Hilfsverben *be, have* und *do* hat die 3. Person Singular *(he/she/it)* keine -*s*-Endung:

*Ben **can play** football very well.*
Ben kann sehr gut Fußball spielen.

*Kate **needn't do** her homework now.*
Kate muss jetzt ihre Hausaufgabe nicht machen.

■ Wie bei den Hilfsverben *be, have* und *do* bilden wir die Verneinung und Fragen ohne *do/does/did:*

*Kate **must not spend** so much money.* Kate darf nicht so viel Geld ausgeben.	
Can** Ben **dance? Kann Ben tanzen?	

■ Wir können die modalen Hilfsverben nur im Präsens und mit zukünftiger Bedeutung benutzen:

*We **can eat now.*** Wir können jetzt essen.	Präsens
*We **can eat** out **tomorrow.*** Morgen können wir essen gehen.	Zukunft
*I **must phone** Mary **now.*** Ich muss jetzt Mary anrufen.	Präsens
*I **must wash** the car **tomorrow.*** Morgen muss ich das Auto waschen.	Zukunft

▶ **BEACHTE** Nur ***can*** hat eine eigene Form der Vergangenheit *(**past**)*, nämlich ***could***. Wollen wir die anderen modalen Hilfsverben in der Vergangenheit benutzen, müssen wir ein geeignetes **Ersatzverb** gebrauchen:

*Ben **could not go** to school **yesterday.*** Ben konnte gestern nicht zur Schule gehen.	
*He **had to stay** at home because he was ill.* Er musste zu Hause bleiben, weil er krank war.	

4.2 Die modalen Hilfsverben im Einzelnen *(The modal auxiliary verbs in detail)*

Must/have to (müssen)

■ In **normalem Gebrauch** benutzen wir das Ersatzverb ***have to*** für „müssen“:

*I **have to visit** my grandparents on Sundays.*
Ich muss meine Großeltern sonntags besuchen.

■ Wollen wir eine wichtige **Verpflichtung** ausdrücken, gebrauchen wir ***must:***

*We **must go** to school every day.*
Wir müssen jeden Tag zur Schule gehen.

▶ **BEACHTE** Da ***must*** keine eigene Vergangenheit hat, benutzen wir ***had to/did not have to*** als Ersatzverb:

*We **had to walk** to school yesterday.*
Gestern mussten wir zur Schule laufen.

*I **didn't have to help** my dad.*
Ich musste meinem Papa nicht helfen.

Must not/need not/do not have to (nicht dürfen/nicht müssen)

■ Wir benutzen ***must not/mustn't,*** um ein **Verbot** auszudrücken:

*They **mustn't drive** so fast here.*
Hier dürfen sie nicht so schnell fahren.

■ Wollen wir sagen, dass es **keine Verpflichtung** oder **Notwendigkeit** gibt, benutzen wir ***need not/needn't*** oder das Ersatzverb ***do not/don't have to:***

*I **needn't/don't have to do** my homework today.*
Ich muss heute meine Hausaufgaben nicht machen.

Can/be able to (können)

■ Wir benutzen *can* oder das Ersatzverb *be able to*, um eine Fähigkeit auszudrücken:

> *Sam **can understand** some German, but he **isn't able to speak** it.*
> Sam kann etwas Deutsch verstehen, aber er kann es nicht sprechen.

■ Wir benutzen *can* oder das Ersatzverb *be allowed to*, um eine Erlaubnis auszudrücken:

> *We **can/are allowed to go** home now.*
> Wir können jetzt nach Hause gehen.

■ Die Vergangenheit von *can* ist *could:*

> *We **could go** home early yesterday.*
> Gestern konnten wir früh nach Hause gehen.

4.3 Kurzübersicht *(Quick review)*

Bedeutung	Modale Hilfsverben Englisch	 Deutsch	Ersatzverb
Fähigkeit	*can/could*	können/konnten	*be able to*
Erlaubnis	*can/could*	können/konnten	*be allowed to*
Verbot	*must not*	nicht dürfen	*not be allowed to*
Verpflichtung	*must*	müssen	*have to*
freie Wahl	*needn't*	nicht müssen nicht brauchen	*not have to*

Übungen

1 Ergänze die Lücken mit einem Hilfsverb aus dem Kästchen. Schreibe auf einen Zettel.

can (2x) can't (2x) don't have to
doesn't have to has to must mustn't

1 Cars ____ go too fast near schools because of all the children.
2 You ____ buy some coke at the kiosk.
3 You ____ have the red jeans, Cathy. They're too expensive.
4 German children ____ go to school on Saturdays.
5 You ____ buy a ticket before getting on the bus.
6 The sign (Schild) says we ____ park here for 30 minutes.
7 Ben ____ come shopping if he doesn't want to.
8 Kate ____[1] come to the cinema tonight because she ____[2] do her homework.

2 Wähle die richtige Form a) oder b). Schreibe auf einen Zettel.

1 Kate **a)** had to **b)** must go to the doctor's yesterday.
2 Oh, dear. The shop's closed. We **a)** must **b)** will have to try again tomorrow.
3 I **a)** had to **b)** must[1] run to the station last night. Luckily I **a)** can **b)** was able to[2] catch the last train because it was late.
4 The test tomorrow is very difficult. Our teacher says that she's sure nobody **a)** can **b)** will be able to get everything right.
5 We **a)** didn't have to **b)** mustn't go to school yesterday because so many teachers were ill.
6 Do you think we **a)** could **b)** will be allowed to go to the cinema next weekend?

5 Die Zeiten *(The tenses)*

5.1 *Simple present* (Die einfache Form der Gegenwart)

Beispiel:

1 The Bells **live** in Bristol.
Die Bells wohnen in Bristol.

2 Cathy **plays** with Tiger **every day.**
Cathy spielt jeden Tag mit Tiger.

3 The Bells **normally have** a hot meal in the evening.
Normalerweise essen die Bells abends eine warme Mahlzeit.

4 Tim and Frank **do not/don't play** football.
Tim und Frank spielen keinen Fußball.

5 Cathy, **do you like** English?
Cathy, magst du Englisch?

Form

■ Mit Ausnahme der 3. Person Singular hat das *simple present* immer dieselbe Form wie der Infinitiv. Bei *he/she/it* wird ein *-s* angehängt [2].

▶ BEACHTE Die **Schreibregeln** beim Anhängen von *-s* sind genau wie die für den **regelmäßigen Plural** (➜ 1.1, S. 210).

■ Da kein Hilfsverb im Satz steht, bilden wir die Verneinung mit *do not/don't* bzw. *does not/doesn't* [4].

▶ BEACHTE Das **Vollverb** steht bei der **Verneinung** immer im **Infinitiv**.

■ Da es kein Hilfsverb im Satz gibt, bilden wir Fragen ebenfalls mit *do not/don't* bzw. *does not/doesn't* [5].

Gebrauch

■ Wir benutzen das *simple present*, um zu sagen, was immer so ist [1] oder was man immer wieder macht [2] [3].

TIPP Mit dem ***simple present*** kommen die folgenden **Zeitangaben** sehr häufig vor:

always, never
often, seldom (selten), sometimes
usually, normally
every day/week/month/Christmas/...
on Mondays/Tuesdays/...
at weekends/Easter/...

5.2 *Present progressive* (Die Verlaufsform der Gegenwart)

Beispiel:

1 Cathy **is playing** with Tiger **at the moment.**
Cathy spielt im Moment mit Tiger.

2 The Bells **are doing** the shopping **at present.**
Zurzeit kaufen die Bells ein.

3 Mrs Bell **is not/isn't cooking.** She's in the garden.
Mrs Bell kocht gerade nicht. Sie ist im Garten.

4 **Is Tim playing** volleyball **now?**
Spielt Tim gerade Volleyball?

Form

■ Wir bilden das ***present progressive*** mit *am/is/are* + der *-ing*-Form des Vollverbs [1] – [4].

▶ **BEACHTE** diese **Schreibregeln** bei der *-ing*-Form: Bei Verben, die auf ein stummes, also nicht gesprochenes ***-e*** enden, entfällt das ***-e:***

come	*coming*		*take*	*taking*
make	*making*	aber	***agree***	***agreeing***
phone	*phoning*			

Bei Verben, die auf ***-ie*** enden, wird das ***-ie*** zum ***-y:***

die	*dying*	sterben
lie	*lying*	liegen

Bei Verben, die mit einem kurzen betonten Vokal + Konsonanten enden, verdoppeln wir den Konsonanten:

put	*putting*
run	*running*
stop	*stopping*

■ Da es beim *present progressive* immer ein Hilfsverb, also *am/is/are*, gibt, bilden wir die Verneinung mit *not/n't* [3].

■ Um Fragen zu bilden, tauschen wir *am/is/are* und das Subjekt einfach aus [4].

TIPP Die folgenden Verben haben normalerweise **keine** *progressive*-Form:

believe	glauben	*hate*	hassen
hear	hören	*know*	wissen, kennen
like	mögen	*love*	lieben
mean	bedeuten	*see*	sehen
want	möchten		

Gebrauch

■ Wir benutzen das *present progressive*, um zu sagen, was im Moment des Sprechens oder Schreibens tatsächlich passiert, und wenn wir Bilder beschreiben.

TIPP Mit dem ***present progressive*** kommen folgende drei ***Zeitangaben*** vor:

at present	zur Zeit
at the moment	im Moment
now	jetzt

Übungen

1 Setze die Verben in die richtige Form des *simple present*. Schreibe auf einen Zettel.

Beispiel:

▶ *Cathy ____ (go) to school every day.*
▷ *Cathy **goes** to school every day.*
▶ *The Bells ____ (not live) in London.*
▷ *The Bells **do not live** in London.*
▶ *____ (you/like) animals?*
▷ ***Do you like** animals?*

1 Tim always ____ (walk) to school.
2 The girls ____ (not like) sport very much.
3 ____ (Cathy/go) to school by bike?
4 We ____ (not have) lessons on Saturdays.
5 The Bells ____ (live) in Oak Street.
6 Frank and Tim ____ (enjoy) watching football.
7 I often ____ (help) with the shopping.
8 ____ (British schools/teach) French or German?

2 Setze die Verben in die richtige Form des *present progressive*. Schreibe auf einen Zettel.

Beispiel:

▶ *Cathy ____ (walk) to school now.*
▷ *Cathy **is walking** to school now.*
▶ *The boys ____ (not play) football at present.*
▷ *The boys **are not playing** football at present.*
▶ *____ (Tiger/catch) mice at the moment?*
▷ ***Is Tiger catching** mice at the moment?*

1 Cathy ____ (do) her homework at the moment.
2 ____ (the girls/have) a dancing lesson now?
3 Mrs Bell ____ (not cook)[1]. She ____ (clean)[2] the bathroom.
4 ____ (Tim/watch) TV at the moment?
5 Mr Bell ____ (not wash)[1] the car. He ____ (repair)[2] Tim's bike.
6 Cathy ____ (sit)[1] in the living room at present. She ____ (read)[2] a book.

3 Wähle die richtige Form der Gegenwart a) *(simple present)* oder b) *(present progressive)*. Schreibe auf einen Zettel.

1 Cathy can't come yet. She **a)** has **b)** is having a shower at the moment.
2 Frank and Tim **a)** are not playing **b)** do not play volleyball every Saturday.
3 I **a)** am thinking **b)** think this is a boring movie.
4 **a)** Are the Bells having **b)** Do the Bells have a party every Christmas?
5 We **a)** are not going **b)** do not go to the cinema very often.
6 Tiger **a)** plays **b)** is playing in the garden now.
7 Mrs Bell **a)** is sometimes meeting **b)** sometimes meets her friend in town.
8 The Greens **a)** are doing **b)** do the shopping on Fridays.

5.3 *Simple past* (Die einfache Form der Vergangenheit)

Beispiel:

1 Tim **played** volleyball yesterday.
Tim spielte gestern Volleyball.
2 The Bells **went** to the cinema last night.
Gestern Abend gingen die Bells ins Kino.
3 Cathy **did not/didn't like** the film much.
Cathy mochte den Film nicht besonders.
4 **Did you hear** that noise?
Hast du das Geräusch gehört?

Form

■ Beim *simple past* musst du zwischen regelmäßigen und unregelmäßigen Verben unterscheiden.

■ Bei regelmäßigen Verben hängen wir bei allen Personen ein *-ed* an den Infinitiv [1].

▶ **BEACHTE** diese **Schreibregeln** beim Anhängen von *-ed:*

▸ Ein **stummes,** also nicht ausgesprochenes, *-e* entfällt:

bake	*baked*	backen
live	*lived*	leben
move	*moved*	sich bewegen, umziehen
phone	*phoned*	telefonieren

▸ Das *-y* nach einem Konsonanten wird zum -i:

carry	*carried*	tragen
hurry	*hurried*	sich beeilen
try	*tried*	versuchen

▸ Endet das Verb auf *-y* **nach einem Vokal**, bleibt das *-y* erhalten:

enjoy *enjoyed* *play* *played*

■ Da im Satz kein Hilfsverb vorkommt, bilden wir die Verneinung mit *did not/didn't* [3].

■ Da im Satz kein Hilfsverb vorkommt, bilden wir Fragen ebenfalls mit *did* [4].

Gebrauch

■ Wir benutzen das *simple past* für völlig abgeschlossene Handlungen in der Vergangenheit [1] – [4].

TIPP Mit dem ***simple past*** kommen folgende **Zeitangaben** häufig vor:

yesterday, the day before yesterday
two/three/... days/weeks/... ago
last Monday/... /January/...
last night
last week/month/year
last Christmas/spring/...
in 2004/...

5.4 *Past progressive* (Die Verlaufsform der Vergangenheit)

Beispiel:

1 I saw an accident when I **was walking** to school.
Als ich zur Schule ging, sah ich einen Unfall.

2 We **were playing** football at 3 o'clock last Saturday.
Am letzten Samstag um 3 Uhr spielten wir gerade Fußball.

3 The Bells **were working** in the garden all day yesterday.
Gestern haben die Bells den ganzen Tag im Garten gearbeitet.

4 Tim **was not/wasn't doing** his homework when I spoke to him.
Als ich mit ihm sprach, war Tim nicht dabei, seine Hausaufgabe zu machen.

5 **Were the men cleaning** the windows?
Waren die Männer dabei, die Fenster zu putzen?

Form

■ Das *past progressive* bilden wir mit *was/were* und der *-ing*-Form des Vollverbs (→ 5.2, S. 254).

■ Da es beim *past progressive* immer ein Hilfsverb *was/were* gibt, bilden wir die Verneinung mit *not/n't* [4].

■ Um Fragen zu bilden, tauschen wir *was/were* und das Subjekt einfach aus [5].

Gebrauch

■ Wir benutzen das *past progressive*, um zu sagen, dass **eine Handlung schon im Gange** war (*was walking*), als **ein neues Ereignis** (plötzlich) **eintrat** (*saw the accident*) [1].

■ Möchten wir sagen, das eine Handlung zu einem **bestimmten Zeitpunkt** [2] oder während eines **bestimmten Zeitraumes** [3] im Gange war, gebrauchen wir ebenfalls das *past progressive*.

TIPP Folgende Verben haben normalerweise keine *progressive*-Form: da sie keine Tätigkeiten, sondern Zustände und Gefühle ausdrücken:

believe	glauben
hate	hassen
hear	hören
know	wissen, kennen
like	mögen
love	lieben
mean	bedeuten
see	sehen
want	möchten

Übungen

1 Setze die Verben in die richtige Form des *simple past*. Schreibe auf einen Zettel.

Beispiel:

▶ *Frank ____ (miss) the bus.*
▷ *Frank* ***missed*** *the bus.*
▶ *They ____ (go) swimming last week.*
▷ *They* ***went*** *swimming last week.*
▶ *I ____ (not buy) a T-shirt yesterday.*
▷ *I* ***did not buy*** *a T-shirt yesterday.*
▶ *____ (Mary/go) to the movies last night?*
▷ ***Did Mary go*** *to the movies last night?*

1 Tim ____ (play) in the match last Saturday.
2 Cathy and Tim ____ (go) to school by taxi yesterday.
3 We ____ (not win) the match yesterday.
4 ____ (Frank/be) ill last week?
5 I ____ (have) a lot of fun at the zoo.
6 ____ (you/listen) to Mary's new CD at the weekend?
7 The Bells ____ (live) in London for three years.
8 I ____ (not learn) my words for the test last Monday.

2 Setze die Verben in die richtige Form des *past progressive*. Schreibe auf einen Zettel.

Beispiel:

- ▶ *Frank ____ (clean) his room.*
- ▷ *Frank* ***was cleaning*** *his room.*
- ▶ *We ____ (not watch) TV at the time.*
- ▷ *We* ***were not watching*** *at the time.*
- ▶ *____ (Mary/wash) her hair then?*
- ▷ ***Was Mary washing*** *her hair then?*

1 Cathy ____ (have) her breakfast when I called.
2 They ____ (work) in the garden all day yesterday.
3 I ____ (do) my homework when Tim came home.
4 ____ (the boys/help) Mr Bell clean the car yesterday afternoon?
5 Mary ____ (not play)[1] computer games when I saw her. She ____ (read)[1].
6 ____ (Frank/listen) to his walkman during the lesson?

3 Wähle die richtige Form des *simple past* oder des *past progressive* a) oder b). Schreibe auf einen Zettel.

The Bells **a)** visited **b)** were visiting[1] some friends in Clifton last weekend, but they **a)** came **b)** were coming[2] home earlier than Tim and Cathy **a)** expected **b)** were expecting[3]. When Mr and Mrs Bell **a)** walked **b)** were walking[4] into the house they **a)** had **b)** were having[5] a nasty surprise. Tim and Cathy **a)** had **b)** were having[6] a party, and some of their friends **a)** tried **b)** were trying[7] Mr Bell's favourite whisky.

5.5 *Present perfect* (Die einfache Form des *present perfect*)

Beispiel:

1 Cathy **has read** this book.
Cathy hat dieses Buch (schon) gelesen.
2 The Bells **have lived** in Bristol for ten years.
Die Bells wohnen seit zehn Jahren in Bristol.
3 The bus **still has not/hasn't come.**
Der Bus ist immer noch nicht gekommen.
4 **Have you seen** the latest Harry Potter film yet?
Hast du schon den neuesten Harry-Potter-Film gesehen?

Form

■ Das *present perfect* bilden wir mit *have/has* und der 3. Form (Partizip Perfekt) des Vollverbs [1] [2].

■ Bei regelmäßigen Verben hat die 3. Form dieselbe Form wie die des *simple past*, also Infinitive + *-ed* [2] (➜ 5.3, S. 258).
Die unregelmäßigen Verben dagegen haben eine besondere Form, die du dir einfach merken musst [1] [3] [4] (➜ 5.4, S. 300).

■ Wir bilden die Verneinung, indem wir *not/n't* unmittelbar nach *have/has* einfügen [3].

■ Um Fragen zu bilden, tauschen wir *have/has* und das Subjekt einfach aus [4].

Gebrauch

■ Wollen wir sagen, dass etwas passiert ist, ohne den Zeitpunkt in der Vergangenheit zu nennen, benutzen wir das *present perfect* [1]. Oft benutzen wir das *present perfect* für Handlungen und Situationen, die irgendwann in der Vergangenheit begonnen haben, aber noch andauern. Diese Handlungen bzw. Situationen sind also noch **nicht abgeschlossen** [2] [3].

TIPP Bei diesem Gebrauch des ***present perfect*** kommen folgende **Zeitangaben** häufig vor:

for	seit	**Zeitdauer**: for two hours
since	seit	**Zeitpunkt**: since 10 o'clock
already	schon	
yet	bis jetzt	
not yet	bis jetzt noch nicht	
never	bisher noch nie	
so far	bisher	
still	immer noch	
still not	immer noch nicht	
till now	bis jetzt	
how long …?	wie lange, seit wann	

TIPP Im Deutschen verwenden wir **„seit“** meistens mit dem **Präsens**:

Mike **ist seit** zwei Tagen in England
Mike **has been** in England for two days.

Übungen

1 Setze die Verben in die richtige Form des *present perfect*. Schreibe auf einen Zettel.

Beispiel:

▶ *Jane ____ (buy) a laptop.*
▷ *Jane **has bought** a laptop.*
▶ *I ____ (not be) to Africa.*
▷ *I **have not been** to Africa.*
▶ *____ (Mary/finish) that book?*
▷ ***Has Mary finished** that book?*

1 Cathy ____ (be) ill for three days.
2 I ____ (not see) the new film yet.
3 How long ____ (the Bells/live) in Victoria Street?
4 We ____ (never be) to the USA.
5 I ____ (just + make) some coffee.
6 You ____ (change) a lot since last year, Cathy.
7 ____ (you/give) Tiger some food yet, Tim?
8 Dad ____ (not clean) the car for weeks.

2 Wähle das richtige Wort *for* oder *since*. Schreibe auf einen Zettel.

1 ____ 10 May
2 ____ last Monday
3 ____ three weeks
4 ____ he arrived home
5 ____ a long time
6 ____ I was a baby
7 ____ years
8 ____ several minutes

5.6 *Will*-Futur *(Will-future)*

Beispiel:

1 In future good schools **will be** even more important.
In Zukunft werden gute Schulen noch wichtiger sein.

2 I expect our team **will win.**
Ich erwarte, dass unsere Mannschaft gewinnen wird.

3 Elli thinks it **will snow** tomorrow.
Elli meint, dass es morgen schneien wird.

4 Tim hopes Dad **will not/won't be** angry with him.
Ben hofft, dass Dad nicht böse auf ihn sein wird.

5 I have done a lot of shopping. **Will you carry** one of the bags for me, please?
Ich habe viel eingekauft. Wirst du mir bitte eine Tasche tragen?

Form

■ In bejahten Aussagen bilden wir das *will*-Futur mit *will* + Infinitiv des Vollverbs. Es hat für alle Personen die gleiche Form [1] – [3].

■ Um die Verneinung zu bilden, setzen wir *not* unmittelbar nach *will*.
▶ BEACHTE Die **Kurzform** von ***will not*** ist ***won't*** [4].

■ Um Fragen zu bilden, tauschen wir *will* und das Subjekt aus [5].

Gebrauch

■ Das *will*-Futur benutzen wir für zukünftige Situationen/Ereignisse, die höchstwahrscheinlich eintreten werden [1], Erwartungen [2], Voraussagen [3], Hoffnungen [4]und spontane Entscheidungen [5].

TIPP Daher kommt das ***will***-Futur mit den folgenden einleitenden Verben besonders häufig vor:

believe	*expect* (erwarten)
hope	*think*

5.7 *Going to*-Futur *(Going to-future)*

Beispiel:

1 Tim **is going to buy** a new bike.
Tim hat vor, ein neues Rad zu kaufen.

2 Helen and Robin **are going to get** a dog
Helen und Robin planen sich einen Hund anzuschaffen.

3 Look at the sky. It'**s going to rain.**
Schau dir den Himmel an! Es wird bald regnen.

4 I'**m not going to lend** Ted my CDs.
Ich werde Ted meine CDs nicht ausleihen.

5 **Are you going to invite** Cathy to your party?
Wirst du Cathy zu deiner Party einladen?

Form

■ In bejahten Aussagen bilden wir das *going to*-Futur mit *am/is/are* + *going to* + Infinitiv des Vollverbs [1] – [3].
▶ **BEACHTE** ***Going to*** und der Infinitiv des Vollverbs bleiben bei allen Personen unverändert.

■ Um die Verneinung zu bilden, setzen wir *not* unmittelbar nach *am/is/are* [4].

■ Um Fragen zu bilden, tauschen wir *am/is/are* und das Subjekt aus [5].

Gebrauch

■ Wir benutzen das *going to*-Futur für zukünftige Pläne und Absichten [1] [2].

TIPP Wenn wir im Deutschen ‚etwas vorhaben' oder ‚etwas beabsichtigen' verwenden können, dann benutzen wir im Englischen das *going to*-Futur.

■ Wir benutzen das *going to*-Futur auch für Situationen und Ereignisse, die bald eintreten werden. Dies ist besonders der Fall, wenn bereits im Moment des Sprechens eindeutige Anzeichen dafür gegeben sind [3].

Übungen

1 Setze die Verben in die richtige Form des will-Futurs. Schreibe auf einen Zettel.

Beispiel:

▶ *Frank ____ (miss) his bus.*
▷ *Frank **will miss** his bus.*
▶ *I ____ (not buy) a T-shirt today.*
▷ *I **will not/won't buy** a T-shirt today.*
▶ *____ (Mary/be) at the party?*
▷ ***Will Mary be** at the party?*

1 ____ (you/have) time to talk to me later?
2 I ____ (not see)[1] you at school tomorrow. I ____ (be)[2] at the doctor's.
3 We must train harder or we ____ (not win) the match.
4 We must go now or we ____ (miss) our train.
5 Don't worry. I ____ (not forget) to buy some milk.
6 Do you think that Mary ____ (like) the present?

2 Setze die Verben in die richtige Form des going to-Futurs. Schreibe auf einen Zettel.

Beispiel:

▶ *Frank ____ (clean) his room later.*
▷ *Frank **is going to clean** his room later.*
▶ *We ____ (not watch) TV tonight.*
▷ *We **are not going to watch** TV tonight.*
▶ *____ (Mary/help) you tomorrow?*
▷ ***Is Mary going to help** you tomorrow?*

1 Cathy ____ (meet) Mary in town this afternoon.
2 The Bells ____ (buy) a new car soon.
3 I ____ (do) my homework as soon as I get home.
4 ____ (the boys/help) Mr Bell clean the car tomorrow?
5 We ____ (not take)[1] the bus. We ____ (walk)[2] to school.
6 Watch out! That child ____ (run) on to the road.

5.8 *Die Zeitenfolge in if-Sätzen, Typ I (Sequence of tenses in if-sentences, type I)*

Beispiel:

1 If it **rains**, we **will stay** at home.
Wenn/Falls es regnet, werden wir zu Hause bleiben.
We **will stay** at home if it **rains.**
Wir werden zu Hause bleiben, wenn/falls es regnet.

2 We **will not/won't** go for a walk if it rains.
Wir werden nicht spazieren gehen, wenn es regnet.
We **will go for a walk** if it **doesn't rain.**
Wir werden spazieren gehen, wenn es nicht regnet.
We **won't go for a walk** if it **doesn't stay** dry.
Wir werden nicht spazieren gehen, wenn es nicht trocken bleibt.

3 **Will we go for a walk** if it stays dry?
Werden wir spazieren gehen, wenn es trocken bleibt?

■ Ein *if*-Satz besteht aus zwei Teilen: einem *if*-Teil und einem Hauptteil. Der *if*-Teil drückt eine Bedingung aus, der **Hauptteil** eine mögliche Folge.

■ In if-Sätzen, Typ I steht das simple present im *if*-Teil und das *will*-Futur im Hauptteil [1].

▶ **BEACHTE** In Aussagen kann der *if*-Teil vor oder nach dem Hauptteil stehen. Steht aber der *if*-Teil an erster Stelle, wird er von dem Hauptteil durch ein Komma (,) getrennt [1].

■ Je nach Sinn können wir den *if*-Teil, den Hauptteil oder beide Teile eines *if*-Satzes verneinen [2].

■ Bei Fragen dagegen können wir nur den Hauptteil als Frage bilden. Dann steht der Hauptteil an erster Stelle [3].

Test

1 Wähle die richtige Form a) oder b). Schreibe auf einen Zettel.

1 Cathy usually **a)** goes **b)** is going[1] to school at 8:30, but she **a)** goes **b)** is going[2] later today because she has to go to the doctor's.

2 The boys **a)** are not normally coming **b)** don't normally come[1] to training on Thursdays, but today they **a)** are training **b)** train[2] for a big match.

3 Sue: Where are Cathy and Tim?
Jill: Cathy **a)** cleans **b)** is cleaning[1] her room and Tim **a)** is helping **b)** helps[2] Mrs Coe.

4 Bob: **a)** Does Mr Green work **b)** Is Mr Green working[1] in the garden at the moment?
Pam: No, he **a)** washes **b)** is washing[2] the car.

5 Be quiet, Tim. Can't you see that Dad **a)** is making **b)** makes a phone call?

6 Be careful! Tiger **a)** is sitting **b)** sits in the middle of the road.

7 The Bells **a)** are always doing **b)** always do[1] the shopping on Sundays now. They say that then they **a)** are having **b)** have[2] more time.

8 Sally **a)** does not like **b)** is not liking[1] staying at home all the time. She **a)** is looking forward **b)** looks forward[2] to going back to school.

9 I can't help you now, Cathy. I **a)** am writing **b)** write a letter to Grandma.

10 Hurry up, Tim! The film **a)** is starting **b)** starts now.

2 Wähle die richtige Zeitform a) *(simple past)* oder b) *(past progressive)*. Schreibe auf einen Zettel.

1 When I **a)** walked **b)** was walking[1] home yesterday, I **a)** saw **b)** was seeing[2] old Mrs Coe. She **a)** came **b)** was coming[3] out of the supermarket with a lot of shopping. In the end, I **a)** carried **b)** was carrying[4] it home for her.

2 The police **a)** wanted **b)** were wanting[1] to know what people **a)** did **b)** were doing[2] when the accident **a)** happened **b)** was happening[3]. One woman **a)** said **b)** was saying[4] she **a)** waited **b)** was waiting[5] for the bus and a man **a)** told **b)** was telling[6] the police that he **a)** did not see **b)** was not seeing[7] anything because he **a)** talked **b)** was talking[8] on his mobile phone behind a tree.

Test

3 **Setze die Verben in das *simple past*. Pass auf! Einige Verben sind unregelmäßig. Eine Liste der wichtigsten unregelmäßigen Verben findest du auf den Seiten 301/302. Schreibe auf einen Zettel.**

1 Dad ____ (live) in York when he was a boy.
2 Cathy ____ (come) home late from school again yesterday.
3 Ben ____ (tell)[1] his parents he ____ (want)[2] to be a pilot.
4 I ____ (forget)[1] to buy some milk when I ____ (go)[2] shopping.
5 Ben ____ (promise) to try harder at school.

4 **Vervollständige die Sätze mit der verneinten Form des *simple past*. Schreibe auf einen Zettel.**

1 Mr Green ____ (not go) home by taxi.
2 Cathy ____ (not be) late for school.
3 Ben ____ (not try) on the shoes before buying them.
4 I ____ (not help) Sally last Saturday.
5 Mrs Green ____ (not buy) a shirt for Cathy.

5 **Bilde Fragen nach dem unterstrichenen Satzteil. Schreibe auf einen Zettel.**

Beispiel:
Mr Green came home <u>at 7 o'clock</u> last night.
▸ When did Mr Green come Home? At 7 o'clock.

1 Ben waited for Cathy <u>in front of the school</u>.
2 The Snows bought Cathy <u>a new guitar</u>.
3 Ben ordered a <u>king-size burger</u>.
4 Mary said that <u>Cathy felt ill</u>.

Der Satz *(The sentence)*

1 Die Satzstellung in Aussagen *(Word order in statements)*

1.1 Bejahte Aussagen *(Affirmative statements)*

Beispiel:

	Subjekt	Prädikat	Objekt	andere Teile
1	Tim and Cathy Bell	live		in Bristol.
2	The Bells	have	a cat, Tiger.	
3	Tim and Cathy	play	computer games	every day.

- Im Englischen ist die Satzstellung streng festgelegt:

Subjekt – Verb – andere Satzteile [1]

Kommt im Satz ein Objekt vor, steht es unmittelbar nach dem Verb:

Subjekt – **Verb + Objekt** – andere Satzteile [2] [3]

▶ **BEACHTE** Die Satzstellung bleibt im Englischen **immer dieselbe,** auch wenn andere Satzteile vorangestellt werden:

▸ ***Tim played football** yesterday.*
Tim spielte gestern Fußball.

▸ *Yesterday **Tim played football.***
Gestern spielte Tim Fußball.

1.2 Verneinte Aussagen *(Negative statements)*

Beispiel:

	Subjekt	Prädikat Hilfsverb + *not/n't*	Prädikat Vollverb	Objekt	andere Teile
1	Tiger	**must not**	**sit**	on the beds.	
2	Cathy	**hasn't**	**done**	her homework	yet.
3	I	**don't**	**watch**	TV	during the week.
4	Tim	**doesn't**	**clean**	his room	very often.
5	The Bells	**didn't**	**go**		on holiday last summer.

■ Um eine Aussage zu verneinen, stellen wir *not/n't* unmittelbar hinter das Hilfsverb.

■ Gibt es **kein Hilfsverb** in der Aussage, benutzen wir *do not/don't* [3], *does not/doesn't* [4] bzw. *did not/didn't* [5] als Ersatzverb *(substitute verb)*.

▶ **BEACHTE** In der gesprochenen Sprache und in E-Mails usw. hängen wir die **Kurzform von** *not* – also *n't* – direkt an das Hilfsverb.

1.3 Aussagen mit zwei Objekten *(Statements with two objects)*

Beispiel:

	Subjekt	Prädikat	Objekt (wem?)	Objekt (wen?/was?)	andere Teile
1	Cathy	gave	**Tiger**	**a fish**	for her birthday.
2	Lucy	sends	**Cathy**	**an email**	nearly every day.
3	The Bells	didn't buy	**Tim**	**a bike**	for Christmas.

■ Einige Verben, wie *buy*, *give*, *lend* (ausleihen), *send* und *promise* (versprechen) haben zwei Objekte, nämlich ein indirektes Objekt (wem?) und ein direktes Objekt (wen?/was?).

■ In Sätzen mit zwei Objekten steht das indirekte Objekt (wem?) unmittelbar vor dem direkten Objekt (wen?/was?) [1] – [3].

Übung

■ **Setze die Wörter oder Satzteile in die richtige Reihenfolge. Schreibe auf einen Zettel.**

Cathy

1 lives – in Bristol – Cathy
2 jazz dance – her big hobby – is
3 a brother – has - and a cat, Tiger - Cathy
4 Tim – is called – Cathy's brother
5 with Tiger – is playing – in the garden – Cathy
6 Cathy – going – to the movies – likes

2 Fragen *(Questions)*

2.1 Entscheidungsfragen *(Yes/No-questions)*

Beispiel:

	Hilfsverb	Subjekt	Vollverb	Objekt	andere Teile
1	**Is**	this		your dog?	
2	**Have**	you	read	the notice	at the park gate?
3	**Can**	you	put	your dog	on the lead, please?
4	**Do**	you	know		where Tiger is?
5	**Does**	your cat	go		out at night?
6	**Did**	you	get	some cat food	yesterday?

■ Diese Fragen sind Entscheidungsfragen, die wir mit *Yes* bzw. *No* beantworten können.

■ Anders als im Deutschen können wir Entscheidungsfragen nur mit einem Hilfsverb bilden [2] – [3].

■ Ist kein Hilfsverb im Satz vorhanden, dann müssen wir *do/does/did* als Ersatzverb benutzen [4] – [6].

▶ BEACHTE Im Englischen gilt ***be*** immer als Hilfsverb, sogar dann, wenn kein anderes Vollverb in Satz steht [1].

2.2 Fragen mit Fragewörtern *(Questions with question words)*

Beispiel:

1 **How do you write** a text message?
Wie schreibst du eine SMS?

2 **When does Cathy go** to bed?
Wann geht Cathy ins Bett?

3 **Where is** the nearest supermarket?
Wo ist der nächste Supermarkt?

4 **Why can't we watch** the film?
Warum können wir den Film nicht ansehen?

5 **How many** DVDs **do you have?**
Wie viele DVDs hast du?

6 **How much does** this coat **cost**?
Wie viel kostet dieser Mantel?

■ Wir stellen **Fragewörter**, wie ***how*** [1], ***when*** [2] ***where*** [3] und ***why*** [4] an den Anfang des Satzes.

■ Fragen mit **einleitendem Fragewort** bilden wir genau wie andere Fragen (➜ Entscheidungsfragen, S. 00) [1] – [6].

Übung

■ **Bilde Fragen mit dem angegebenen Fragewort. Schreibe auf einen Zettel.**

Beispiel:

▶ The Bells' cat is called Tiger. (what?)
▷ What is the Bells' cat called?

1 Ann's birthday is in December. (whose?)
2 Cathy feels fine today. (how?)
3 Cathy likes Bernie Brown because he's funny. (why?)
4 Frank's shoes cost € 120. (how much?)
5 The Bells have four bikes. (how many?)
6 The Bells live in Albert Road. (where?)
7 Tim likes sport best on TV. (what?)
8 Tim plays basketball on Saturdays. (when?)

3 Aufforderungen *(Commands)*

Beispiel:

1 **Keep quiet.** I'm on the phone.
Sei ruhig. Ich telefoniere gerade.

2 **Wait** in the waiting room, please.
Warten Sie bitte im Wartezimmer.

3 **Do not forget** to feed Tiger.
Vergiss nicht, Tiger zu füttern.

4 **Don't be** so silly, Tim.
Sei nicht so albern, Tim.

5 **Let's go** shopping on Saturday.
Lass uns Samstag einkaufen gehen.

6 **Let's not play** football.
Lass uns nicht Fußball spielen.

■ Bejahte Aufforderungen *(affirmative commands)* haben diesselbe Form wie der Infinitiv ohne *to* [1] [2].

■ Bei **verneinten Aufforderungen** *(negative commands)* stellen wir *do not/don't* unmittelbar vor den **Inifinitiv ohne *to*** [3] [4].

▶ **BEACHTE** Da verneinte Aufforderungen mit ***do not*** sehr streng wirken, benutzen wir normalerweise die **Kurzform *don't***, die freundlicher klingt.

■ Möchten wir einen Vorschlag in Form einer Aufforderung machen, benutzen wir *let's* + **Infinitiv ohne *to*** [5] bzw. *let's not* + **Infinitiv ohne *to*** [6].

4 Kurzantworten *(Short answers)*

Beispiel:

1	**Are you** in the volleyball team? *Bist du in der Volleyballmannschaft?*	– Yes, **I am.** – No, **I'm not.**
2	**Does** Mrs Bell always **do** the shopping? *Erledigt Mrs Bell immer die Einkäufe?*	– Yes, **she does.** – No, **she doesn't.**

3 **Have** you **got** a computer, Ann? – **Yes, I have.**
Hast du einen Computer, Ann? – **No, I haven't.**

4 **Does** Mary **have** a sister? – **Yes, she does.**
Hat Mary eine Schwester? – **No, she doesn't.**

5 **Can Tim speak German?** – **Yes, he can.**
Kann Tim Deutsch? – **No, he can't.**

■ Um die Antwort auf eine Entscheidungsfrage *(yes/no-question)* freundlicher klingen zu lassen, benutzen wir im Englischen Kurzantworten.

■ Um eine Kurzantwort zu bilden, benutzen wir das Subjekt und die Form des Hilfverbs, die in dem Fragesatz vorkommen, mit *Yes, …* bzw. *No, …* [1] – [5]

▶ **BEACHTE** Das **Subjekt** einer Kurzantwort ist immer ein **Subjektpronomen** ***(I, you, he, …)*** (➜ 3, S. 222).

5 Frageanhängsel *(Question tags)*

Beispiel:

1 This **is** your book, **isn't it?**
Dies ist dein Buch, nicht wahr?

2 Tim **can** swim, **can't he?**
Tim kann schwimmen, oder?

3 Cathy **wasn't** at school, **was she?**
Cathy war nicht in der Schule, oder?

4 Mary **hasn't** been shopping yet, **has she?**
Mary ist noch nicht einkaufen gegangen, oder?

5 You **don't** like cabbage, **do you?**
Du magst keinen Kohl, oder?

6 They **didn't** see you, **did they?**
Sie haben dich nicht gesehen, oder?

7 The Germans **drive** on the right, **don't they?**
Die Deutschen fahren rechts, nicht wahr?

8 Mr Bell **went** to London yesterday, **didn't he?**
Gestern ist Mr Bell nach London gefahren, nicht?

■ Englische ***question tags*** wie ***…, isn't it?*** [1], ***…, can't she?*** [2] und ***…, was he?*** [3] entsprechen den deutschen Frageanhängseln **‚nicht?'/‚nicht wahr?'** **‚oder?'/‚oder nicht?'** usw.

■ Gibt es ein **Hilfsverb** im Satz, verwenden wir dieses, um das *question tag* zu bilden [1] – [6].

■ Ist **kein Hilfsverb** im Satz vorhanden, benutzen wir ***do/does/did*** als Ersatz, genau wie bei der Fragebildung (➜ Entscheidungsfragen, S. 272) [7] [8].

■ Ist das **Verb im Hauptsatz bejaht** (✔), dann ist das ***question tag* verneint** (✘) und umgekeht:

Linz ***is*** (✔) *in Austria,* ***isn't*** (✘) *it?*

Ben ***wasn't*** (✘) *ill,* ***was*** (✔) *he?*

▶ **BEACHTE**, wie wir ***question tags*** mit ***Let's …*** und *There is/are/was/…* bilden:

▸ ***Let's** go home now,* ***shall we?***
Lass uns nach Hause gehen.

▸ ***There is** a postbox in Victoria Street,* ***isn't there?***
Es gibt einen Briefkasten in der Victoria Street, nicht wahr?

▸ ***There aren't** any fries left,* ***are there?***
Es sind keine Pommes frites mehr übrig, oder?

Test

1 Bringe die Satzteile in die richtige Reihenfolge. Schreibe auf einen Zettel.

1 goes to – school – in Clifton – Cathy.
2 Cathy's – Biology – favourite subject – is.
3 Mary – any pets – does not have.
4 Cathy's – cat – Tiger – is called.
5 Frank – is playing – in his room – a computer game.
6 The Bells – working – in the garden – like.
7 normally – Mrs Bell – for three days a week – works.
8 does not work – at school – very hard – Tim.

2 Bilde Fragen mit dem angegebenen Fragewort. Schreibe auf einen Zettel.

1 The Bells live in Bristol. (where?)
2 Tim plays volleyball on Saturdays. (when?)
3 Cathy likes English because she is good at it. (why?)
4 Tim's birthday is in May. (whose?)
5 Cathy feels much better today. (how?)
6 Tiger has three toys. (how many?)
7 This CD costs ten Euros.
8 Frank likes reading detective stories best. (what?)

3 Bilde Frageanhängsel. Schreibe auf einen Zettel.

1 Cathy wasn't at Mary's party, ____ ?
2 Frank hasn't finished his homework yet, ____ ?
3 The Bells have a garden, ____ ?
4 The police didn't catch the boys, ____ ?
5 This is Cathy's book, ____ ?
6 Tim can read German, ____ ?
7 Tim won the race, ____ ?
8 You don't go to the same school as Cathy, ____ ?

1 *A day at the beach* (Ein Tag am Strand)

1	barbecue	*grillen* (Fred)
2	catch	*fangen* (Peter)
3	fall	*fallen* (Martin)
4	jump	*springen* (Sue)
5	lie down	*sich hinlegen* (Alice)
6	pick up	*aufheben* (Ella)
7	play	*spielen* (Sue)
8	push	*stoßen* (Brian)
9	rest	*ausruhen* (Alice)
10	run	*laufen* (Liz)
11	sit	*sitzen* (Victoria)
12	stand	*stehen* (Fred)
13	sunbathe	*sonnenbaden* (Alice)
14	throw	*werfen* (Sam)
15	walk	*gehen* (Tom)

Übung

Schaue dir das Bild gut an und überlege was die Menschen gerade machen. Die Namen findest du oben in der Liste. Setze das fehlende Verb in die Sätze ein. Schreibe auf einen Zettel.

1 Sam is ____ a frisbee.
2 Peter is ____ a frisbee.
3 Liz is ____.
4 Tom is ____.
5 Brian is ____ Martin.
6 Martin is ____.
7 Sue is ____ to catch the ball.
8 Sue is ____ ball.
9 Fred is ____ the meat.
10 Fred is ____ behind the barbecue.
11 Victoria is ____ at the table.
12 Ella is ____ shells.
13 Alice is ____, ____ and ____.

2 *My room* (Mein Zimmer)

1	door	*Tür*
2	window	*Fenster*
3	light	*Licht*
4	radiator	*Heizkörper*
5	furniture	*Möbel*
6	desk	*Schreibtisch*
7	chair	*Stuhl*
8	armchair	*Sessel*
9	bed	*Bett*
10	wardrobe	*Kleiderschrank*
11	bookcase	*Bücherregal*
12	desk lamp	*Schreibtischlampe*
13	computer	*Computer*
14	stereo system	*Stereoanlage*
15	CD player	*CD-Spieler*
16	TV	*Fernseher*
17	DVD player	*DVD-Spieler*
18	poster	*Poster*

Übung

■ Schaue dir das Bild an und vervollständige die E-Mail an Carol mit den fehlenden Wörtern. Schreibe auf einen Zettel.

Hi Carol

Great news – my brother has a flat now, so I have a ____[1] of my own! This is what it's like. When you come into the room, on your right there is an ____[2] and my wardrobe. Next to the ____[3], I have my ____[4] with a CD player and a ____[5] below it. The ____[6] is on top with a really cool ____[7] on the wall above it. Opposite the door there is a window with a ____[8] below it. My ____[9] is between the radiator and the stereo system, so a bit of it is in front of the ____[10] – but that is okay because the window is very big. My ____[11] and ____[12] are in front of the radiator so I can look out of the window. There is a computer and a ____[13] on the desk, of course. And, finally, my ____[14] is next to the desk. The best thing is that all the furniture in the room is new because my brother took his ____[15] with him!

3 *Pets* (Haustiere)

1	dog	*Hund/Hündin*
2	puppy	*Welpe*
3	basket	*Korb*
4	rug	*Decke*
5	bone	*Knochen*
6	cat	*Katze*
7	kitten	*Kätzchen*
8	bowl	*Napf*
9	pet food	*Tierfutter*
10	hamster	*Hamster*
11	mouse	*Maus*
12	budgie (budgerigar)	*Wellensittich*
13	canary	*Kanarienvogel*
14	cage	*Käfig*
15	ladder	*Leiter*
16	goldfish	*Goldfisch*
17	goldfish bowl	*Goldfischglas*

Übung

■ **Schaue dir das Bild an und setze die richtige Form der fehlenden Nomen in die Sätze ein. Schreibe auf einen Zettel.**

1 In the picture, the ____[1] and the canary are in their ____[2].
2 The ____[1] is asleep in the ____[2]. The ____[3] is looking at her.
3 ____[1] chew *(kauen)* on ____[2] to clean their teeth.
4 The ____[1] lives in a goldfish bowl full of ____[2].
5 The ____[1] is watching the goldfish as he swims around in the ____[2].
6 The ____[1] is in his cage. He has a ____[2] there to play on.
7 There is a ____[1] for ____[2] next to the basket.
8 The dog and the ____[1] are looking at the ____[2].

4 *Having fun!* (Spaß haben!)

1	painting	*malen* (Flora)
2	reading	*lesen* (Fiona)
3	watching TV	*fernsehen* (Bill)
4	playing computer games	*Computerspiele spielen* (Liv)
5	learning a musical instrument	*ein Musikinstrument lernen* (Stan)
6	surfing the net	*im Internet surfen* (Liv)
7	meeting friends	*sich mit Freunden treffen* (Betty)
8	listening to music	*Musik hören* (Kim)
9	playing football	*Fußball spielen* (Ben, Herb, Joe)
10	playing volleyball	*Volleyball spielen* (Rose, John)
11	swimming	*schwimmen* (Harry)
12	playing tennis	*Tennis spielen* (Sue, Marv)
13	playing cards	*Karten spielen* (Lin, George)

Übung

■ **Schaue dir das Bild gut an und überlege was die Menschen gerade machen. Die Namen stehen oben neben dem Verb. Setze das fehlende Verb in die Sätze ein. Schreibe auf einen Zettel.**

1 Fiona is ____ a book.
2 Flora is ____ a picture.
3 Liv is ____[1] computer games and ____[2] the net.
4 Bill is ____ TV.
5 Stan is ____ a musical instrument.
6 Betty is ____ a friend.
7 Kim is ____ to music.
8 Ben, Herb and Joe are ____ football.
9 Rose and John are ____ volleyball.
10 Harry is ____.
11 Sue and Marv are ____ tennis.
12 Lin and George are ____ cards.

5 *A classroom* (Ein Klassenzimmer)

1	blackboard	*Tafel*
2	chalk	*Kreide*
3	teacher	*Lehrer(in)*
4	teacher's desk	*Lehrerpult*
5	overhead (projector)	*Tageslichtprojektor*
6	portable stereo	*tragbarer CD-Spieler*
7	desk	*Schülertisch*
8	chair	*Stuhl*
9	pupil	*Schüler(in)*
10	schoolbag	*Schultasche*
11	exercise book	*Schulheft*
12	textbook	*Lehrbuch*
13	bin	*Abfallkorb*
14	poster	*Poster*
15	notice-board	*Anschlagtafel*
16	pen	*Füller*
17	pencil	*Bleistift*

Übung

Hier sind acht Aussagen zu dem Bild. Vier sind richtig und vier sind falsch. Schaue dir das Bild an und korrigiere die falschen Aussagen. Schreibe auf einen Zettel.

1 The teacher is talking to the class.
2 There are five pieces of chalk below the blackboard.
3 There is a portable stereo on the teacher's desk.
4 The overhead projector is on a table next to the door.
5 You can see five pupils. They are standing behind their desks.
6 There is a poster to the right of the blackboard.
7 The noticeboard is to the left of the door.
8 You can see a schoolbag on the floor between two of the desks.

6 *My body* (Mein Körper)

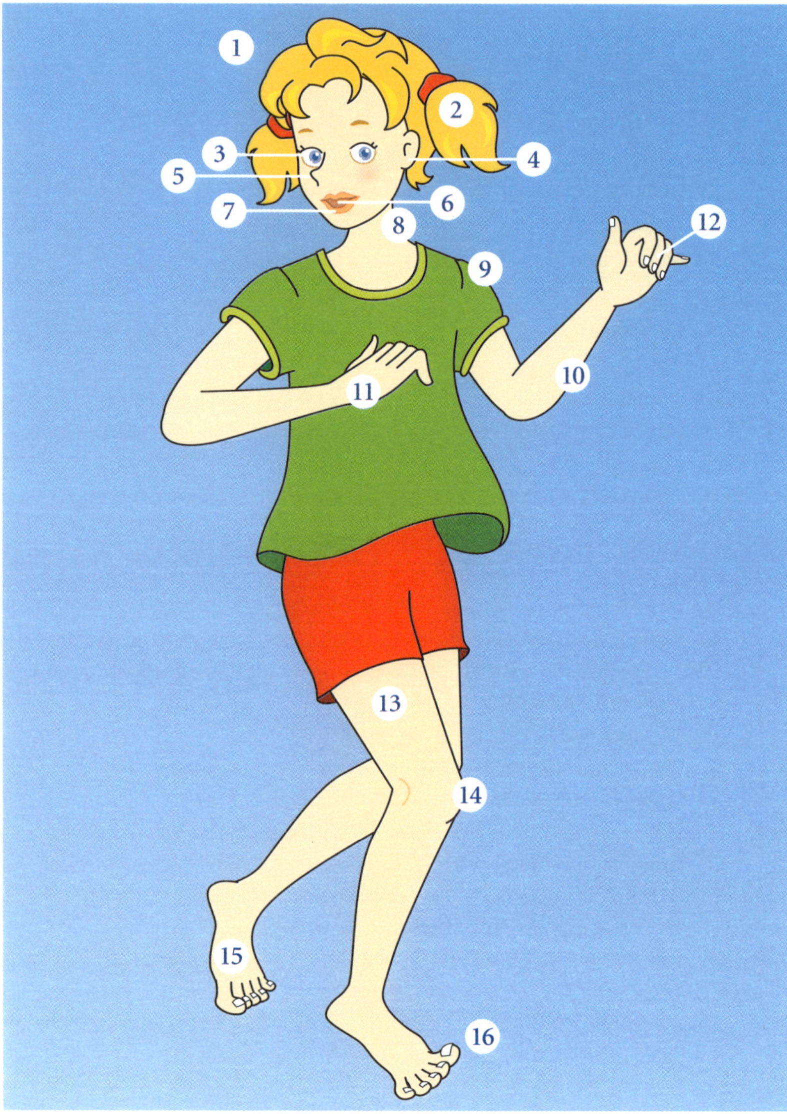

1	head	*Kopf*
2	hair	*Haare*
3	eye	*Auge*
4	ear	*Ohre*
5	nose	*Nase*
6	mouth	*Mund*
7	lip	*Lipp*
8	neck	*Hals*
9	shoulder	*Schulter*
10	arm	*Arm*
11	hand	*Hand*
12	finger	*Finger*
13	leg	*Bein*
14	knee	*Knie*
15	foot	*Fuß*
16	toe	*Zehe*

Übung

Schaue dir das Bild an und vervollständige die Sätze. Schreibe auf einen Zettel.

1 The girl in the picture has blond ____.
2 We see with our ____[1] and hear with our ____[2].
3 You can't eat, drink or talk without a ____.
4 You can't smell with your ____ as well as a dog can.
5 Is the girl dancing? Look how she is moving her ____[1] and ____[2].
6 The ____[1] on our feet are like the ____[2] on our ____[3].
7 When we sit down, we bend (biegen) our ____[1] at the ____[2].
8 The ____[1] is joined to the rest of the body by the ____[2].

7 *The Fox Family* (Familie Fox)

1	great-grandparents	*Urgroßeltern* (Victor und Ann)
2	grandparents	*Großeltern* (Joe und Lucy)
3	parents	*Eltern* (Sue and Sam)
4	mother	*Mutter* (Sue)
5	grandmother	*Großmutter* (Lucy)
6	wife	*Ehefrau* (Sue)
7	father	*Vater* (Sam)
8	grandfather	*Großvater* (Joe)
9	husband	*Ehemann* (Sam)
10	sister	*Schwester* (Lin, Clare)
11	daughter	*Tochter* (Lin, Clare)
12	brother	*Bruder* (Phil)
13	son	*Sohn* (Phil)
14	aunt	*Tante* (Pat)
15	uncle	*Onkel* (Pete)
16	cousin	*Cousin, Cousine* (Max)

Übung

Schaue dir den Stammbaum genau an. Vervollständige dann die Sätze mit einem Wort aus dem Kasten. Schreibe auf einen Zettel.

Great-grandparents, mother, cousin, son, daughter, uncle, aunt, husband, wife, sister, brother, grandmother, grandfather, father

1 Max is Clare's ____.
2 Sam is Phil, Lin and Clare's ____.
3 Sam and Sue are ____ and ____.
4 Sue is Phil, Lin and Clare's ____.
5 Joe is Phil, Lin, Clare and Max's ____.
6 Lucy is Max's ____.
7 Pete is Phil, Lin and Clare's ____.
8 Pat is Phil, Lin and Clare's ____.
9 Lin is Clare's ____.
10 Phil is Lin's ____.
11 Victor and Ann are Phil, Lin, Clare and Max's ____.
12 Phil is Sam's ____.
13 Clare is Sue's ____.

8 *A house* (Ein Haus)

1	house	*Haus*
2	balcony	*Balkon*
3	front door	*Haustür*
4	window	*Fenster*
5	roof	*Dach*
6	study	*Arbeitszimmer*
7	hall	*Diele*
8	staircase	*Treppen, Treppenhaus*
9	kitchen	*Küche*
10	living room	*Wohnzimmer*
11	dining room	*Esszimmer*
12	bedroom	*Schlafzimmer*
13	bathroom	*Bad, Badezimmer*
14	toilet	*Toilette*
15	garden	*Garten*
16	garage	*Garage*
17	floor	*Etage*

Übung

■ Schaue dir das Bild an und vervollständige die Verkaufsanzeige. Schreibe auf einen Zettel.

FOR SALE:

Very modern house.
Ground floor (Erdgeschoss) with large ____[1],
hall and ____[2].
First floor with ____[3], ____[4] and toilet.
Second floor with ____[5], ____[6]
and another room with ____[7].
Third floor under ____[8] with two ____[9].
The house has a ____[10] and a big ____[11] for two cars.

For more information, phone Bristol 19 87 45.

Übersichten

1 Präpositionen *(Prepositions)*

1.1 Allgemeine Merkmale *(General features)*

Beispiel:

1 The mouse sat **on the table.**
Die Maus saß auf dem Tisch.

2 I live **in Bristol.**
Ich wohne in Bristol.

3 The concert begins **at** 8 pm.
Das Konzert beginnt um 20 Uhr.

4 Tiger ran **across** the road and **into** the garden.
Tiger lief über die Straße und in den Garten hinein.

5 Tim went to school **without having** breakfast.
Tim ging ohne Frühstück zur Schule.

■ Wir benutzen **Präpositionen,** um eine **Beziehung** auszudrücken. In Beispiel [1] oben zeigt die Präposition ***on*** die Beziehung zwischen **der Maus *(the mouse)*** einerseits und dem **Tisch *(the table)*** andererseits.

■ Oben siehst du Beispiele von Präpositionen des **Ortes** [1] [2], der **Zeit** [3], der **Bewegung** [4] sowie der **sonstigen Beziehung** [5].

TIPP Der **Gebrauch von Präpositionen** ist sehr idiomatisch. Daher solltest du die **Präpositionen** immer **als Teil einer Redewendung** lernen.

1.2 Präpositionen des Ortes *(Prepositions of place)*

at the station	am Bahnhof
at the baker's	beim Bäcker
at the chemist's	in der Apotheke

at the supermarket	im Supermarkt
at home	zu Hause
at school	in der Schule
at 12 Albert Street	in der Albert Street 12
at work	bei der Arbeit
at the seaside	am Meer
at Kate's party	auf Kates Party
at the table	am Tisch
at the top/bottom	oben/unten
in the street	auf der Straße
in the sky	am Himmel
in the country	auf dem Land
in the middle	in der Mitte
in the photo	auf dem Foto
in the world	auf der Welt
in town	in der Stadt
in the car	im Auto
on the road	auf der Straße
on the board	an der Tafel
on the wall	an der Wand
on the beach	am Strand
on the bus/train/...	im Bus/Zug/...
on the way to	unterwegs nach
on the left/right	links/rechts

1.3 Präpositionen der Zeit *(Prepositions of time)*

at Christmas	zu Weihnachten
at 4 o'clock	um 4 Uhr
at breakfast/lunch/...	*bei den Mahlzeiten*
at night	*bei Nacht*
at the weekend/at weekends	*am Wochenende*
at the moment	*im Augenblick*
at present	*zur Zeit*
at once	*sofort*

in time	*rechtzeitig*
in the morning/afternoon/...	*am Morgen/Nachmittag/...*
in a minute	*gleich*
in summer/winter/...	*im Sommer/Winter/...*
on my/... birthday	*an meinem/... Geburtstag*
on time	*pünktlich*

▶ **BEACHTE** Anders als im Deutschen werden im Englischen *last* und *next* **ohne Präposition** verwendet:

I saw Cathy Bell ***last weekend.***
I sah Cathy Bell **am** letzten Wochenende.

We are going to Austria ***next winter.***
Wir fahren **im** nächsten Winter nach Österreich.

1.4 Sonstige Präpositionen *(Other prepositions)*

at last	endlich
at least	mindestens
in your own words	mit eigenen Worten
in a loud/quiet voice	mit lauter/leiser Stimme
in my opinion	meiner Meinung nach
in love with	verliebt in
in German	auf Deutsch
in the end	schließlich
in any case	auf jeden Fall
in a hurry	in Eile
in biro/pencil/...	mit dem Kugelschreiber/Bleistift
on the radio	im Radio
on TV	im Fernsehen
on the phone	am Telefon
on holiday	im Urlaub
on foot	zu Fuß
by bike/bus/...	mit dem Rad/Bus/...

2 Konjunktionen *(Conjunctions)*

Beispiel:

1 Mrs Bell likes TV **and** reading.
Mrs Bell mag fernsehen und lesen.

2 You can walk **or** go by bus.
Du kannst laufen oder mit dem Bus fahren.

3 Elli tried on the trousers, **but** they were too big.
Ellie probierte die Hose an, aber sie war zu groß.

4 Tiger was sleeping **when** I saw her.
Tiger schlief gerade als ich sie sah.

5 Frank can't come **because** he's ill.
Frank kann nicht kommen, weil er krank ist.

6 We lost the game **although/though** we trained hard.
Wir haben das Spiel verloren, obwohl wir hart trainiert haben.

■ Wir benutzen Konjunktionen (Bindewörter), um Wörter [1], Satzglieder [2] oder Sätze [3] – [6] miteinander zu verbinden.

■ Die häufigsten Konjunktionen sind:

although/though	obwohl
and	und
as soon as	sobald
because	weil
because of	wegen
but	aber
or	oder
when	als, wenn

▶ **BEACHTE** Die Konjunktion ***when*** hat zwei Bedeutungen:

It started to rain ***when*** *we were waiting for the bus.*
Es fing an zu regen, **als** wir auf den Bus warteten.

Can you give Kate this book ***when*** *you see her?*
Kannst du Kate dieses Buch geben, **wenn** du sie siehst?

3 Uhrzeit *(Time)*

■ Für alle Zeiten von Mitternacht bis 12 Uhr mittags benutzen wir die Buchstaben *a.m.* Für alle Zeiten von 12 Uhr mittags bis Mitternacht benutzen wie *p.m.*:

It's 9 ***a.m.***
Es ist 9 Uhr (vormittags).

The film starts at 7 ***p.m.***
Der Film beginnt um 19 Uhr.

■ Bei vollen Stunden können wir *o'clock* (= *'of the clock'*) benutzen. Dann entfällt *a.m./p.m.:*

It's 9 ***o'clock.***
Es ist 9 Uhr.

The movie starts at 7 ***o'clock.***
Der Film beginnt um 7 Uhr.

■ Bei den viertelstündigen Schritten sagen wir *(a) quarter past*, *half past* und *(a) quarter to* ohne *a.m./p.m.*.

It's ***(a) quarter past*** *three.*
Es ist Viertel nach drei.

It's ***half past*** *ten.*
Es ist **halb elf.**

TIPP **Pass auf** bei halbstündigen Zeiten!

It's ***(a) quarter to*** *eleven.*
Es ist Viertel vor elf.

- **Merke dir** diese wichtigen Wendungen:

What time is it? *What's the time?*	Wie spät ist es?
***at** 10 o'clock* ***at about** 5 o'clock*	**um** 10 Uhr **gegen** 5 Uhr

TIPP Findest du die englischen Uhrzeiten ziemlich kompliziert? Nur keine Bange! Im Englischen können wir die Zeiten nur mit Zahlen, also ‚digital' sagen:

*It's **two fifteen.***
Es ist zwei Uhr fünfzehn.

*Our break is from **eleven thirty** to **eleven forty-five.***
Unsere Pause ist von elf Uhr dreißig bis elf Uhr fünfundvierzig.

4 Datum *(Date)*

- Die englischen Wochentage und Monate werden immer groß geschrieben. Beachte auch die Schreibweise der fettgedruckten Wörter.

Monday	Montag
Tuesday	Dienstag
Wednesday	Mittwoch
Thursday	Donnerstag
Friday	Freitag
Saturday	Samstag
Sunday	Sonntag
January	Januar
February	Februar
March	März
April	April
May	Mai

June	Juni
July	Juli
August	August
September	September
October	Oktober
November	November
December	Dezember

■ Im Englischen sprechen wir das **Datum** anders aus, als wir es schreiben. Daher merke dir den Unterschied:

Wir schreiben	Wir sagen
on 6 June *on 6th June*	*on **the** sixth **of** June*
on June 6th	*on June **the** sixth*
on Monday, 6th June	*on Monday, **the** sixth **of** June*

TIPP Nach dem Wochentag kommt immer ein Komma.

■ Wir sprechen **Jahreszahlen** in zwei Zehnereinheiten aus:

1752 seventeen fifty-two
1998 nineteen ninety-eight

▶ **BEACHTE** Eine Ausnahme bilden die ersten neun Jahren eines neuen Jahrhunderts:

2000	two thousand
2004	two thousand four
2009	two thousand nine
2010	twenty ten
2011	twenty eleven

5 Die unregelmäßige Verben *(Irregular verbs)*

be	*was/were*	*been*	sein
begin	*began*	*begun*	anfangen
blow	*blew*	*blown*	blasen
break	*broke*	*broken*	(zer)brechen
bring	*brought*	*brought*	bringen
buy	*bought*	*bought*	kaufen
choose	*chose*	*chosen*	(aus)wählen, aussuchen
come	*came*	*come*	kommen
cut	*cut*	*cut*	schneiden
do	*did*	*done*	tun, machen, erledigen-
draw	*drew*	*drawn*	zeichnen
drink	*drank*	*drunk*	trinken, saufen
drive	*drove*	*driven*	fahren
eat	*ate*	*eaten*	essen, fressen
fall	*fell*	*fallen*	(hin)fallen
feed	*fed*	*fed*	füttern
feel	*felt*	*felt*	sich fühlen
find	*found*	*found*	finden
fly	*flew*	*flown*	fliegen
forget	*forgot*	*forgotten*	vergessen
get	*got*	*got*	bekommen, erhalten
give	*gave*	*given*	geben, schenken
go	*went*	*gone*	gehen
have	*had*	*had*	haben, besitzen
hear	*heard*	*heard*	hören
hit	*hit*	*hit*	schlagen, aufprallen
hurt	*hurt*	*hurt*	verletzen
keep	*kept*	*kept*	(be)halten
know	*knew*	*known*	kennen, wissen
lay	*laid*	*laid*	(ver)legen, hinstellen
leave	*left*	*left*	verlassen
light	*lit*	*lit*	anzünden

lend	*lent*	*lent*	(ver-, aus)leihen
lie	*lay*	*lain*	liegen
lose	*lost*	*lost*	verlieren
make	*made*	*made*	machen
mean	*meant*	*meant*	bedeuten
meet	*met*	*met*	sich treffen
overtake	*overtook*	*overtaken*	überholen
pay	*paid*	*paid*	(be)zahlen
put	*put*	*put*	setzen, stellen, legen
read	*read*	*read*	lesen
retell	*retold*	*retold*	nacherzählen
ride	*rode*	*ridden*	reiten, Rad fahren
run	*ran*	*run*	laufen, rennen
say	*said*	*said*	sagen
see	*saw*	*seen*	sehen
send	*sent*	*sent*	senden, schicken
shake	*shook*	*shaken*	zittern; shütteln
show	*showed*	*shown*	zeigen
shut	*shut*	*shut*	schließen, zumachen
sing	*sang*	*sung*	singen
sit	*sat*	*sat*	sitzen
sleep	*slept*	*slept*	schlafen
stand	*stood*	*stood*	stehen
stick	*stuck*	*stuck*	kleben
swim	*swam*	*swum*	schwimmen
take	*took*	*taken*	nehmen
teach	*taught*	*taught*	unterrichten, lehren
tell	*told*	*told*	erzählen, mitteilen, sagen
think	*thought*	*thought*	denken, meinen
understand	*understood*	*understood*	verstehen
wake up	*woke up*	*woken up*	aufwachen; (auf)wecken
wear	*wore*	*worn*	tragen, anhaben
win	*won*	*won*	gewinnen
write	*wrote*	*written*	schreiben

Lösungen

S. 215 Übungen

1 1 chairs, 2 classes, 3 desks, 4 shelves, 5 tables, 6 apples, 7 glasses, 8 knives, 9 potatoes, 10 sandwiches, 11 children, 12, families, 13 men, 14 wives, 15 women

2 bread, butter, chocolate, money, furniture, hair, homework, information, news, water

S. 223 Übungen

1 1 He, 2 They, 3 She, 4 It, 5 They, 6 She

2 1 her, 2 them, 3 it, 4 her, 5 him

S. 226 Übungen

1 1 her, 2 their, 3 his, 4 its, 5 my, 6 your

2 1 These, 2 This, 3 That, 4 Those, 5 that, 6 This

S. 236 f. Test

1 1^1 X, 1^2 the, 1^3 the, 1^4 the, 1^5 X, 2^1 the, 2^2 X, 2^3 X, 2^4 the, 2^5 X, 2^6 X, 3^1 X, 3^2 X, 3^3 X, 3^4 X, 3^5 the, 4^1 X, 4^2 the

2 1 … is a taxi driver. 2 … has toothache … has a cold. 3 … in a hurry. 4 What a pity! …, 5 … a long time …, 6 … wants to become a popstar …

3 1 lazier, better, 2 more expensive, cooler, 3 earlier, 4 most boring, longest, 5 worst, 6 better

4 1 fast, carefully, 2 hard, 3 easily, 4 badly, 5 certainly, 6 regularly

5 1 b, 2 a, 3 a, 4 b, 5 b, 6 a

6 1 b, 2 a, 3 a, 4 b, b, 5 b, 6 a

S. 252 Übungen

1 1 mustn't, 2 can, 3 can't, 4 don't have to, 5 must, 6 can, 7 doesn't have to, 8^1 can't, 8^1 has to

2 1 a, 2 b, 3^1 a, 3^2 b, 4 b, 5 a, 6 b

S. 256 f. Übungen

1 1 walks, 2 do not like, 3 Does Cathy go …?, 4 do not have, 5 live, 6 enjoy, 7 help, 8 Do British schools teach …?

2 1 is doing, 2 Are the girls having …?, 3^1 is not cooking, 3^2 is cleaning, 4 Is Tim watching …?, 5^1 is not washing, 5^2 is repairing, 6^1 is sitting, 6^2 is reading

3 1 b, 2 b, 3 b, 4 b, 5 b, 6 b, 7 b, 8 b

S. 260 Übungen

1 1 played, 2 went, 3 did not win, 4 Was Frank ill …?, 5 had, 6 Did you listen to …?, 7 lived, 8 did not learn

2 1 was having, 2 were working, 3 was doing, 4 Were the boys helping …?, 5 1 was not playing 2 was reading, 6 Was Frank listening …?

3 1 a, 2 a, 3 a, 4 a, 5 a, 6 b, 7 b

S. 263 Übungen

1 1 has been, 2 have not seen, 3 … have the Bells lived …?, 4 have never been, 5 have just made, 6 have changed, 7 Have you given …?, 8 has not cleaned

2 1 since, 2 since, 3 for, 4 since, 5 for, 6 since, 7 for, 8 for

S. 266 Übungen

1 1 Will you have, 2 1 will not see, 2 will be, 3 will not win, 4 will miss, 5 will not forget, 6 will like

2 1 is going to meet, 2 are going to buy, 3 am going to do, 4 Are the boys going to help …?, 5^1 are not going to take, 5^2 are going to walk, 6 is going to run

S. 268 f. Test

1 1^1 a, 1^2 b, 2^1 b, 2^2 a, 3^1 b, 3^2 a, 4^1 b, 4^2 b, 5 a, 6 a, 7^1 b, 7^2 b, 8^1 a, 8^2 a, 9 a, 10 a

2 1^1 b, 1^2 a, 1^3 b, 1^4 a, 2^1 a, 2^2 b, 2^3 a, 2^4 a, 2^5 b, 2^6 a, 2^7 a, 2^8 b

3 1 lived, 2 came, 3^1 told, 3^2 wanted, 4^1 forgot, 4^2 went, 5 promised

4 1 did not/didn't go, 2 was not/wasn't, 3 did not/didn't try, 4 did not/didn't help, 5 did not/didn't buy

5 1 Where did Ben wait for Cathy? 2 What did the Snows buy Cathy? 3 Who ordered a king-size burger? 4 What did Mary say?

S. 272 Übung

1 Cathy lives in Bristol. 2 Her big hobby is jazz dance. 3 Cathy has a brother and a cat, Tiger. 4 Cathy's brother is called Tim. 5 Cathy is playing with Tiger in the garden. 6 Cathy likes going to the movies.

S. 273 Übung

1 Whose birthday is in December? 2 How does Cathy feel today? 3 Why does Cathy like Bernie Brown? 4 How much did Frank's shoes cost? 5 How many bikes do the Bells have? 6 Where do the Bells live? 7 What does Tim like best on TV? 8 When does Tim play basketball?

S. 277 Test

1 1 Cathy goes to school in Clifton. 2 Cathy's favourite subject is Biology. 3 Mary does not have any pets. 4 Cathy's cat is called Tiger. 5 Frank is playing a computer game in his room. 6 The Bells like working in the garden. 7 Mrs Bell normally works for three days a week. 8 Tim does not work very hard at school.

2 1 Where do the Bells live? 2 When does Tim play volleyball? 3 Why does Cathy like English?, 4 Whose birthday is in May? 5 How does Cathy feel today? 6 How many toys does Tiger have? 7 How much did this CD cost? 8 What does Frank like reading best?

3 1 …, was she? 2 …, has he? 3 …, don't they? 4 …, did they? 5 …, isn't it? 6 …, can't he? 7 …, didn't he? 8 …, do you?

S. 279 Übung

1 throwing, 2 catching, 3 running, 4 walking, 5 pushing, 6 falling, 7 jumping, 8 playing, 9 barbecuing, 10 standing, 11 sitting, 12 picking up, 13 lying down, sunbathing and resting.

S. 281 Übung

1 room, 2 armchair, 3 wardrobe, 4 stereo system, 5 DVD player, 6 TV, 7 poster, 8 radiator, 9 bookcase, 10 window, 11 desk, 12 chair, 13 desk lamp, 14 bed, 15 furniture.

S. 283 Übung

1^1 budgie, 1^2 cages, 2^1 kitten, 2^2 basket, 2^3 mouse. 3^1 dogs, 3^2 bones, 4^1 goldfish, 4^2 water, 5^1 cat, 5^2 goldfish bowl, 6^1 hamster, 6^2 ladder, 7^1 bowl, 7^2 food, 8^1 puppy, 8^2 canary

S. 285 Übung

1 reading, 2 painting, 3^1 playing, 3^2 surfing, 4 watching, 5 playing, 6 meeting, 7 listening, 8 playing, 9 playing, 10 swimming, 11 playing, 12 playing

S. 287 Übung

1 richtig, 2 falsch: There are four pieces of chalk below the blackboard. 3 richtig, 4 falsch: The overhead projector is on a table next to the teacher's desk. 5 falsch: You can see three pupils. They are sitting at their desks. 6 richtig, 7 falsch: The noticeboard is to the right of the door. 8 richtig

S. 289 Übung

1 hair, 2^1 eyes, 2^2 ears, 3 mouth, 4 nose, 5^1arms, 5^2 legs, 6^1 toes, 6^2 fingers, 6^3 hands, 7^1 legs, 7^2 knees, 8^1 head, 8^2 neck

S. 291 Übung

1 cousin, 2 father, 3 husband and wife, 4 mother, 5 grandfather, 6 grandmother, 7 uncle, 8 aunt, 9 sister, 10 brother, 11 great-grandparents, 12 son, 13 daughter.

S. 293 Übung

1 living room, 2 staircase, 3 dining room, 4 kitchen, 5 study, 6 bathroom, 7 balcony, 8 roof, 9 bedrooms, 10 garden, 11 garage

Stichwortverzeichnis

Deutsch • Mathe • Englisch

A

B

C

D

E

F

G

L

M

N

O

P

Q

R

S

T

U

V

W

X

Y

Z